JN270952

PAUL C. YATES

化学計算のための
数学入門

林 茂雄・馬場 涼訳

東京化学同人

Chemical Calculations at a Glance
First Edition

Paul C. Yates

本書は 2005 年に出版された Paul C. Yates 著 "Chemical Calculations at a Glance" 英語版第 1 版からの翻訳である．First published 2005 by Blackwell Publishing Ltd. © 2005 Blackwell Publishing Ltd.
This edition is published by arrangement with **Blackwell Publishing Ltd.**, Oxford. Translated by **Tokyo Kagaku Dozin Co., Ltd.** from the original English language version. Responsibility of the accuracy of the translation rests solely with **Tokyo Kagaku Dozin Co., Ltd.** and is not the responsibility of **Blackwell Publishing Ltd.**

まえがき

"この本の特徴は？"と問われたら，執筆にあたり，長年の教育経験から配慮した二つの点をあげたい．

一つはできる限り化学の実例を用いたことである．このことは，抽象的な数学問題を解くよりはるかに意義があると考える．各章の最後には，従来型の x と y を用いた問題が出ているが，引続いて物理化学の教科書によく出てくるような，さまざまな記号を使った問題を載せ，化学の実力を高めることができるよう工夫した．

もう一つはすべての問題に解き方の道筋を巻末で示したことである．単に答えを載せただけではないことを強調したい．これは教師がそばにいようといまいと，学生諸君には有用なことに違いない．

本書の執筆にあたり，GCSE* レベルの数学の力が備わっていて化学の専門課程に進もうという学生諸君を念頭においた．化学，特に物理化学では数学がつぎつぎと出てくるが，そのような諸君にとって，本書はいつでも，特に最初の年には，役に立つのではないかと思う．

ところどころで，数学的厳密さよりは役に立つことを優先させている．数学屋さんには眉をひそめたくなることかもしれないが，ご容赦願いたい．

＊　訳注：General Certificate of Secondary Education. 英国における中等教育の認証制度．

謝　辞

　まず，本書の執筆を提案してくださったBlackwell社のPaul Sayer氏にお礼を申し上げたい．氏の励ましのおかげで本書を完成させることができた．Keele大学の化学・物理学科の学生諸君は，どのような題材が良いかを示唆してくれたし，本書を執筆することの意義を確信させてくれた．最後に，かわらぬ信頼と励ましをもって私を支えてくれたJulie, Catherine, そしてChristopherにお礼をいいたい．

　2004年7月

Keeleにて
Paul Yates

訳者まえがき

　本書には使える数学が満載である．一応，化学や応用化学を専攻している学生諸君向けであるが，各章の前半は数学の基礎が簡潔にまとめられているので，化学を知らない人にも抵抗はないと思う．後半は化学が題材である．"化学を勉強したけれど実力が伴っていない"と感じている人には格好の例題がいっぱいである．

　使いやすい本であることも本書の特色である．各章は手ごろな長さなので，読み通すことにそんなに苦痛は感じないであろう．式の展開は，中学生向けかと叫びたくなるほど詳しい．"両辺に2を加えて"のようなくだりがあちこちにある．"自分ならもっと要領よく計算できるのに"とつぶやきたくなる人もいるだろうが，数学が苦手な人はほっとするのではないかと思う．

　本書は"昔，数学を勉強したけれど忘れてしまった．もう一度勉強したい"と感じておられるかつての高校生やかつての大学生の方々にもお薦めできる．社会人入試で"数学が思い出せなくて"という(必ずしも化学を専攻としていない)受験生の言葉をよく耳にするが，本書はそういう方々の教科書としても好適である．もちろん"部分積分ってどうするのだったかな？"と特定のテーマについて拾い読みすることもできる．

　広い意味での化学を専攻している学生向けの数学の教科書であるが，いろいろな読み方ができるお得な一冊である．

2007年8月

　　　　　　　　　　　　　　　　　　　　　　　　　　訳　　者

目 次

A. 基礎的な事項 ……………………………………………………………1
   1. 指数法則 …………………………………………………………2
   2. 数値の科学的表記法 ……………………………………………5
   3. 単 位 ……………………………………………………………8
   4. 有効数字と小数点の位置 ………………………………………13

B. 実験データの取扱い …………………………………………………17
   5. 計算結果は何桁まで? …………………………………………18
   6. 誤差の考え方 ……………………………………………………22
   7. 誤差の上限 ………………………………………………………25
   8. 最大確率誤差 ……………………………………………………28
   9. 簡単な統計的手法 ………………………………………………31
  10. t 検定に基づく統計 …………………………………………36

C. 式と計算 ………………………………………………………………39
  11. 計算の優先順位 …………………………………………………40
  12. 分 数 ……………………………………………………………44
  13. 不 等 式 …………………………………………………………49
  14. 式の変形 …………………………………………………………53
  15. 比と比例関係 ……………………………………………………56
  16. 階 乗 ……………………………………………………………59

D. 基本的な関数 …………………………………………………………63
  17. 1変数関数 ………………………………………………………64
  18. 多変数関数 ………………………………………………………67

19. 自然対数（e を底とする対数） …………………………………… 71
20. 常用対数（10 を底とする対数） …………………………………… 75
21. 指数関数 …………………………………………………………… 78
22. 逆関数 ……………………………………………………………… 83
23. 直線の方程式 ……………………………………………………… 86
24. 2次方程式 ………………………………………………………… 94
25. 数列と級数 ………………………………………………………… 98

E. 空間の数学 …………………………………………………………103

26. 三角法 ………………………………………………………………104
27. 逆三角関数 …………………………………………………………109
28. 座標幾何学 …………………………………………………………114
29. ベクトル ……………………………………………………………123
30. ベクトルの掛け算 …………………………………………………128
31. 複素数 ………………………………………………………………133

F. 微積分学 ……………………………………………………………137

32. 導関数 ………………………………………………………………138
33. 微分 …………………………………………………………………144
34. 関数の微分 …………………………………………………………148
35. 関数の結合形の微分 ………………………………………………153
36. 高次の微分 …………………………………………………………158
37. 停留点 ………………………………………………………………162
38. 偏微分 ………………………………………………………………168
39. 積分 …………………………………………………………………175
40. 関数の積分 …………………………………………………………179
41. 積分技法 ……………………………………………………………185

G. 付録 …………………………………………………………………193

H. 問題の解答 …………………………………………………………197

索引 ……………………………………………………………………241

A. 基礎的な事項

1　指　数　法　則

x^2 や x^6 の右肩にある数字のように，同じ数や文字(これを**底**という)を何回掛け合わせたかを示すために使うのが**指数**である．指数を用いた式や数の表現を**べき(冪)**あるいは**累乗**という．同じ底をもつ数どうしの計算は，以下の簡単な規則に従う．

$x^m \times x^n = x^{m+n}$　　例) $x^3 \times x^2 = x^{3+2} = x^5$　　$3^4 \times 3^5 = 3^{4+5} = 3^9 = 19\,683$

$\dfrac{x^m}{x^n} = x^{m-n}$　　例) $\dfrac{x^6}{x^4} = x^{6-4} = x^2$　　$\dfrac{8^4}{8^3} = 8^{4-3} = 8^1 = 8$

$(x^m)^n = x^{mn}$　　例) $(x^2)^3 = x^{2\times 3} = x^6$　　$(2^3)^2 = 2^{3\times 2} = 2^6 = 64$

$x^0 = 1$　　例) $a^0 = 1$　　$5^0 = 1$

$\dfrac{1}{x^n} = x^{-n}$　　例) $\dfrac{1}{x^3} = x^{-3}$　　$\dfrac{1}{3^2} = 3^{-2}$

$x^{1/n} = \sqrt[n]{x}$　　例) $x^{1/2} = \sqrt{x}$　　$x^{1/3} = \sqrt[3]{x}$

指数には上の例に示した以外にも，$x^{5/2}$，$x^{-3.6}$，$3^{4.2}$ などのような分数や小数も使える．

指数を含む数を電卓を使って計算するには，$\boxed{x^y}$ キーを使う．例として 3.4^3 は，まず 3.4 と入力してから $\boxed{x^y}$ キーを押し，つぎに 3 と入力して，最後に $\boxed{=}$ キーを押せば 39.304 と結果が得られる．

水素とヨウ素の反応

化学平衡や反応速度を扱うとき，濃度を底とする指数表現にしばしば出会う．濃度の表し方としては，一般に [HCl] のように物質名を [ ] に入れてその物質の濃度を表し，単位は mol dm^{-3} である．

水素ガスと固体のヨウ素からヨウ化水素を生じる反応は，

$$H_2 + I_2 \rightleftharpoons 2\,HI$$

この反応の平衡定数 K は，次式で与えられる．

$$K = \frac{[KI]^2}{[H_2][I_2]}$$

特に，$[\text{H}_2] = [\text{I}_2]$ の場合は，

$$K = \frac{[\text{HI}]^2}{[\text{H}_2][\text{I}_2]} = \frac{[\text{HI}]^2}{[\text{H}_2]^2} = [\text{HI}]^2[\text{H}_2]^{-2}$$

この化学平衡では，

$$\text{正反応の速度} = k[\text{H}_2][\text{I}_2]$$
$$\text{逆反応の速度} = k'[\text{HI}]^2$$

正反応は，H_2 に関しても I_2 に関してもそれぞれ 1 次 (の反応) である．一方，逆反応は HI に関して 2 次 (の反応) である．このようにある物質に関する反応次数は，反応速度式でその物質の濃度に付けた指数で与えられる．反応全体の次数は速度式に現れたすべての指数を足し合わせたものに等しく，この例では，正反応，逆反応ともに 2 次となる．

問 題

1. 指数を含む以下の式を簡略化せよ．
 (a) $a^3 \times a^5$
 (b) $x^2 \times x^6$
 (c) $y^4 \times y^3$
 (d) b^6/b^3
 (e) x^{10}/x^2

2. 指数を含む以下の式を簡略化せよ．
 (a) $(c^4)^3$
 (b) z^0
 (c) $1/y^4$
 (d) $x^5 \times x^{-5}$
 (e) x^{-2}/x^{-3}

3. 以下の反応速度式において，反応に関与する成分物質ごとの反応次数はいくらか．また，反応全体での反応次数はいくらか．
 (a) 反応速度 $= k[\text{CH}_3\text{CHO}]^{3/2}$
 (b) 反応速度 $= k[\text{BrO}_3^-][\text{Br}^-][\text{H}^+]^2$
 (c) 反応速度 $= k[\text{NO}]^2[\text{Cl}_2]$

4. $[\text{H}^+] = [\text{Br}^-]$ であればつぎの反応速度式はどのように簡略化できるか．
$$\text{反応速度} = k[\text{H}_2\text{O}_2][\text{H}^+][\text{Br}^-]$$

5. 炭酸の電離反応とその電離平衡定数は,以下のようになる.

$$H_2CO_{3(aq)} \rightleftharpoons H^+_{(aq)} + HCO_3^-_{(aq)}$$

$$K_a = \frac{[H^+][HCO_3^-]}{[H_2CO_3]}$$

$[H^+]$ と $[HCO_3^-]$ の間の関係を用いて K_a を簡略化せよ.

2 数値の科学的表記法

　化学でも非常に小さな数値や非常に大きな数値を扱うことがあり，それらを表現するのに理化学分野で一般に用いる科学的表記法を使うことが多い．例をあげれば，波長 1.54×10^{-10} m とか，プランク定数 6.63×10^{-34} J s などである．このように，科学的表記法では，1 から 10 までの間の数に 10 の累乗を掛けたもので表現する．

10 の 累 乗

　10 の累乗は，

$$10^1 = 10$$
$$10^2 = 10 \times 10 = 100$$
$$10^3 = 10 \times 10 \times 10 = 1000$$
$$10^4 = 10 \times 10 \times 10 \times 10 = 10\,000$$

などとなり，10^n では 1 のあとに 0 が n 個続く．

　n の値は負の数でもよい．たとえば，第 1 章で触れたように，$10^{-n}=1/10^n$ であり，

$$10^{-1} = 0.1$$
$$10^{-2} = 0.01$$
$$10^{-3} = 0.001$$
$$10^{-4} = 0.0001$$

などとなる．一般に，10^{-n} は小数点以下第 n 桁目に 1 が現れる．

科学的表記法と普通の表記法

　科学的表記法で表した数値を普通の表記に直すと，以下の例のようになる．

$$3.67 \times 10^3 = 3.67 \times 1000 = 3670$$
$$8.382 \times 10^6 = 8.382 \times 1\,000\,000 = 8\,382\,000$$
$$2.9 \times 10^{-2} = 2.9 \times 0.01 = 0.029$$
$$6.397 \times 10^{-7} = 6.397 \times 0.000\,000\,1 = 0.000\,000\,639\,7$$

数値の科学的表記法への変換

例として 8352 を考えると，まず 1 から 10 までの間の適当な数としては 8.352．これに，1000 つまり 10^3 を掛けると元の値になるので，科学的表記では，8.352×10^3 となる．

つぎの例は，0.000 004 39．まず，1 と 10 のの間の適当な数としては，4.39．これを元の値に戻すには，0.000 001 つまり 10^{-6} を掛ければよいので，科学的表記では，4.39×10^{-6} となる．

こうした変換を手早く行うには，はじめの例では小数点を左に三つ動かしたから掛けるのは 10 の 3 乗，二つ目の例では小数点を右に六つ移動したから掛けるのは 10 の −6 乗とすればよい．

化学に関連した例

真空中の光速度は，$2.997\,924\,58 \times 10^8\,\mathrm{m\,s^{-1}}$ である．これは，$2.997\,924\,58 \times 100\,000\,000\,\mathrm{m\,s^{-1}}$，したがって $299\,792\,458\,\mathrm{m\,s^{-1}}$ と表せる．

ヘリウムのスペクトルには，波長 2058.2 nm の輝線が含まれる．これは $2058.2 \times 10^{-9}\,\mathrm{m}$（付録 1 参照）であり，$2058.2 \times 0.000\,000\,001\,\mathrm{m}$ である．したがって，$0.000\,002\,058\,2\,\mathrm{m}$ と表せる．

二酸化炭素の 575.15 K における粘性率は，0.000 268 2 P である（単位 P は，ポアズと読む）．科学的表記法では，2.682 に 0.0001 を掛けたもの，つまり $2.682 \times 10^{-4}\,\mathrm{P}$ となる．

波数が $1\,\mathrm{cm^{-1}}$ 違うと，0.000 123 984 eV のエネルギー差に相当する．これは，$1.239\,84 \times 0.0001\,\mathrm{eV}$，つまり $1.239\,84 \times 10^{-4}\,\mathrm{eV}$ と表せる．

問 題*

1． 以下の物理定数を 10 の累乗を使わない表現で表せ．
  (a) $F = 9.649 \times 10^4\,\mathrm{C\,mol^{-1}}$
  (b) $R_\infty = 1.097 \times 10^7\,\mathrm{m^{-1}}$
  (c) $\mu_0 = 12.57 \times 10^{-7}\,\mathrm{N\,A^{-2}}$
  (d) $a_0 = 5.292 \times 10^{-11}\,\mathrm{m}$
  (e) $h = 6.626 \times 10^{-34}\,\mathrm{J\,s}$

---

* 本書巻末の付録 2, 3, 4 を参照．

2. 数値の科学的表記法

2. 以下の物理定数を科学的表記法で表せ．
   (a) $e\ =\ 0.1602 \times 10^{-18}$ C
   (b) $E_\mathrm{h}\ =\ 4360 \times 10^{-21}$ J
   (c) $m_\mathrm{e}\ =\ 0.009\,109 \times 10^{-28}$ kg
   (d) $N_\mathrm{A}\ =\ 602.2 \times 10^{21}$ mol^{-1}
   (e) $R\ =\ 0.000\,831\,4 \times 10^{4}$ J K^{-1} mol^{-1}

3. 以下の量を 10 の累乗を使わない表現で表せ．
   (a) 9.4×10^{-5} bar
   (b) 3.72×10^{-2} cm
   (c) 1.8×10^{-4} MHz
   (d) 1.95×10^{-3} kJ mol^{-1}
   (e) 7.19×10^{4} s^{-1}

4. 以下の量を科学的表記法で表せ．
   (a) 0.0417 nm
   (b) 352 s
   (c) 2519 m s^{-1}
   (d) 0.076 kJ mol^{-1}
   (e) 579 eV

3 単 位

 物理量を表す上で**単位**は最も重要な要素の一つである．物理化学の実験で数値の測定そのものには十分注意を払ったつもりで，たとえば，質量が 5.72 g だとか，濃度 0.15 mol dm^{-3} とか，波長 560 nm などと言ったとしよう．これらは，含まれる数値が同じであっても質量 5.72 kg，濃度 0.15 mmol dm^{-3}，あるいは波長 560 pm などとはもちろん全く異なる量になることに注意しよう．

物 理 量

 物理量とは，実際に測定できる量のことであり，数値と単位の組合わせで表される．一般に化学で用いる単位には，**国際単位系単位**，略して **SI 単位**を使う．付録 2 には，化学で一般的に用いられる SI 単位(SI 組立単位)を示す．

 SI 接頭語　　単位には，付録 1 に示すような 10 の累乗を意味する接頭語(SI 接頭語)を付けて用いることがある．それにより，同じ物理量でもきわめて大きな値からきわめて小さな値までより簡潔にわかりやすく表現することができる．たとえば，0.154 nm と表現することで，0.154×10^{-9} m あるいは 1.54×10^{-10} m と同じ長さを表すことができる．

 単位の換算　　分野によっては通常使われる単位系の代わりに SI 単位を使うとなると，不便を感じることも少なくない．そうはいっても，適切な換算因子を使って単位の換算を行えるようにしておく必要がある．いくつかの例を付録 3 に示す．

 単位の組立て　　二つの異なる物理量から別の一つの物理量を算出する場合，数値どうしを掛け合わせるなら単位どうしも掛け合わす，割り算をするのであれば単位どうしも割り算をするというように同じ算術的な扱いをすればよい．

 表とグラフ　　表の見出しやグラフの軸に示す物理量は，その物理量に相当する記号を単位で割って，V/cm^3 のように表す．これにより，表やグラフのデータを数値そのものとして扱うことができる．

気 体 定 数

 気体定数 R は，一般に 8.314 J K^{-1} mol^{-1} のような単位で表すが，dm^3 atm K^{-1} mol^{-1} を用いた方が使いやすい場合がある．これら二つの単位を比べたときに必要

となる J と dm³ atm の間の換算因子はどのようなものかを考えてみよう。まず，

$$1\,\text{atm} = 101\,325\,\text{Pa}\ (\text{付録 3})$$
$$1\,\text{Pa} = 1\,\text{N m}^{-2}\ (\text{付録 2})$$
$$1\,\text{J} = 1\,\text{N m}\ (\text{付録 2})$$

同様に

$$1\,\text{dm} = 10^{-1}\,\text{m}\ (\text{付録 1})$$
$$1\,\text{dm}^3 = (10^{-1}\,\text{m})^3$$
$$= 10^{-3}\,\text{m}^3$$

したがって，

$$\begin{aligned}
R &= 8.314\,\text{J K}^{-1}\,\text{mol}^{-1} \\
&= 8.314\,\text{N m K}^{-1}\,\text{mol}^{-1} \\
&= 8.314\,(\text{Pa m}^2)\,\text{m K}^{-1}\,\text{mol}^{-1} \\
&= 8.314\,(\text{atm}/101\,325)\,(\text{m}^2)\,\text{m K}^{-1}\,\text{mol}^{-1} \\
&= 8.314\,(\text{atm}/101\,325)\,\text{m}^3\,\text{K}^{-1}\,\text{mol}^{-1} \\
&= 8.314\,(\text{atm}/101\,325)\,10^3\,\text{dm}^3\,\text{K}^{-1}\,\text{mol}^{-1} \\
&= 0.082\,05\,\text{dm}^3\,\text{atm K}^{-1}\,\text{mol}^{-1}
\end{aligned}$$

波長の計算

質量 m，速度 v の粒子がもつ波長 λ は，

$$\lambda = \frac{h}{mv}$$

で与えられる。h はプランク定数 6.63×10^{-34} J s である。

質量 $m = 9.11 \times 10^{-31}$ kg の電子が速度 $v = 2.42 \times 10^6$ m s^{-1} で運動しているとき，

$$\lambda = \frac{6.63 \times 10^{-34}\,\text{J s}}{9.11 \times 10^{-31}\,\text{kg} \times 2.42 \times 10^6\,\text{m s}^{-1}}$$

付録 2 から，$1\,\text{J} = 1\,\text{N m} = 1\,\text{kg m}^2\,\text{s}^{-2}$ なので，

$$\lambda = \frac{6.63 \times 10^{-34}\,\text{kg m}^2\,\text{s}^{-2}\,\text{s}}{9.11 \times 10^{-31}\,\text{kg} \times 2.42 \times 10^6\,\text{m s}^{-1}}$$

数値の処理は電卓でできる。単位については，分母分子で同じものは互いに打消しあって波長の単位としてふさわしい〔m〕だけが残り，結局 $\lambda = 3.01 \times 10^{-10}$ m となる。

沸点と蒸発のエンタルピー

ベンゼンとトリクロロメタンの沸点 T_b および蒸発のエンタルピー $\Delta_{vap}H$ をつぎの表に示す.

	T_b/K	$\Delta_{vap}H$/kJ mol^{-1}
C$_6$H$_6$	353	30.8
CHCl$_3$	334	29.4

このような表では,表中の数値とその列の一番上の見出しとが等しいと考えればよい.たとえば CHCl$_3$ の場合,

$$\Delta_{vap}H/\text{kJ mol}^{-1} = 29.4$$

である.両辺に単位 kJ mol^{-1} を掛ければ,$\Delta_{vap}H = 29.4$ kJ mol^{-1} となる.

N$_2$O$_5$ の分解反応速度

図 3.1 では,[N$_2$O$_5$] の値が定数倍されているため,少しわかりにくいかもしれない.しかし,考え方は上の表の場合と同じで,たとえば左から四つ目の点は,

$$[\text{N}_2\text{O}_5]/10^{-3}\,\text{mol dm}^{-3} = 360$$

となり,軸のラベルがグラフの点が表す単なる数値と等しいと考えるのである.そこで,この式の両辺に 10^{-3} mol dm^{-3} を掛けて,

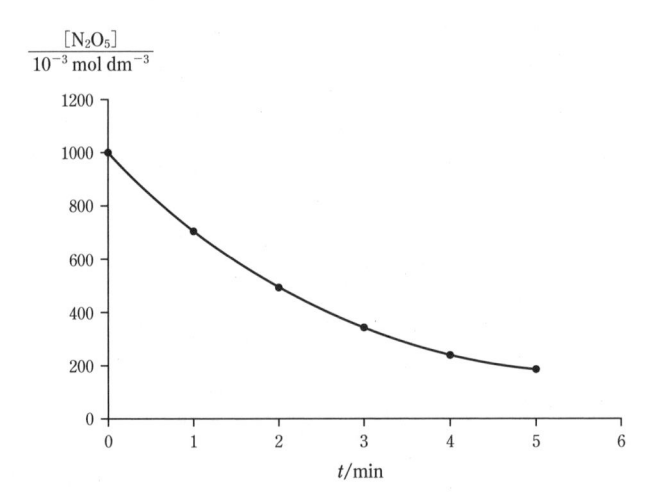

図 3.1 N$_2$O$_5$ の濃度 [N$_2$O$_5$] の時間変化

$$[\mathrm{N_2O_5}] = 360 \times 10^{-3}\,\mathrm{mol\,dm^{-3}}$$
$$= 0.360\,\mathrm{mol\,dm^{-3}}$$

となる．

問　題

以下の章末問題に正しく解答するには，付録1～3の内容についても理解しておく必要がある．

1. 以下の物理量を10の累乗を用いて表せ．
   (a) $54.2\,\mathrm{mg}$
   (b) $1.47\,\mathrm{aJ}$
   (c) $3.62\,\mathrm{MW}$
   (d) $4.18\,\mathrm{kJ\,mol^{-1}}$
   (e) $589\,\mathrm{nm}$

2. 以下の物理量を適切なSI接頭語を用いて書き直せ．
   (a) $3.0 \times 10^8\,\mathrm{m\,s^{-1}}$
   (b) $101\,325\,\mathrm{Pa}$
   (c) $1.543 \times 10^{-10}\,\mathrm{m}$
   (d) $1.68 \times 10^2\,\mathrm{kg\,m^{-3}}$
   (e) $7.216 \times 10^{-4}\,\mathrm{mol\,dm^{-3}}$

3. 以下の物理量を指定された単位を用いて書き直せ．
   (a) $1.082\,\mathrm{g\,cm^{-3}}$ を $\mathrm{kg\,m^{-3}}$ で
   (b) $135\,\mathrm{kPa}$ を $\mathrm{N\,cm^{-2}}$ で（$1\,\mathrm{Pa} = 1\,\mathrm{N\,m^{-2}}$）
   (c) $5.03\,\mathrm{mmol\,dm^{-3}}$ を $\mathrm{mol\,m^{-3}}$ で
   (d) $9.81\,\mathrm{m\,s^{-2}}$ を $\mathrm{cm\,ms^{-2}}$ で
   (e) $1.47\,\mathrm{kJ\,mol^{-1}}$ を $\mathrm{J\,mmol^{-1}}$ で

4. 以下の物理量を指定されたSI単位を用いて書き直せ．
   (a) $4.28\,\mathrm{Å}$ を pm で
   (b) $54.71\,\mathrm{kcal}$ を kJ で
   (c) $3.6\,\mathrm{atm}$ を kPa で
   (d) $2.91\,E_\mathrm{h}$ を J で
   (e) $3.21\,a_0$ を nm で

5. 以下の計算結果を適切な SI 単位を用いて表せ．

(a) $5.62\,\text{g} \times 4.19\,\text{m}\,\text{s}^{-2}$

(b) $4.31\,\text{kN}/10.46\,\text{m}^2$

(c) $2.118\times10^{-3}\,\text{J}/3.119\times10^{-8}\,\text{C}$

(d) $6.63\times10^{-34}\,\text{J}\,\text{s} \times 3\times10^{8}\,\text{m}\,\text{s}^{-1}/909\,\text{nm}$

(e) $4.16\times10^{3}\,\text{Pa} \times 2.14\times10^{-2}\,\text{m}^3$

6. 以下のそれぞれ二つの物理量のあいだの関係は表やグラフを用いて示されることが多い．データを正確に表示するためには，それぞれの表記をどのように変更すればよいか．

(a) $p(\text{Pa})$; $T(\text{K})$

(b) t/sec ; $c/\text{mol dm}^{-3}$

(c) $c/\text{mol per dm}^3$; $\rho/\text{g cm}^{-3}$

(d) $\dfrac{1}{c/\text{mol dm}^{-3}}$; t/s

(e) $\dfrac{n_i}{n_j}$; $T/\text{K}\,(\times 10^3)$

4 有効数字と小数点の位置

　有効数字や小数点の位置に関して大切なことは，有効数字が全部で何桁で，小数点以下には何桁あるのかをはっきりさせることである．また，有効数字の桁数と小数点以下の桁数とがたまたま同じになる場合があるからといって，小数点以下のすべての数字が常に有効数字に含まれると考えてはいけない．数値の精度にかかわるからである．

小数点以下の桁数

　小数点以下の桁数は，実際に表示されているままを数えれば決めることができる．478.32 を例にすると小数点以下 2 桁となる．

有効数字

　有効数字の桁数を求めることは実際やっかいな問題であるが，いくつかの基本的な規則から始めよう．
　1．ゼロでない数字は常に有効数字とする．
　2．最上位の桁から連続するゼロは有効数字に含めない．したがって，0.005 32 では有効数字は 3 桁となる．
　3．数字の並びの途中に挟み込まれたゼロは常に有効数字に含める．したがって，507.03 では有効数字は 5 桁となる．

　やっかいなのは，最下位に現れるゼロの扱いである．たとえば，500 といったときどの程度の厳密さで 500 であるのか一般には判断がつかない．502 であったものを一番近い 10 刻みの数値に丸めた結果かもしれないし，521 であったものを一番近い 100 刻みの数値に丸めた結果なのかもしれない．結局，ほかに参考になる情報がないかを見極めて個々に判断せざるをえない．一方，小数点以下の数字の並びの最後に現れるゼロは有効数字と考えるのが普通である．というのも，このゼロの有無は，元の数値の精度を変えてしまうからである．

数値の丸め方

　ある数値を示すとき，小数点以下の桁数や有効数字の桁数をそれぞれ決められた何桁かにしなければならないことがある．そのときに行うのが，数値の丸めであ

る．基本的な規則としては，まず必要な桁数になる位置で数値を切り取る．場合によっては，ゼロを付けて桁数を整える必要があるかもしれない．つぎに，切り取った数値の最後の桁より一つ下の桁にあった数字に注目して，その数字が5以上であれば，切り取った数値の最後の桁の数字を1だけ増やす．それ以外の場合は，そのままいじらない．切り取った数値の最後の桁の数字が9で繰上げが起こる場合はその9をゼロとして，さらにその一つ上の桁の数字を1だけ増やせばよい．

具体的な例で確認してみよう．

(a) 522.842を小数点以下1桁で(したがって，有効数字4桁で)表すと，522.8となる．切り取ったつぎの桁の数字は4だから，数値の丸めによる繰上げは起こらない．

(b) 7.289を小数点以下2桁で(したがって，有効数字3桁で)表すと，7.29となる．はじめに切り取った数値は7.28だが，その一つ下の桁の数字が9であり，数値の丸めによる繰上げが必要になる．

(c) 532を有効数字2桁で表すと，530となる．はじめに切り取った数は2文字だからゼロを書き加えて530とする．切り取った位置のつぎの数字は2だから，数値の丸めによる繰上げは不要である．

(d) 6187を有効数字3桁で表すと，6190となる．はじめに切り取った数は3文字だからゼロを書き加えて6180とする．切り取った位置のつぎの数字は7だから，数値の丸めによる繰上げが必要になる．

(e) 69.8を有効数字2桁で表すと，70となる．はじめに切り取る数は2文字で，切り取った位置のつぎの数字は8であるから数値の丸めにより9を0とし，さらにそのすぐ上の桁の数字が繰上げによって6から7になる．

化学における代表的な例

以下に示すのは，化学でよく出てくる量を丸めた例である．

(a) 比重 $0.7248\,\mathrm{g\,cm^{-3}}$ は，小数点以下の桁数も有効数字の桁数もともに4桁．

(b) エンタルピー変化 $6024\,\mathrm{J\,mol^{-1}}$ は，小数点以下の桁数はゼロ，有効数字は4桁．

(c) 標準電極電位 $0.042\,\mathrm{V}$ は，小数点以下の桁数が3桁，有効数字の桁数は2桁．

(d) 濃度 $0.250\,\mathrm{mol\,dm^{-3}}$ は，少数点以下の桁数が3桁，有効数字の桁数も3桁．この場合，数値の最後のゼロは有効数字であり，もし測定精度が高くないことがわかっているならば，最後のゼロを取って $0.25\,\mathrm{mol\,dm^{-3}}$ とすべきである．

4. 有効数字と小数点の位置

(e) 多くの化学反応の活性化エンタルピーは 40 から 400 kJ mol^{-1} の間の値をとる．ここに出てくる二つの数値の有効数字はいずれも 1 桁であり，文意から考えて二つの数値は丸めた結果であることは明らかである．したがって，末尾のゼロは有効数字ではないことに注意．

(f) ナトリウムの二重輝線スペクトルは，589.76 nm に現れる．この値の有効数字は 5 桁である．この値を前述した規則に従って有効数字 2 桁で表すと 590 nm, 有効数字 3 桁で表しても 590 nm である．

(g) 300 K でスペクトル測定をしたというレポートがある．この温度がどの程度厳密に計測されたものかわからなければ，その有効数字が何桁であるのかわれわれには判断できない．有効数字の桁数は，1 桁かも知れないし，2 桁あるいは 3 桁ということもありうる．

問　題

1. 以下の数を，(i) 有効数字 3 桁，(ii) 小数点以下 2 桁まで表せ．
  (a) 41.62
  (b) 3.959 29
  (c) 10 004.91
  (d) 0.007 16
  (e) 0.9997

2. 以下の物理量を，(i) 有効数字 4 桁，(ii) 小数点以下 1 桁まで表せ．
  (a) 589.929 nm
  (b) 103.14 kJ
  (c) 0.100 46 mol dm^{-3}
  (d) 32.8479 ms
  (e) 101 325 Pa

3. 以下の数の有効数字は何桁か．
  (a) 1.497
  (b) 1.0062
  (c) 0.000 791 24
  (d) 1.500
  (e) 64.0020

4. 以下の物理量の有効数字は何桁か．

(a) $432.1 \text{ kJ mol}^{-1}$

(b) 909.1 nm

(c) 0.00352 m s^{-1}

(d) 4.730 g

(e) $0.08206 \text{ dm}^3 \text{ atm K}^{-1} \text{ mol}^{-1}$

B. 実験データの取扱い

5 計算結果は何桁まで？

　電卓を使って 19.24×56.32 を計算すると，結果は 1083.5968 と表示されるであろう．前述したように，ある数が何桁かで表現されているとき，その桁数だけの精度をもっていると考えるのが普通である．しかし，電卓を使った計算では，確かさが不明な桁まで表示されてしまうことに注意しなければいけない．では，表示された桁数のうち，いったい何桁までを正しい結果と考えればよいのだろうか．

足し算と引き算

　和と差の計算では，以下の例のように，手書きで計算するときのことを思い浮かべればよくわかる．

$$\begin{array}{r} 3.43 \\ +\ 16.2 \\ \hline \end{array}$$

この足し算の例では，位取りの位置をあわせた上下二つの数の右端の位から左へ順にそれぞれの位の数字を足しあわせていく．右端の位をみると，上は 3，下は何も書かれていない．この空白にはゼロがあると思いたいところだが，実際にはそこにある数字が何だかわからないというのが正しい．
　すると，この位では 3 と何かの和を求めなければならず，それは無理な相談であろう．したがって，この位については結果を空欄にするのがよい．他の位については問題はないので，この足し算の答えは 19.6 となる．
　以上のことから，和と差の計算は数字がはっきり示されている小数点以下の共通の桁まで，と覚えておくとよい．具体例で示すと，小数点以下の桁数の少ない方に合わせて計算すればよいのだから，

　　　(3.957 32−2.36) の答えは，小数点以下 2 桁まで．
　　　(8.76＋7) の答えは，小数点以下の部分はなし．

ただし，答えの桁数よりも 1 桁多くとってその桁を適切に丸める必要がある．したがって，(3.69−2.1) では，ひとまず 1.59 とし，適切な精度を示すために丸めて 1.6 が答えとなる．

掛け算と割り算

この場合、有効数字の桁数が少ない方に合わせて、その有効数字の桁数までを答えとする。具体例で示すと、

(3.14×2.9)の答えは、有効数字2桁で.

(0.001 643/1.44)の答えは、有効数字3桁で.

ここでも答えは適切に丸めるべきであり、例として1.92×3.087の計算では、5.927 04 を有効数字3桁に丸めて5.93 が答えとなる.

化学における例

(a) 塩化水素の分子量は、水素と塩素の原子量の和で得られる。そこで、文献値を使って、

$$M_r(\text{HCl}) = 1.007\,94 + 35.453$$

答えは小数点以下3桁で表すべきだから、適切に丸めを行って36.461 となる.

(b) 銀/塩化銀電池の起電力 $E^{\ominus}$ は、二つの半電池の電位の差から求められるので、

$$E^{\ominus} = E^{\ominus}(\text{Ag}^+|\text{Ag}) - E^{\ominus}(\text{AgCl}|\text{Ag})$$
$$= 0.7996\,\text{V} - 0.222\,33\,\text{V}$$
$$= 0.5773\,\text{V}$$

$E^{\ominus}(\text{Ag}^+|\text{Ag})$ の値の精度が小数点以下4桁なので、答えも小数点以下4桁となる.

(c) トルートンの規則によれば、蒸発のエントロピー $\Delta_{\text{vap}}S$ の値は非解離性液体で約 88 J K^{-1} mol^{-1} である。$\Delta_{\text{vap}}S$ は $\Delta_{\text{vap}}H/T_b$ に等しいので、蒸発のエンタルピーは次式で与えられる.

$$\Delta_{\text{vap}}H = \Delta_{\text{vap}}S \times T_b$$

ここで、T_b は沸騰の絶対温度である.

トルエンでは、

$$\Delta_{\text{vap}}H = 88\,\text{J K}^{-1}\,\text{mol}^{-1} \times 383.77\,\text{K}$$
$$= 34\,000\,\text{J mol}^{-1} \quad \text{つまり} \quad 34\,\text{kJ mol}^{-1}$$

この場合の答えの有効数字は2桁ではあるが、J mol^{-1} を単位に使うとその2桁の数値にゼロをいくつか付け加えなければならなくなることに注意しよう.

(d) グルコース 6-リン酸は、異性化反応によってフルクトース 6-リン酸となる.

この反応の平衡定数 K は，以下のように二つの物質の濃度の比で与えられる．

$$K = \frac{0.013 \text{ mol dm}^{-3}}{0.0249 \text{ mol dm}^{-3}}$$

濃度の値の一方が有効数字 2 桁だから，K の値としては 0.52 となる．この例では丸めの結果，小数点以下 2 桁目の数字は変わらない．

問 題

1. 答えの精度に注意して，以下の計算を行え．
   (a) $1.092 + 2.43$
   (b) $6.2468 - 1.3$
   (c) $100 + 9.1$
   (d) 42.8×36.194
   (e) $2.107/32$

2. 答えの精度に注意して，物理量を含む以下の計算をせよ．
   (a) $9.021 \text{ g}/10.7 \text{ cm}^3$
   (b) $104.6 \text{ kJ mol}^{-1} + 98.14 \text{ kJ mol}^{-1}$
   (c) $1.46 \text{ mol}/12.2994 \text{ dm}^3$
   (d) $3.61 \text{ kg} \times 2.1472 \text{ m s}^{-1}$
   (e) $3.2976 \text{ g} - 0.004 \text{ g}$

3. 理想気体の体積 V は，以下の式で与えられる．

$$V = \frac{nRT}{p}$$

ここで，n は気体の量，T は絶対温度，p は気体の圧力，R は気体定数である．

　2.42 mol の理想気体が 295 K，52.47 kPa にあるときの体積を，R の値が以下の場合について適切な精度となるように注意して計算せよ．
   (a) $8.3 \text{ J K}^{-1} \text{ mol}^{-1}$
   (b) $8.31 \text{ J K}^{-1} \text{ mol}^{-1}$
   (c) $8.314 \text{ J K}^{-1} \text{ mol}^{-1}$

4. 工業用触媒としても用いられる塩化アルミニウムは，次式の反応により得られる．

$$2\text{Al}_{(s)} + 6\text{HCl}_{(g)} \longrightarrow 2\text{AlCl}_{3(s)} + 3\text{H}_{2(g)}$$

上の反応が過不足なく進行するときの反応物質の質量は，以下のとおりである．
$$m(\mathrm{Al}) = 2 \times 26.981\,539 \text{ g}$$
$$m(\mathrm{HCl}) = 6 \times (1.007\,94 + 35.4527) \text{ g}$$
答えの精度に注意して，以下の問いに答えよ．
(a) $m(\mathrm{Al})$および$m(\mathrm{HCl})$の値を計算せよ．
(b) 300 g の HCl を $m(\mathrm{Al})$ と反応させると，未反応で残る HCl はどれくらいか．
(c) 100 g の Al を $m(\mathrm{HCl})$ と反応させると，未反応で残る Al はどれくらいか．

6 誤差の考え方

　前述したように，同じ量を示すにしてもどの程度の精度で示すかによりいろいろな表現がありうる．表現された数値がもつ不確かさとは，逆にいえばその数の正確さの程度でもあり，不確かさ，つまり**誤差**とはその数がどれほど真の値に近いのかを示すものといえる．誤差の大きさをはっきりさせることは，実験室でさまざまな測定をする際に重要である．

　真の値が 4.87 である何かを測定して 4.96 という値が得られたとしよう．**絶対誤差**は，測定値と**真の値**との差であり，この場合，4.96−4.87 つまり 0.09 である．測定値が真の値より小さければ，絶対誤差は負の値となることに注意しよう．たとえば，測定値が 4.52 であれば絶対誤差は 4.52−4.87 つまり −0.35 となる．

　相対誤差とは絶対誤差を真の値で割ったもので，最初の例では，0.09/4.87 つまり 0.02 であり，二つ目の例では，−0.35/4.87 つまり −0.072 である．さらに，相対誤差を 100 倍すれば**パーセント誤差**となる．上の例でパーセント誤差はそれぞれ 2%，−7.2% となる．

　実際の測定では真の値がわかっていることはまずないので，測定に用いた器具などを調べて測定の誤差を評価する必要がある．それによって絶対誤差，さらに絶対誤差を測定値で割った相対誤差やパーセント誤差を求めることができる．

　なお，割り算に使うのが真の値から測定値に変わったとしても，相対誤差やパーセント誤差の大きさはほとんど変わらないことに注意しよう．はじめの例では，0.09/4.96 として相対誤差は 0.02，パーセント誤差で 2% となる．一方，二つ目の例では，相対誤差は −0.077，パーセント誤差にすると −7.7% である．

系統誤差

　誤差に関する以上の考え方は，ある測定の誤差が測定ごとに正になったり負になったりする可能性が等しいことを前提としている．しかし，たとえば使った測定装置のゼロ点がずれていた場合，このようなランダムに生じる誤差の影響を検討する前に一つ一つの測定結果に対して一定の補正を行う必要がある．たとえば，ある装置が測定結果として本当は 0.0 となるべきところを 0.2 と表示するのがわかって

いれば，正しい測定値を得るためにわれわれは毎回の表示値からあらかじめ0.2を引く必要がある．

化学実験に関連した例

(a) ビュレットの目盛りは$0.10\,cm^3$刻みが一般的である．したがって，滴定結果は最も近い$0.05\,cm^3$刻みの値として読み取ることができる．実験者は自分の読み取り値が真の値より大きいのか小さいのかわからないので，この場合の誤差を$\pm 0.05\,cm^3$とするのが普通であり，これがこのビュレットの読み取りの絶対誤差となる．

ビュレットの読み取り結果が$27.35\,cm^3$であれば，相対誤差は$\pm 0.05\,cm^3/27.35\,cm^3$，つまり$\pm 0.002$，パーセント誤差は$\pm 0.2\%$である．相対誤差とパーセント誤差は，ともに同じ単位をもつ量どうしの比として計算され，単位が打ち消しあうので単位をもたないことに注意しよう．

(b) 質量の正確な値が必要なときには，$0.0001\,g$刻みで読み取れるはかりを使うことがある．このはかりの読み取りの誤差は，目盛りの半分の$\pm 0.000\,05\,g$と考えればよいだろう．正または負を表す符号($\pm$)を使ったのは，読み取り値が大きすぎるのか小さすぎるのかわからないためである．そこで，絶対誤差は$\pm 0.000\,05\,g$となる．このはかりを使って，つぎの表に示すいくつかの質量の測定結果についてその相対誤差とパーセント誤差を検討してみよう．

質量/g	相対誤差	パーセント誤差(%)
0.0100	± 0.005	± 0.5
0.100	± 0.0005	± 0.05
1.00	$\pm 0.000\,05$	± 0.005
10.0	$\pm 0.000\,005$	± 0.0005

この表から二つのことがわかる．一つは，このはかりが測定可能範囲の質量に対しては非常に正確で，誤差は1%よりはるかに小さいということ，二つ目は，当たり前ではあるが，測定質量が増えると相対誤差が小さくなることである．したがって，精度の高い測定結果を得るには，事情が許せば試料を多めに計り取った方がよいということになる．

ゼロ点が$0.0007\,g$だけずれたはかりがあるとしよう．測定の結果，2.4218 gと表示されれば，このゼロ点のずれの分だけ差し引いてやる補正が必要で，

2.4218 g − 0.0007 g つまり 2.4211 g が正しい測定結果となる．ゼロ点のずれそのものは正の場合も負の場合もありうるが，装置ごとに常に一定していることに注意しよう．

問　題

1. 真の値が 16.87 であるところ，測定結果が 16.72 となった．以下の誤差を求めよ．
   (a) 絶対誤差
   (b) 相対誤差
   (c) パーセント誤差

2. 真の波長が 472 nm のところ，測定結果が 482 nm となった．以下の誤差を求めよ．
   (a) 絶対誤差
   (b) 相対誤差
   (c) パーセント誤差

3. 0.1 V 刻みで読み取れる電圧計を用いて，ある電池の EMF (起電力) を測定した．読み取り値 6.45 V に対する誤差を ±0.05 V として，以下の誤差を求めよ．
   (a) 絶対誤差
   (b) 相対誤差
   (c) パーセント誤差

4. ゼロ点のずれた旋光計があり，旋光角がゼロであるべきところ，−0.1° と表示する．旋光計の読みが以下のとき，正しい旋光角はいくらか．
   (a) 2.3°
   (b) 4.6°
   (c) 9.8°

5. 反応速度の実験で，秒まで読める時計を使えば，誤差は ±0.5 s となる．この時計にはゼロ点のずれがあり，その大きさは +0.5 s である．この時計が 37.0 s を指しているとき，以下について答えよ．
   (a) このときの正しい時刻
   (b) 絶対誤差
   (c) 相対誤差
   (d) パーセント誤差

7 誤差の上限

　個々の測定値についてその誤差を見積もることは比較的簡単であるが，いくつかの測定値から計算によって何か一つの量を求めるとなると話は別である．つまり，いくつかの測定値を組合わせて計算するとき，個々の測定値の誤差はどのように組合わされるのかという問題に答える必要がある．

　誤差の上限を考えることによって，個々の測定値に含まれる誤差が，計算を重ねるたびにどのように伝播するのかを理解することができる．以下では，二つの測定値，12.3 ± 0.2 および 3.7 ± 0.4 を組合わせる計算の具体例を考えてみよう．前者の測定値は 12.1 と 12.5 の間の数，後者は 3.3 と 4.1 の間の数という意味である．

和

　和の値が最大となるのは，もとの測定値の最大値どうしを足し合わせたときで，$12.5+4.1$ より 16.6 となる．同様に，和が最小となるのはもとの測定値の最小値どうしの足し算のときで，$12.1+3.3$ より 15.4 となる．したがって，計算結果は 16.0 ± 0.6 となり，その誤差は最大値どうしの和から最小値どうしの和を引いた値の半分に等しくなる．

差

　差 $12.3-3.7$ を考えてみよう．差の値が最大となるのは二つの測定値がそれぞれ取りうる範囲で最も遠い場合で，$12.3+0.2$ から $3.7-0.4$ を引くときである．つまり，$12.5-3.3=9.2$ が最大値となる．一方，差が最小となるのは逆に最も近い場合で，$12.3-0.2$ から $3.7+0.4$ を引いてその最小値は 8.0 となる．したがって，差は 8.6 ± 0.6 と表せる．

積

　積の値が最大となるのは二つの測定値がそれぞれ最大値をとるとき，また積が最小となるのは二つの測定値がそれぞれ最小値をとるときである．したがって，最大値は 12.5×4.1 より 51，最小値は 12.1×3.3 より 40 となる*．そこで，積は 46 ± 6 と表せる．

＊ 訳注：第 5 章の計算と有効数字のルールに注意．

商

商 12.3/3.7 を考えてみると，最大値 12.5 を最小値 3.3 で割れば商の最大値 3.8 となり，逆に最小値 12.1 を最大値 4.1 で割れば商の最小値 3.0 が得られる*．したがって，商は 3.4±0.4 と表せる．

全圧の計算

水素と窒素の分圧の測定値がそれぞれ 1.78±0.06 atm, 2.42±0.08 atm である 2 成分の混合気体がある．全圧は分圧の和だから，その最大値はそれぞれの分圧の最大値の和，つまり 1.84+2.50=4.34 atm に，また最小値はそれぞれの分圧の最小値の和，つまり 1.72+2.34=4.06 atm となる．したがって，全圧は 4.20±0.14 atm と表せる．

滴定量の計算

滴定実験を行ったところ，ビュレットの最初の目盛りが 0.45±0.05 cm^3，最後の目盛りが 22.60±0.05 cm^3 となった．滴下した滴定液の量は，最大で (22.65−0.40) cm^3，つまり 22.25 cm^3，最小で (22.55−0.50) cm^3，つまり 22.05 cm^3 である．したがって，22.15±0.10 cm^3 と表せる．

滴定液が濃度 0.103±0.002 mol dm^{-3} の塩酸溶液であれば，滴定に要した体積にこの濃度を掛けて塩酸の量が算出できる．その最大値は，22.25 cm^3×0.105 mol dm^{-3}=0.002 34 mol，最小値は，22.05 cm^3×0.101 mol dm^{-3}=0.002 23 mol となる．したがって，滴定に要した塩酸の量は，0.002 29±0.000 06 mol となる．

エントロピーの計算

相変化におけるエントロピー変化 ΔS は，対応するエンタルピー変化の値を相変化が起こる温度 T で割ったものとして与えられる．銀の融解のエンタルピーは，1234±10 K において 11.30±0.05 kJ mol^{-1} である．このエントロピー変化の最大値は，11.35×10^3 J mol^{-1}/1224 K=9.273 J K^{-1} mol^{-1}，一方最小値は，11.25×10^3 J mol^{-1}/1244 K=9.043 J K^{-1} mol^{-1} となる．したがって，このエントロピー変化は，9.158±0.115 J K^{-1} mol^{-1} と表せる．しかし，この例では誤差の細かい数値まで示す意味はほとんどないので，答えとしては 9.2±0.1 J K^{-1} mol^{-1} とする方がよいであろう．

---

* 訳注：第 5 章の計算と有効数字のルールに注意．

問　題

1. 二酸化炭素の融解のエンタルピー $\Delta_{\text{fus}}H$，蒸発のエンタルピー $\Delta_{\text{vap}}H$ は，それぞれ $8.3\pm0.1\,\text{kJ}\,\text{mol}^{-1}$, $16.9\pm0.2\,\text{kJ}\,\text{mol}^{-1}$ である．また，昇華のエンタルピー $\Delta_{\text{sub}}H$ は，次式で与えられる．

$$\Delta_{\text{sub}}H = \Delta_{\text{fus}}H + \Delta_{\text{vap}}H$$

二酸化炭素の $\Delta_{\text{sub}}H$ の誤差の上限はいくらか．

2. 以下の電極反応が進行する半電池では，電極電位 $E^{\ominus}$ がそれぞれ $0.76\pm0.01\,\text{V}$，および $0.34\pm0.01\,\text{V}$ である．

$$\text{Zn}_{(s)} \longrightarrow \text{Zn}^{2+}{}_{(aq)} + 2e^{-}$$

$$\text{Cu}^{2+}{}_{(aq)} + 2e^{-} \longrightarrow \text{Cu}_{(s)}$$

これらを組合わせた電池全体の反応式は以下のようになり，その EMF（起電力）は上記二つの $E^{\ominus}$ を足し合わせたものとなる．

$$\text{Cu}^{2+}{}_{(aq)} + \text{Zn}_{(s)} \longrightarrow \text{Cu}_{(s)} + \text{Zn}^{2+}{}_{(aq)}$$

この電池の EMF の誤差の上限はいくらか．

3. 塩化鉛(II)は以下の平衡式に従って，水にわずかに溶ける．

$$\text{PbCl}_{2(s)} \rightleftharpoons \text{Pb}^{2+}{}_{(aq)} + 2\text{Cl}^{-}{}_{(aq)}$$

PbCl_2 の溶解度を s とすると，溶解度積 K_s は $4s^3$ に等しい*．$s=(1.62\pm0.02)\times10^{-2}\,\text{mol}\,\text{dm}^{-3}$ のとき，K_s の誤差の上限はいくらか．

4. 物質の密度 ρ は，m を質量，V を体積として以下の式で与えられる．

$$\rho = \frac{m}{V}$$

ある金の試料の体積が $27\pm1\,\text{cm}^3$，質量が $521\pm5\,\text{g}$ のとき，その密度の誤差の上限はいくらか．

5. 以下の反応では，$298\pm1\,\text{K}$ において $\Delta H^{\ominus}=-58.0\pm0.5\,\text{kJ}\,\text{mol}^{-1}$ および $\Delta S^{\ominus}=-177\pm1\,\text{J}\,\text{K}^{-1}\,\text{mol}^{-1}$ である．

$$2\text{NO}_{2(g)} \rightleftharpoons \text{N}_2\text{O}_{4(g)}$$

$\Delta G^{\ominus}=\Delta H^{\ominus}-T\Delta S^{\ominus}$ に注意すれば，$\Delta G^{\ominus}$ の誤差の上限はいくらか．

---

* 訳注：$[\text{Pb}^{2+}]=s$，$[\text{Cl}^-]=2s$，$K_s=[\text{Pb}^{2+}][\text{Cl}^-]^2$ となる．

8 最大確率誤差

　第 7 章では，計算の結果生じる最悪の場合の誤差を誤差の上限とよぶことを学んだ．ところが，実際に誤差がその上限値になることはめったになく，普通はそれより小さくなるということを考慮した考え方が**最大確率誤差**である．最大確率誤差は，以下に説明するような式を用いて簡単に見積もることができる．ここでは，測定値 X および Y から計算によって Z を求めるものとし，それぞれの絶対誤差を ΔX，ΔY，および ΔZ とする．

和　と　差

　$Z=X+Y$ や $Z=X-Y$，あるいは $Z=Y-X$ の計算で生じる Z の絶対誤差 ΔZ は，次式で与えられる．

$$\Delta Z = \sqrt{(\Delta X)^2 + (\Delta Y)^2}$$

第 7 章と同じく，$X=12.3\pm0.2$，$Y=3.7\pm0.4$ を例として用いると，ΔZ は以下のようになる．

$$\begin{aligned}\Delta Z &= \sqrt{0.2^2 + 0.4^2} \\ &= \sqrt{0.04 + 0.16} \\ &= \sqrt{0.20} \\ &= 0.45\end{aligned}$$

有効数字の桁数を適切に合わせることにより，差の計算の答えは 8.6 ± 0.5 となる．この値は，前の章で見積もった誤差の上限値よりもわずかに小さいことに注意しよう．

積　と　商

　この場合も和や差の場合と類似の規則があるが，違いは絶対誤差を用いるのではなく，相対誤差を用いる点である．Z の相対誤差 $\Delta Z/Z$ は，次式で与えられる．

$$\frac{\Delta Z}{Z} = \sqrt{\left(\frac{\Delta X}{X}\right)^2 + \left(\frac{\Delta Y}{Y}\right)^2}$$

$X=12.3\pm0.2$ と $Y=3.7\pm0.4$ の掛け算を例にすると，相対誤差 $\Delta Z/Z$ は以下のようになる．

8. 最大確率誤差

$$\frac{\Delta Z}{45.51} = \sqrt{\left(\frac{0.2}{12.3}\right)^2 + \left(\frac{0.4}{3.7}\right)^2}$$

$$= \sqrt{0.0163^2 + 0.1081^2}$$

$$= \sqrt{0.000\,265\,69 + 0.011\,69}$$

$$= \sqrt{0.011\,956}$$

$$= 0.1093$$

ここで求めたのは相対誤差であるから，絶対誤差 ΔZ は，

$$\Delta Z = 45.51 \times 0.1093 = 4.97$$

となる．適当な有効数字に切りそろえて，答えは 46±5 となる．

全圧の計算

分圧から全圧を求めた第 7 章の例を用いると，絶対誤差は，

$$\sqrt{(0.06\,\text{atm})^2 + (0.08\,\text{atm})^2} = \sqrt{0.0036\,\text{atm}^2 + 0.0064\,\text{atm}^2}$$

$$= \sqrt{0.0100\,\text{atm}^2}$$

$$= 0.10\,\text{atm}$$

したがって，全圧は 4.20±0.10 atm となる．この値は，前章で計算した誤差の上限よりは小さくなっている．

エントロピーの計算

第 7 章で出てきた例を再び用いて，

$$\frac{\Delta(\Delta S)}{9.158\,\text{J K}^{-1}\,\text{mol}^{-1}} = \sqrt{\left(\frac{0.05\,\text{kJ mol}^{-1}}{11.30\,\text{kJ mol}^{-1}}\right)^2 + \left(\frac{10\,\text{K}}{1234\,\text{K}}\right)^2}$$

$$= \sqrt{0.004\,425^2 + 0.008\,104^2}$$

$$= \sqrt{0.000\,019\,58 + 0.000\,065\,67}$$

$$= \sqrt{0.000\,085\,25}$$

$$= 0.009\,233$$

これより，

$$\Delta(\Delta S) = 9.158\,\text{J K}^{-1}\,\text{mol}^{-1} \times 0.009\,233 = 0.0846\,\text{J K}^{-1}\,\text{mol}^{-1}$$

したがって，最終的な答えは，

$$\Delta S = 9.16 \pm 0.08\,\text{J K}^{-1}\,\text{mol}^{-1}$$

問　題

1. 0 ℃，1 mol の氷が 100 ℃ の水蒸気になるとき，そのエントロピー変化 ΔS の算出には，つぎの三つの段階が必要である．

　(i) 0 ℃ における氷の融解（そのエントロピー変化を ΔS_1 とする）
　(ii) 0 ℃ から 100 ℃ までの温度上昇（そのエントロピー変化を ΔS_2 とする）
　(iii) 100 ℃ における水の蒸発（そのエントロピー変化を ΔS_3 とする）

$\Delta S_1 = 22.007 \pm 0.004 \, \text{J K}^{-1} \text{mol}^{-1}$，$\Delta S_2 = 98.38 \pm 0.1 \, \text{J K}^{-1} \text{mol}^{-1}$，$\Delta S_3 = 109.03 \pm 0.2 \, \text{J K}^{-1} \text{mol}^{-1}$ とすると，次式で算出される ΔS の最大確率誤差はいくらか．

$$\Delta S = \Delta S_1 + \Delta S_2 + \Delta S_3$$

2. ある水素類似元素のスペクトルには，波長 19.440 ± 0.007 nm および 17.358 ± 0.005 nm に輝線が観測される．両者の波長の差の最大確率誤差はいくらか．

3. 次式の反応の速度定数 k は，$(9.3 \pm 0.1) \times 10^{-5} \, \text{s}^{-1}$ である．

$$\text{NH}_2\text{NO}_{2(aq)} \longrightarrow \text{N}_2\text{O}_{(g)} + \text{H}_2\text{O}_{(l)}$$

この反応の速度は NH_2NO_2 の濃度に依存し，

$$\text{反応速度} = k \, [\text{NH}_2\text{NO}_2]$$

で表される．$[\text{NH}_2\text{NO}_2] = 0.105 \pm 0.003 \, \text{mol dm}^{-3}$ のとき，この反応速度の最大確率誤差はいくらか．

4. 蒸発のエントロピー $\Delta_{\text{vap}} S$ は次式で与えられる．

$$\Delta_{\text{vap}} S = \frac{\Delta_{\text{vap}} H}{T_b}$$

ここで，$\Delta_{\text{vap}} H$ は蒸発のエンタルピー，T_b は沸点である．CHCl_3 の $\Delta_{\text{vap}} S$ の最大確率誤差はいくらか．ただし，$\Delta_{\text{vap}} H = 29.4 \pm 0.1 \, \text{kJ mol}^{-1}$ および $T_b = 334 \pm 1 \, \text{K}$ である．

5. 気体反応のエンタルピー変化 ΔH は，気体成分の量の変化 Δn を用いて，

$$\Delta H = \Delta U + RT \Delta n$$

と表せる．ただし，ΔU は内部エネルギー変化，R は気体定数，T は絶対温度である．下記に示す反応で正確に $\Delta n = -1$ mol だけ反応が起こったとしよう．$\Delta U = -1364.2 \pm 0.1 \, \text{kJ mol}^{-1}$，$T = 298 \pm 1 \, \text{K}$ として，ΔH の最大確率誤差はいくらか．ただし，R として $8.31 \pm 0.05 \, \text{J K}^{-1} \text{mol}^{-1}$ を用いよ．

$$\text{C}_2\text{H}_5\text{OH}_{(l)} + 3\text{O}_{2(g)} \longrightarrow 2\text{CO}_{2(g)} + 3\text{H}_2\text{O}_{(l)}$$

9 簡単な統計的手法

これまでの三つの章では，測定値に含まれる誤差の見積もりから始めて，その測定値を基に計算した何らかの量に含まれる誤差の大きさをどのように評価すればよいのかまでを検討してきた．そこで今度は，同じ量について測定を何回か繰返して行うとき，これまでに学んだ規則をどのように適用していけばよいのかについて考えよう．そのためには，簡単な統計的手法を応用する必要がある．

以下の2組の測定データを取上げよう．

$$21 \quad 24 \quad 25 \quad 26 \quad 29 \qquad \text{および} \qquad 4 \quad 9 \quad 23 \quad 41 \quad 48$$

それぞれの組の五つの数字を足し合わせて5で割ると，いずれの場合も平均値として25が得られる．しかし，これらのデータがある特定の物理量を繰返し測定した結果だとすれば，2組のデータのうち，前者の方が五つの数値のいずれもが平均値に近く，後者に比べて信頼性が高いと考えられる．また，五つの数値の最大値と最小値の差として得られるデータのばらつきも小さいといえる．

標準偏差

上記のデータのばらつきは，それぞれの組のデータについて次式で与えられる**標準偏差** s を計算することで定量化することができる．

$$s^2 = \sum \frac{(x_i - \bar{x})^2}{n-1}$$

この式は，一見複雑に見えるけれども，含まれる記号の意味がわかれば使い方は難しくはない．まず，x_i は一つ一つの測定値を指す．x について五つのデータがあるので，i は $1, 2, 3, 4, 5$ をとる．したがって，2組のデータのうち前者は，$x_1 = 21$, $x_2 = 24$, $x_3 = 25$, $x_4 = 26$, $x_5 = 29$ と表すことができる．$\bar{x}$ はこれらの平均で，さきほど見たように25ということがわかっている．データの数 n は，この場合5である．Σ 記号(ギリシャ文字シグマの大文字)は和をとることを意味し，Σ 記号の右にある項をすべて足しあわせればよい．この計算はつぎのような表を使うと簡単である．

i	x_i	$x_i - \bar{x}$	$(x_i - \bar{x})^2$
1	21	-4	16
2	24	-1	1
3	25	0	0
4	26	1	1
5	29	4	16

先ほどの和を計算するには，上の表の一番右のカラムの数値を足し合わせればよく，この場合は34となる．ここで，足し合わせた個々の数値は二乗の計算を反映してすべて正の値となっていることに注意しよう．

以上より，

$$s^2 = \frac{34}{5-1}$$

$$= \frac{34}{4}$$

$$= 8.5$$

平方根をとると，$s=2.9$ が得られる．

このように得られた値がデータのばらつきをどのように反映するのだろうか？それに答えるには，多数の測定値からなるデータのふるまいについて検討してみる必要がある．

正 規 分 布

図9.1に**正規分布**の例を示した．このような図では，ある値 x_i が得られる事象の起きる頻度が x_i に対して図示されている．最も頻度が高いのは，平均値 $\bar{x}$ に対応する点であることに注意しよう．図の x 軸には，標準偏差刻みで目盛りが付けてある．1回の測定をして平均値*を中心として標準偏差一つ分の範囲内の値が得られる確率が，図9.1の ▨ で示した領域の面積の割合に相当し，全体の68%にあたる．標準偏差二つ分の範囲は一般に有意な**誤差限界**とよばれ，図9.2に示したように，測定値 x_i の95%がこの範囲に含まれる．

---

* 訳注：次ページの図9.1，および9.2では x 軸(図の横軸)に平均値 $\bar{x}$ を便宜的に0として示している．また s は標準偏差である．

9. 簡単な統計的手法

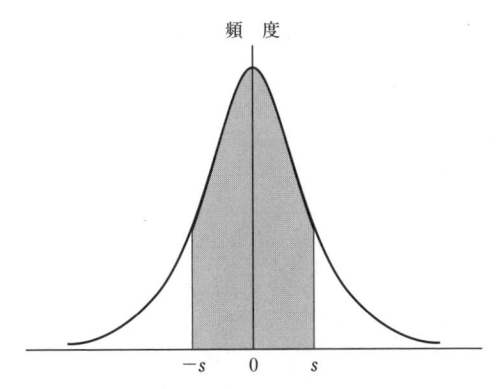

図 9.1 正規分布の例．ある数値が得られる事象の起こる頻度をその数値に対して図示してある．図中の ▩ で示した領域の面積の割合は，平均値を中心として標準偏差一つ分の範囲内の数値が得られる事象が起こる割合を示している

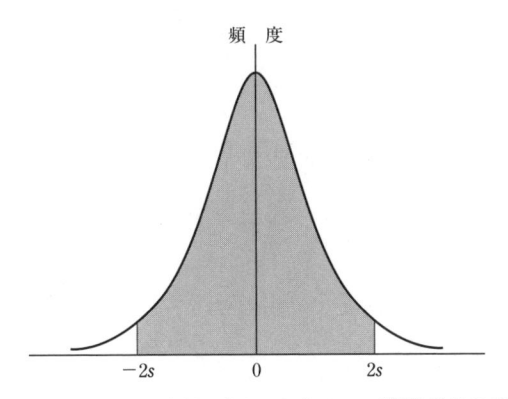

図 9.2 図 9.1 と同じグラフであるが，▩ 部分は平均値を中心として標準偏差二つ分の範囲内の数値が得られる事象が起こる割合を示している

炭素-水素結合

炭素-水素結合の解離のエンタルピー ΔH は，つぎの表のように結合周辺の環境の違いによって異なる．

炭素-水素結合周辺の環境	$\Delta H/\text{kJ mol}^{-1}$
CH_4	438
$-CH_3$	465
$-CH_2-$	422
$=CH-$	339
C_2H_6	420

上記の表のデータの標準偏差を求めるため，まず平均値 $\overline{\Delta H}$ を求めると，

$$\frac{438 + 465 + 422 + 339 + 420}{5} \quad \text{つまり} \quad 417$$

つぎに，先ほどと同様な表をつくる．

i	$\Delta H_i/\text{kJ mol}^{-1}$	$(\Delta H_i - \overline{\Delta H})/\text{kJ mol}^{-1}$	$(\Delta H_i - \overline{\Delta H})^2/\text{kJ}^2 \text{mol}^{-2}$
1	438	21	441
2	465	48	2304
3	422	5	25
4	339	-78	6084
5	420	3	9

表右端の $(\Delta H_i - \overline{\Delta H})^2$ の和は $8863 \text{ kJ}^2 \text{ mol}^{-2}$ であり，これより s^2 を求めると，

$$s^2 = \frac{8863 \text{ kJ}^2 \text{ mol}^{-2}}{5-1}$$

$$= 2216 \text{ kJ}^2 \text{ mol}^{-2}$$

したがって，$s = 47 \text{ kJ mol}^{-1}$ となる．前述したように，この例では誤差の見積もりとして標準偏差二つ分の範囲をとるのが妥当で，$\Delta H = 417 \pm 94 \text{ kJ mol}^{-1}$ となる．

問題

1. ある場所で鉛の濃度 c(単位は $\mu\text{g m}^{-3}$)を6日間にわたって測定したところ，

0.380 0.311 0.305 0.233 0.335 0.370

となった．電卓を使わずに，標準偏差を計算せよ．

2. ある池の異なる場所から採取した水に含まれるマグネシウムの濃度 c(単位は mg dm^{-3})を測定したところ，

0.837 0.409 0.621 1.357 0.723 0.834 1.041 1.454

となった．電卓を使わずに，標準偏差を計算せよ．

3. 大気圧 p(単位は kPa)を測定したところ,

    1014.46 1015.34 1015.66 1014.50 1015.89

となった．電卓を使わずに，標準偏差を計算せよ．

4. X線結晶解析によってある化合物中の Cu–O 結合の長さ l(単位は Å)を測定したところ,

    1.982 1.969 2.204 1.935 1.999 2.186 2.067

となった．電卓を使わずに，標準偏差を計算せよ．

10　t 検定に基づく統計

　標準偏差を使って誤差限界を決めるには，十分とみなせる数の測定値，たとえば25以上といったある程度の大きさ（数）の標本が得られていることを前提にしている．それだけの標本数がない場合は，計算で得られた平均値が求めたい真の平均に本当に近いのかという疑問が生じてしまう．この問題は，以下の値*を評価することで解決する．

$$\frac{ts}{\sqrt{n}}$$

ここで，s は計算で求めた標準偏差，n は標本数である．t は一般に t 値とよばれるもので，その具体的な値は表としてまとめられている．t 値の正確な値は，要求される精度の水準（**信頼水準**）と**自由度**とよばれる数（今の場合は $n-1$）とによって決まる．t 値の具体的な値を付録5に示した．

　第9章に出てきた測定データ（21, 24, 25, 26, 29）について上記の値を計算してみよう．95％の信頼水準で自由度4のデータに対する t 値は付録5の表より2.78となるから，信頼区間としてつぎの値が得られる．

$$\frac{2.78 \times 2.9}{\sqrt{5}} = \frac{2.78 \times 2.9}{2.24} = 3.6$$

したがって，この測定データの平均値としては 25±4 となる．

炭素‐水素結合

　前の章（p.34）のデータに $t=2.78$ としてこの方法を当てはめると，信頼区間としては，

$$\frac{2.78 \times 47 \text{ kJ mol}^{-1}}{\sqrt{5}} = \frac{2.78 \times 47 \text{ kJ mol}^{-1}}{2.24} = 58 \text{ kJ mol}^{-1}$$

となり，最終的な答えは $\Delta H = 417 \pm 58$ kJ mol^{-1} となる．

　＊　訳注：$ts/\sqrt{n}$ を**信頼限界**とよび，標本平均 $\bar{x}$ を中心として $\pm ts/\sqrt{n}$ の幅を**信頼区間**というが，本書では特に区別しない．

色素分子の吸収波長

図 10.1 のような構造の色素は，置換基 X の性質によりさまざまな色を示す．これはつぎの表に示すように，光の極大吸収波長 λ_{max} の違いとして理解できる．

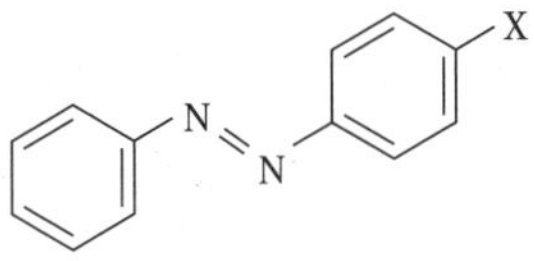

図 10.1 色素分子の例．X にはさまざまな置換基が付く

X	λ_{max}/nm
H	318
CH_3	333
NO_2	338
$(C_2H_5)_2N$	415
CH_3O	346
NC	324
NH_2	387
SO_3H	329
Br	329
COOH	325

λ_{max} の平均値に関する誤差限界を求めるには，標準偏差が必要である．

まず平均値 $\bar{\lambda}_{max}$ は 344 nm となるので，以前と同様の表をつくると以下のようになる．

X	λ_{max}/nm	$(\lambda_{max}-\bar{\lambda}_{max})$/nm	$(\lambda_{max}-\bar{\lambda}_{max})^2/\text{nm}^2$
H	318	-26	676
CH_3	333	-11	121
NO_2	338	-6	36
$(C_2H_5)_2N$	415	71	5041
CH_3O	346	2	4
NC	324	-20	400
NH_2	387	43	1849
SO_3H	329	-15	225
Br	329	-15	225
COOH	325	-19	361

右端のカラムの $(\lambda_{max}-\bar{\lambda}_{max})^2$ の和は 8938 nm² だから,

$$s^2 = \frac{8938}{10-1} = \frac{8938}{9} = 993\,\text{nm}^2$$

より, $s=31.5$ nm となる.

　この例では, 妥当な誤差として標準偏差を使うにはデータの数があまりに少ないので, t 検定を行って妥当な誤差を評価する必要があることに注意したい. 95% の信頼水準で自由度が $10-1=9$ の t 値は 2.26 である. したがって信頼限界は,

$$\frac{2.26 \times 31.5\,\text{nm}}{\sqrt{10}} = \frac{71.19\,\text{nm}}{3.16} = 22.5\,\text{nm}$$

であり, λ_{max} の平均値は 344 ± 23 nm となる.

問　題

1. 量子力学的な計算機シミュレーションによると, 一連のアルキルアミンの C–N 結合の長さ(単位は Å)は以下のようになった.

    1.456　1.454　1.459　1.465　1.512　1.522　1.517

    電卓を用いて標準偏差を求め, つぎに 90% の信頼限界を計算せよ.

2. 大気中の NO₂ を何回か分析したところ, 以下のような結果(単位は ppb)となった.

    3.62　5.15　4.26　5.42　3.48

    電卓を用いて標準偏差を求め, つぎに 95% の信頼限界を計算せよ.

3. ある場所に降った雨の pH を測定したところ, 試料ごとに以下のようになった.

    5.53　5.32　4.92　5.16　4.93　5.13　4.90　5.06

    電卓を用いて標準偏差を求め, つぎに 95%の信頼限界を計算せよ.

4. 雨に含まれるアルミニウムの濃度(単位は mg dm⁻³)を測定したところ, 試料ごとに以下のようになった.

    0.017　0.026　0.005　0.013　0.026　0.019

    電卓を用いて標準偏差を求め, つぎに 97.5% の信頼限界を計算せよ.

5. 大気圧を何回か測定したところ, 以下のような値(単位は kPa)が得られた.

    1030.45　1029.56　1029.17　1029.01　1029.50

    電卓を用いて標準偏差を求め, つぎに 99% の信頼限界を計算せよ.

C. 式と計算

11　計算の優先順位

つぎの計算をしてみよう．
$$2+8-4$$
まず，2に8を足して10，つぎに4を引いて答えは6，とするのが普通であろう．8から4を引いて4，これに2を足して答えは6としてもよい．また，2から4を引いて−2，これに8を足して6というやり方もある．あきらかにこの例では，計算の順序を変えても答えは変わらない．

つぎの例ではどうだろうか．
$$2\times 8-4$$
2に8を掛けて16，これから4を引いて答えは12．一方，8から4を引いて4，これに2を掛ければ8となってしまい，この例では計算の順番が答えを左右する．どちらの計算手順が正しいのだろう．

BODMAS 則

BODMAS 則*とは，Brackets(括弧)，Of(割合)，Division(割り算)，Multiplication(掛け算)，Addition(足し算)，Subtraction(引き算)の頭文字を並べたもので，計算の優先順位を表す規則のことである．

- 括弧は，計算を優先させたい部分に使い，括弧の中を最初に計算する．
- 割合とは，"6の1/2"などのように一般的には分数で表したものを指し，掛け算と同じ扱いとなる．
- **掛け算**と**割り算**は，どちらを先に計算してもよい．$2^3=2\times 2\times 2$ だから，指数も掛け算と優先順位は同じである．
- **足し算**と**引き算**についても，どちらを先に計算してもよい．

この規則に従えば，$2\times 8-4$ では，まず2に8を掛けて，つぎに4を引くので答えは12，が正しい．

---

*　訳註: P(括弧, parentheses)，E(累乗, exponents)，M/D(乗/除)，A/S(加/減) の頭文字を並べた PEMDAS 則という言い方もある．

11. 計算の優先順位

具体例

(i) $2 + 3 \times 6 - 4$

最初は掛け算で $3 \times 6 = 18$, つぎに 2 を足して 20, さらに 4 を引いて答えは 16.

(ii) $8 - 9/3^2$

まず, $3^2 = 3 \times 3 = 9$ から始めて, $8 - 9/9$. つぎに, 割り算 $9/9 = 1$, そして引き算 $8 - 1$ の順番に計算して, 答えは 7.

密度

メタノールをモル分率 x だけ含む水溶液の密度 ρ は, 以下の式で近似される.

$$\rho/\mathrm{g\,cm^{-3}} = 0.9971 - 0.289\,30\,x + 0.299\,07\,x^2$$

この式を計算するには, まず $x^2 = x \times x$ と展開して,

$$\rho/\mathrm{g\,cm^{-3}} = 0.9971 - 0.289\,30\,x + 0.299\,07\,x \times x$$

$0.289\,30\,x$ などは掛け算の記号が省略されているので,

$$\rho/\mathrm{g\,cm^{-3}} = 0.9971 - 0.289\,30 \times x + 0.299\,07 \times x \times x$$

$x = 0.25$ として, 実際に計算すると,

$$\rho/\mathrm{g\,cm^{-3}} = 0.9971 - 0.289\,30 \times 0.25 + 0.299\,07 \times 0.25 \times 0.25$$

BODMAS 則を当てはめて, 最初は掛け算,

$0.289\,30 \times 0.25 = 0.072\,33$ および $0.299\,07 \times 0.25 \times 0.25 = 0.018\,69$

それが済んだら足し算, 引き算を行って,

$$\rho/\mathrm{g\,cm^{-3}} = 0.9971 - 0.072\,33 + 0.018\,69 = 0.943\,46$$

結局, $x = 0.25$ のとき ρ の値は $0.943\,46\,\mathrm{g\,cm^{-3}}$ となる. しかし, x が有効数字 2 桁, 小数点以下 2 桁で表されているので, それにそろえて答えは $0.94\,\mathrm{g\,cm^{-3}}$ とするのがよい.

2 次元調和振動子

2 次元調和振動子のポテンシャルエネルギー V は, 次式で与えられる.

$$V = \frac{k}{2}(x^2 + y^2)$$

ここで, x および y は直行座標における位置を表している. 力の定数 k は, 振動子の柔らかさの程度を示している.

$k = 250\,\mathrm{N\,m^{-1}}$ の 2 次元調和振動子について, $x = 1.5\,\mathrm{nm}$, $y = 0.5\,\mathrm{nm}$ のときのポテンシャルエネルギーを計算してみよう. まず, 上式で省略された掛け算の記号

をもとに戻すと,

$$V = \frac{k}{2} \times (x \times x + y \times y)$$

BODMAS 則によって,括弧の中の掛け算から計算する.

$$x \times x = 1.5\,\text{nm} \times 1.5\,\text{nm} = 2.25\,\text{nm}^2$$
$$y \times y = 0.5\,\text{nm} \times 0.5\,\text{nm} = 0.25\,\text{nm}^2$$

よって( )の中は $2.25\,\text{nm}^2 + 0.25\,\text{nm}^2 = 2.50\,\text{nm}^2$,一方,$k/2$ は $250\,\text{N m}^{-1}/2 = 125\,\text{N m}^{-1}$ である.また,$1\,\text{nm} = 10^{-9}\,\text{m}$ だから,$1\,\text{nm}^2 = 1\,\text{nm} \times 1\,\text{nm} = 10^{-9}\,\text{m} \times 10^{-9}\,\text{m} = 10^{-18}\,\text{m}^2$ となり,結局 V は,

$$125\,\text{N m}^{-1} \times 2.50 \times 10^{-18}\,\text{m}^2$$

$1\,\text{N m} = 1\,\text{J}$ に注意して(付録2参照),最終的な答えは $3.13 \times 10^{-16}\,\text{N m}$ つまり $3.13 \times 10^{-16}\,\text{J}$ となる.

銅の表面におけるエテンの水素化反応

化学反応の速度は,時間に対して反応物質の濃度が減少する割合として測定され,その単位は反応によらずに $\text{mol dm}^{-3}\,\text{s}^{-1}$ である.また,反応速度は一般に[ ]を使って表した反応物質の濃度と一つ以上の速度定数とを用いて表される.さて,銅の表面におけるエテン(エチレン)の水素化反応の速度は次式で与えられる.

$$反応速度 = \frac{k_\text{a}[\text{H}_2][\text{C}_2\text{H}_4]}{(1 + k_\text{b}[\text{C}_2\text{H}_4])^2}$$

ここで,k_a, k_b は速度定数で以下のような値をもつ.また,$[\text{H}_2], [\text{C}_2\text{H}_4]$ はそれぞれ水素とエテンの濃度である.

$$k_\text{a} = 4 \times 10^5\,\text{dm}^3\,\text{mol}^{-1}\,\text{s}^{-1}$$
$$k_\text{b} = 1.62\,\text{dm}^3\,\text{mol}^{-1}$$

$[\text{H}_2] = 0.05\,\text{mol dm}^{-3}$,$[\text{C}_2\text{H}_4] = 0.15\,\text{mol dm}^{-3}$ のときの反応速度を計算してみよう.まず,省略された掛け算の記号を明示すると,

$$反応速度 = \frac{k_\text{a} \times [\text{H}_2] \times [\text{C}_2\text{H}_4]}{(1 + k_\text{b} \times [\text{C}_2\text{H}_4])^2}$$

( )の中を最初に計算すると,掛け算の部分は,

$$k_\text{b} \times [\text{C}_2\text{H}_4] = 1.62\,\text{dm}^3\,\text{mol}^{-1} \times 0.15\,\text{mol dm}^{-3} = 0.243$$

となり,ここでは単位が打ち消しあっていることがわかる.つぎに足し算を実行して,

$1 + 0.243 = 1.243$

残りの計算は掛け算と割り算であり，最初の式は，

$$\text{反応速度} = \frac{4\times 10^5\,\text{dm}^3\,\text{mol}^{-1}\,\text{s}^{-1} \times 0.05\,\text{mol dm}^{-3} \times 0.15\,\text{mol dm}^{-3}}{1.243^2}$$

この式の分子の数値は 3×10^3，単位は mol dm^{-3} s^{-1} となるので，最終的な答えは以下のようになる．

$$\text{反応速度} = \frac{3\times 10^3\,\text{mol dm}^{-3}\,\text{s}^{-1}}{1.545} = 1.9\times 10^3\,\text{mol dm}^{-3}\,\text{s}^{-1}$$

問　題

1. ある反応の平衡定数 K は，次式で与えられる．

$$K = \frac{16x^2(1-x)}{(1-3x)^3 \left(\dfrac{p}{p^{\ominus}}\right)^2}$$

ここで，x は反応進行度，p は圧力，また $p^{\ominus}=1$ atm である．$x=0.15$，$p=2.5$ atm のときの K の値を計算せよ．

2. 平衡定数 K の温度 T に対する依存性を調べるには，

$$\frac{\Delta H^{\ominus}}{R}\left(\frac{1}{T_1}-\frac{1}{T_2}\right)$$

の値を求める必要がある．$\Delta H^{\ominus}=38.4$ kJ mol^{-1}，$T_1=298$ K，$T_2=300$ K のときの上式の値を求めよ．（気体定数 R の値は，付録4を見よ）

3. 2成分系の凝縮曲線は次式で与えられる．

$$p = \frac{p_1{}^* p_2{}^*}{p_1{}^* + (p_2{}^* - p_1{}^*) y_1}$$

これは，全圧 p が成分1，成分2のそれぞれの蒸気圧 $p_1{}^*$, $p_2{}^*$，および成分1の気相中のモル分率 y_1 とによって決まることを示している．$p_1{}^*=3125$ Pa，$p_2{}^*=2967$ Pa，$y_1=0.365$ のときの p を計算せよ．

4. グリセリン水溶液の体積 V は，x をグリセリンのモル分率として次式で与えられる．

$$V/\text{cm}^3 = 18.023 + 53.57x + 1.45x^2$$

$x=0.27$ のとき，V を計算せよ．

12　分　数

分数 a/b とは，単に "a を b で割った値" という意味である．したがって，$1/4=0.25$ や $1/10=0.1$ のように，小数を使って厳密に置き換えることが可能なものもある．しかし，$1/3$ や $22/7$ のように小数では厳密な値を表現できない場合があり，分数のままにしておく方がよいこともある．

分数は，"**分子と分母**" からできている．a/b では，a が分子，b が分母である．分子と分母にそれぞれ同じ数を掛けても，分数の値は変わらない．たとえば，

$$\frac{1}{2} = \frac{1\times 2}{2\times 2} = \frac{2}{4} = 0.5$$

また，分子と分母を同じ数で割っても分数の値は変わらない．

ある分数の逆数は，分母と分子を互いに入れ替えればよく，$2/3$ の逆数は $3/2$，x/y の逆数は y/x となる．また，9 は $9/1$ と見なして，その逆数は $1/9$ となる．

分数どうしの計算

分母，分子が文字変数で表された分数や小数で厳密に値を表現できない分数など，さまざまな分数どうしの計算について再確認しておこう．

足し算と引き算

分数どうしの足し算や引き算で大切なのは，それぞれの分母が同じときに限って分子どうしの足し算や引き算ができるということである．そこで，

$$\frac{1}{2} + \frac{2}{3}$$

では，

$$\frac{1}{2} = \frac{1\times 3}{2\times 3} = \frac{3}{6} \quad \text{および} \quad \frac{2}{3} = \frac{2\times 2}{3\times 2} = \frac{4}{6}$$

のようにそれぞれの分母を等しく 6 となるように変形して，あとは分子どうしを足し合わせればよい．

$$\frac{3}{6} + \frac{4}{6} = \frac{7}{6}$$

12. 分数

引き算では，

$$\frac{a}{b} - \frac{c}{d}$$

を例にすると，まず，$b \times d = d \times b$ だから分母どうしの積によって互いの分母をそろえて，

$$\frac{a}{b} = \frac{a \times d}{b \times d} \quad \text{および} \quad \frac{c}{d} = \frac{c \times b}{d \times b}$$

つぎに，分子どうしの引き算ができて，

$$\frac{a \times d}{b \times d} - \frac{c \times b}{d \times b} = \frac{(a \times d) - (c \times b)}{b \times d}$$

掛け算の記号を省略して見やすくすると，

$$\frac{ad - bc}{bd}$$

掛 け 算

分数どうしの掛け算は，もっと簡単である．

$$\frac{3}{4} \times \frac{2}{3}$$

を例にすると，分子どうし，分母どうしをそれぞれ別々に掛けて，

$$\frac{3 \times 2}{4 \times 3} = \frac{6}{12}$$

さらに，分母，分子をそれぞれ6で割って，答えは1/2となる．

文字変数からなる分数では，

$$\frac{a}{b} \times \frac{c}{d} = \frac{a \times c}{b \times d} = \frac{ac}{bd}$$

などとすればよい．

割 り 算

分数どうしの割り算では，逆数を掛ければよい．

$$\frac{4}{7} \div \frac{2}{3}$$

を例にすると，

$$\frac{4}{7} \times \frac{3}{2} = \frac{4 \times 3}{7 \times 2} = \frac{12}{14}$$

さらに、分母、分子をそれぞれ2で割れば、答えは 6/7 となる.

文字変数からなる分数では,

$$\frac{a/b}{c/d} = \frac{a}{b} \times \frac{d}{c} = \frac{ad}{bc}$$

などとなる.

実 験 式

チタンと酸素はある一定の割合で反応して、ペンキの白色顔料として使われる化合物を生じる。その割合は、チタン 3.00 g に対して酸素 2.00 g である。チタンと酸素のモル質量は、それぞれ 47.88 g mol^{-1}, 16.00 g mol^{-1} である.

実験式を決めるには、それぞれの元素の原子数の比を求めればよく、その比はモル数の比に等しい。モルで表した量 n は、次式で得られる.

$$n = \frac{m}{M}$$

ここで、m は元素の質量, M はその元素のモル質量である。よって、比 n_{Ti}/n_O は,

$$\frac{n_{Ti}}{n_O} = \frac{m_{Ti}/M_{Ti}}{m_O/M_O}$$

となり、式を変形すると,

$$\frac{n_{Ti}}{n_O} = \frac{m_{Ti}}{M_{Ti}} \times \frac{M_O}{m_O}$$

先ほどの数値を代入すると、分数に含まれる単位はすべて打ち消しあって,

$$\frac{n_{Ti}}{n_O} = \frac{3.00 \text{ g}}{47.88 \text{ g mol}^{-1}} \times \frac{16.00 \text{ g mol}^{-1}}{2.00 \text{ g}} = 0.50$$

$n_{Ti}/n_O = 0.50$ だから、逆数をとると $n_O/n_{Ti} = 1/0.50 = 2$ となり、この化合物の実験式は TiO$_2$ となる.

水素原子のスペクトル

水素原子の輝線スペクトルの波数 $\tilde{\nu}$ は、次式で与えられる.

$$\tilde{\nu} = R_\infty \left(\frac{1}{m^2} - \frac{1}{n^2} \right)$$

ここで，R_∞ はリュードベリ定数，m は 1 以上の整数，n は m より大きい整数をそれぞれ表す．波数は $1/\lambda$ に等しく，波長 λ は $\bar{\nu}$ の逆数となる．まず，上式で（　）の中を一つの分数にまとめておこう．そのためには，分母をそろえることから始める．

第 1 項の分母，分子を n^2 倍して，

$$\frac{1}{m^2} = \frac{1 \times n^2}{m^2 \times n^2} = \frac{n^2}{m^2 n^2}$$

第 2 項の分母，分子を m^2 倍して，

$$\frac{1}{n^2} = \frac{1 \times m^2}{n^2 \times m^2} = \frac{m^2}{m^2 n^2}$$

そこで，もとの式は，

$$\frac{1}{\lambda} = R_\infty \left(\frac{n^2}{m^2 n^2} - \frac{m^2}{m^2 n^2} \right)$$

となり，分母が同じだから式を変形して，

$$\frac{1}{\lambda} = R_\infty \left(\frac{n^2 - m^2}{m^2 n^2} \right)$$

両辺の逆数をとれば，次式が得られる．

$$\lambda = \frac{1}{R_\infty} \left(\frac{m^2 n^2}{n^2 - m^2} \right)$$

問　題

1．次式を計算して，簡単な式にまとめよ．

(a) $\dfrac{1}{3} + \dfrac{1}{6}$

(b) $\dfrac{3}{4} + \dfrac{2}{3}$

(c) $\dfrac{2}{3} + \dfrac{1}{8}$

(d) $\dfrac{2}{3} - \dfrac{1}{4}$

(e) $\dfrac{4}{3} - \dfrac{3}{16}$

2. 次式を計算して、簡単な式にまとめよ.

(a) $\dfrac{1}{2} \times \dfrac{3}{4}$

(b) $\dfrac{3}{8} \times \dfrac{3}{4}$

(c) $\dfrac{1}{4} \times \dfrac{22}{7}$

(d) $\dfrac{2}{3} \div \dfrac{3}{16}$

(e) $\dfrac{1}{2} \div \dfrac{3}{4}$

3. 硫黄 33.4 g と酸素 50.1 g を含む化合物の実験式を決定せよ.硫黄と酸素のモル質量は、それぞれ 32.1 g mol^{-1}, 16.0 g mol^{-1} である.

4. 水素原子のスペクトルに関して出てきた本文中の式を用いて、$m=1$, $n=3$ のときの $\tilde{\nu}$ を計算せよ.リュードベリ定数 R_∞ は、付録 4 の値を用いよ.

5. 水素原子のイオン化エネルギーは、$\tilde{\nu}$ に関する式で $m=1$, n を無限大として求めることができる.$1/n$ の値がどうなるか考えて、このエネルギーに対応する $\tilde{\nu}$ の値を求めよ.

13　不 等 式

不等式には，4 種類ある．

記号	不等式の例	例の意味
>	$x>3$	x は 3 より大きな任意の値をとる
		x は 3 にはなれないが，3.000 000 1 のように 3 に非常に近い値はとれる
≥	$x≥3$	x は 3 に等しいか，または 3 より大きな任意の値をとる
<	$y<5$	y は 5 より小さな任意の値をとる
		y は 5 にはなれないが，4.999 999 999 のように 5 に非常に近い値はとれる
≤	$y≤5$	y は 5 に等しいか，または 5 より小さな任意の値をとる

不等式の解法

不等式を解くには，不等号はそのままにして，等式を扱うのと同様に両辺に同じ操作を加えればよい．$x+2<9$ を例にすると，両辺から 2 を引いて，

$$x + 2 - 2 < 9 - 2 \quad \text{したがって} \quad x < 7$$

また，$3x>27$ では両辺を 3 で割って，

$$\frac{3x}{3} > \frac{27}{3} \quad \text{したがって} \quad x > 9$$

負の数を掛ける

$5<8$ は正しい不等関係であるが，両辺に -1 を掛けるときに不等号をそのままにして $-5<-8$ としたのでは正しくない．つまり，不等式に負の数を掛けるときは，$>$ は $<$ に，$<$ は $>$ に，$≤$ は $≥$ に，そして $≥$ は $≤$ に，それぞれ不等号を置き変える必要がある．

自発反応の予測

反応のギブズ自由エネルギー変化 ΔG は，次式で得られる．

$$\Delta G = \Delta H - T\Delta S$$

ΔG の値がわかれば，その反応が自発的に進むのかどうか，あるいはその反応が平

衡状態にあるのかどうかを知ることができる．具体的には，

$$\Delta G < 0 \quad \text{自発的に反応が進む}$$
$$\Delta G = 0 \quad \text{平衡状態にある}$$
$$\Delta G > 0 \quad \text{反応は自発的には進まない}$$

自発的に反応が進むとき，$\Delta G<0$ だから，前述の式を用いて，

$$\Delta H - T\Delta S < 0$$

両辺に $T\Delta S$ を加えると，

$$\Delta H < T\Delta S$$

さて，298 K の標準状態でつぎの反応の ΔH および ΔS は，それぞれ-62.10 kJ mol^{-1}，-132.74 J K^{-1} mol^{-1} である．

$$4\text{Ag}_{(s)} + \text{O}_{2(g)} \rightleftharpoons 2\text{Ag}_2\text{O}_{(s)}$$

したがって，$T\Delta S = 298 \text{ K} \times (-132.74 \text{ J K}^{-1} \text{ mol}^{-1}) = -39\,557$ J mol^{-1} となるが，これを 1000 で割って，$T\Delta S = -39.6$ kJ mol^{-1}．

$$-62.10 \text{ kJ mol}^{-1} < -39.6 \text{ kJ mol}^{-1}$$

に注意すれば，この反応が自発的に進行することがわかる．

変 分 原 理

　量子力学によれば，微小粒子の物理的な状態は波動関数とよばれる関数で完全に記述することができる．そして変分原理を用いると，基底状態の真の波動関数が満たす境界条件と同じ境界条件に従う任意の波動関数では，対応するエネルギーの期待値 $\bar{E}$ が真の基底状態のエネルギー E_0 と同じかそれ以上の値をもつ，つまり $\bar{E} \geq E_0$ となることがわかる*．

　"箱の中の粒子"モデルを使えば，化学のいろいろな問題について量子力学に基づいた理解が可能となる．たとえば，ヘキサトリエンのような非局在系の分子における吸収スペクトルを予測するのにも使うことができる．

　1 次元の箱の中の粒子モデルにおける基底状態のエネルギーは，h をプランク定数，m を粒子の質量，a を粒子が閉じ込められた 1 次元の箱の長さとして，

$$E_0 = \frac{h^2}{8ma^2}$$

---

* 訳註：ある種の積分が極値をとるというのが変分原理の考え方であり，これを波動方程式に適用するとエネルギーの最低固有値 E_0 が求められる．

で与えられる．一方，ある試行波動関数を用いて計算したところ，エネルギーの期待値 $\bar{E}$ として

$$\bar{E} = \frac{6h^2}{4\pi^2 ma^2}$$

が得られた．これを書き直すと，

$$\bar{E} = \frac{12h^2}{8\pi^2 ma^2} = \left(\frac{12}{\pi^2}\right)\frac{h^2}{8ma^2} = 1.216\frac{h^2}{8ma^2}$$

となるが，

$$1.216\frac{h^2}{8ma^2} > \frac{h^2}{8ma^2} \quad \text{つまり} \quad 1.216 > 1$$

に注意すれば，予想どおり $\bar{E} > E_0$ となっていることがわかる．

問　題

1. つぎの不等式を解け．

(a) $x + 4 > 13$

(b) $y + 7 > 25$

(c) $x - 3 < 10$

(d) $x - 10 \leq 16$

(e) $5 + y \geq 17$

2. つぎの不等式を解け．

(a) $9 - x > 2$

(b) $4 - x < 3$

(c) $2 - y < -6$

(d) $14 - x \geq 7$

(e) $6 - y \leq 1$

3. つぎの不等式を解け．

(a) $3x > 18$

(b) $4x + 2 < 18$

(c) $9 - 3x \geq 72$

(d) $3y - 7 \leq 28$

(e) $5 - 4x \leq 29$

4. 1次元の箱の中の粒子モデルを使って計算したところ,波動関数 $\Psi_1 = Ax(a-x)$ に対応するエネルギーは $E_1 = 1.013\, h^2/8ma^2$,また,波動関数 $\Psi_2 = B\sin(\pi x/a)$ に対応するエネルギーは $E_2 = h^2/8ma^2$ となった.どちらの波動関数が基底状態として妥当か?

5. 298 K の標準状態で,
$$N_{2(g)} + 3H_{2(g)} \longrightarrow 2NH_{3(g)}$$
の反応では,$\Delta H = -91.8\,\text{kJ mol}^{-1}$,$\Delta S = -197\,\text{J K}^{-1}\,\text{mol}^{-1}$ である.この反応の ΔG を計算し,この反応が自発的に進むかどうかを判定せよ.

14　式 の 変 形

　方程式を解く場合以外にも，**式の変形**が必要となることは多い．そのような場合にも，式の両辺に間違いなく同じ操作をすることが重要である．
　簡単な例で説明しよう．
$$x + 2 = 5$$
答えが $x=3$ であることはすぐわかるが，とりあえず上式の両辺から 2 を引いて，
$$x + 2 - 2 = 5 - 2$$
したがって，$x=3$ となる．
　少し複雑な例を見てみよう．
$$\frac{x-2}{3} = 4$$
まず分数を解消するのがよく，そのために両辺に 3 を掛けると，
$$\left(\frac{x-2}{3}\right) \times 3 = 4 \times 3 \quad つまり \quad x - 2 = 12$$
両辺に 2 を足して，答えは $x=14$ となる．
　最後の例としてつぎの式を考えよう．
$$\sqrt{x-y} = \frac{a+b}{c}$$
これを x について解くには，まず両辺をそれぞれ二乗して根号を取り去ると，
$$\sqrt{x-y}^2 = \left(\frac{a+b}{c}\right)^2$$
つまり，
$$x - y = \left(\frac{a+b}{c}\right)^2$$
左辺に x だけを残すには，両辺に y を足して，
$$x - y + y = \left(\frac{a+b}{c}\right)^2 + y$$
したがって，
$$x = \left(\frac{a+b}{c}\right)^2 + y$$

安息香酸の二量化反応

安息香酸 C_6H_5COOH はベンゼン中で二量体を生じる．その平衡式は以下のとおりである．

$$(C_6H_5COOH)_2 \rightleftharpoons 2C_6H_5COOH$$

この反応の平衡定数 K は，

$$K = \frac{[C_6H_5COOH]^2}{[(C_6H_5COOH)_2]}$$

のように，反応物と生成物それぞれの平衡時の濃度を用いて表される．C_6H_5COOH の濃度を求めるには，式の両辺に $[(C_6H_5COOH)_2]$ を掛けて，

$$K[(C_6H_5COOH)_2] = [C_6H_5COOH]^2$$

つぎに両辺の平方根をとって，

$$\sqrt{K[(C_6H_5COOH)_2]} = \sqrt{[C_6H_5COOH]^2}$$

したがって，

$$[C_6H_5COOH] = \sqrt{K[(C_6H_5COOH)_2]}$$

ラウールの法則

2成分からなる溶液に接した気相中の全蒸気圧 p は，x_1, x_2 を混合溶液の成分のそれぞれのモル分率とし，また p_1^*, p_2^* を各成分純溶媒の蒸気圧として，以下の式で与えれる．

$$p = x_1 p_1^* + x_2 p_2^*$$

モル分率 x_2 を求めるには，まず両辺から $x_1 p_1^*$ を引いて，

$$p - x_1 p_1^* = x_1 p_1^* + x_2 p_2^* - x_1 p_1^* \quad \text{つまり} \quad p - x_1 p_1^* = x_2 p_2^*$$

つぎに，両辺を p_2^* で割れば，

$$\frac{p - x_1 p_1^*}{p_2^*} = \frac{x_2 p_2^*}{p_2^*} \quad \text{つまり} \quad x_2 = \frac{p - x_1 p_1^*}{p_2^*}$$

となる．

問題

1. 以下の式を y について書き直せ．
  (a) $x + y = 4$
  (b) $3x + 2y = 17$
  (c) $x^2 - y^2 = 5$

(d) $4x^2y = 20$

(e) $3x^2y^2 + 2 = 19$

2. 理想気体の状態方程式は，p を圧力，V を体積，n を気体の物質量，R を気体定数，T を絶対温度として $pV=nRT$ と書ける．この式を，p, V, n, T のそれぞれについて順に書き直せ．

3. 相律として知られる以下の関係は，ある平衡状態の系を構成する相の数 P と含まれる成分の数 C，および系の自由度 F との関係を示したものである．

$$P + F = C - 2$$

この式を F について書き直せ．

4. 反応のギブズ自由エネルギー変化 ΔG は，エンタルピー変化 ΔH，エントロピー変化 ΔS，および絶対温度 T を用いて次式で表される．

$$\Delta G = \Delta H - T\Delta S$$

この式を ΔS について書き直せ．また，$\Delta G=0$ のとき，ΔS はどうなるか．

5. エタンの分解反応における反応速度を解析して，定常状態近似の考え方から次式を得た．

$$k_1[\mathrm{C_2H_6}] - k_2[\mathrm{CH_3}][\mathrm{C_2H_6}] = 0$$

この式を $[\mathrm{CH_3}]$ について書き直せ．

6. 第 12 章で取り上げたように，水素原子の輝線スペクトルの波数 $\tilde{\nu}$ は，

$$\tilde{\nu} = R_\infty \left(\frac{1}{n_1^2} - \frac{1}{n_2^2} \right)$$

で与えられる．ただし，R_∞ はリュードベリ定数，n_1 および n_2 は整数である．この式を n_2 について書き直せ．

15　比と比例関係

　二つの数の**比**の値は，一方の数をもう一つの数で割った分数で与えられる．たとえば，3 と 4 の比の値は 3/4（つまり 0.75）となる．しかし，"3 と 4 の比"を"4 と 3 の比"と見なした方が都合がよい場合には，分母，分子を逆にした 4/3 を比の値として使うこともある．

　改めていうまでもなく，たとえば，ある物質の体積を 2 倍にすればその質量も 2 倍になるという関係が比例関係である．こうした関係を特に**正比例**という．

　数学では，二つの量が互いに一定の比の値をもつとき，これらは**正比例の関係にある**という．例としては，二つの量 x と y の関係が以下のようなときである．

x	2	4	6	8	10	12
y	3	6	9	12	15	18

　この例では，比の値 y/x が一定値 1.5 となっている．これは式の変形によって $y=1.5x$ となるが，このときの 1.5 のことを**比例定数**という．正比例について別のいい方をすれば，k を比例定数として二つの量が $y=kx$ という関係に従っていること，となる．これはまた，比例の記号を用いて $y \propto x$ と表すことができる．

　一方，**反比例**の関係は日常生活の中でもよく見られるのだが，一見してそれとすぐにはわからないこともある．例として，一定の距離を移動するのに要する時間が移動の速度に反比例することがあげられる．

　数学では，二つの量 x, y が以下のような値をとるとき，反比例の関係にあるという．

x	5	10	15	20	25	30
y	30	15	10	7.5	6	5

　この例では，二つの数の積がいずれの場合も $xy=150$ のように一定になっている．一般的には，k を**反比例の定数**として x と y が $xy=k$ の関係にあれば，互いに反比例しているという．比例の記号を使えば，$y \propto 1/x$ と表すことがきる．

15. 比と比例関係

ランベルト-ベールの法則

ランベルト-ベールの法則とは,
$$A = \varepsilon c l$$
のような関係式で表され,濃度 c の溶液を長さ l にわたって光が通過するときの溶液の吸光度 A を与える.定数 ε は吸光係数とよばれ,物質に固有の値をもつ.また,測定に際して l も通常は一定である.

したがって,定数部分 εl を k と置き換えれば,
$$A = kc$$
となり,吸光度は溶液濃度に比例する.

この関係を用いることにより,反応速度を調べたいとき,反応に伴う濃度変化を直接観測しなくても,(吸光光度計を用いて測定する)吸光度を観測すればよいことがわかる.

理想気体の状態方程式

理想気体の状態方程式は,
$$pV = nRT$$
のように,物質量 n の理想気体が温度 T,体積 V の容器中で圧力 p を示すことを表している.ここで,R は,気体定数として知られているものである.

一定の物質量 n の理想気体が一定の温度 T にあるとき,三つの定数は $k=nRT$ とまとめられるので,上記の式は,
$$pV = k$$
となり,圧力と体積は反比例の関係にあることがわかる.

問 題

1. 以下のデータから,比例定数を含む x と y の間の関係式を決定せよ.

x	0.25	0.50	0.75	1.00	1.25	1.50	1.75	2.00
y	1.00	2.00	3.00	4.00	5.00	6.00	7.00	8.00

2. 以下のデータから,反比例の定数を含む x と y の間の関係式を決定せよ.

x	0.50	1.00	1.50	2.00	2.50	3.00	3.50	4.00	4.50	5.00
y	10.0	5.00	3.33	2.50	2.00	1.67	1.43	1.25	1.11	1.00

3. 以下のデータから，比例定数あるいは反比例の定数を含む x, y および z の間の関係式を決定せよ．

x	1.00	2.00	3.00	4.00	5.00	6.00	7.00	8.00	9.00	10.00
y	3.00	6.00	9.00	12.00	15.00	18.00	21.00	24.00	27.00	30.00
z	1.00	0.50	0.33	0.25	0.20	0.167	0.143	0.125	0.111	0.100

4. 分子内の結合に作用する力 F の大きさは，結合の平衡長からのずれの大きさ（変位）x に比例する．塩素 Cl_2 では，5×10^{-12} m の変位に対して，1.6×10^{-9} N の大きさの力がはたらくという．この比例定数はいくらか．

5. 波長は振動数の逆数に比例する．波長 510 nm が振動数 5.88×10^{14} Hz に相当するとして，この波長と振動数の反比例の定数はいくらか．

6. シクロプロパンは 1000 °C で異性化してプロペンになる．シクロプロパンの濃度が 0.1 mol dm^{-3} および 0.05 mol dm^{-3} のとき，この異性化反応の速度はそれぞれ 0.92 mol dm^{-3} s^{-1} および 0.46 mol dm^{-3} s^{-1} であった．適当な比例定数を用いて，反応速度とシクロプロペンの濃度との関係を示せ．

16　階　乗

　ある数の**階乗**とは，その数自身にその数から 1 ずつ引いてできた整数を順にすべて掛け合わせたものである．たとえば，5 の階乗は，

$$5 \times 4 \times 3 \times 2 \times 1$$

である．また，n の階乗は $n!$ と書き表すので，上記の例では $5!$ となる．

特別な例

　$1! = 1$ は明らかとして，$0! = 1$ となることに注意すること．

階乗の計算

　$4! = 4 \times 3 \times 2 \times 1$ および $3! = 3 \times 2 \times 1$ に注意して，上記の例 $5!$ を書き直せば，

$$5 \times 4! \quad あるいは \quad 5 \times 4 \times 3!$$

となる．こうした変形の仕方は階乗の割り算を含む以下のような式を簡約化するのに利用できる．

$$\frac{8!}{6!} = \frac{8 \times 7 \times 6!}{6!} = 8 \times 7 = 56$$

核磁気共鳴（NMR）

　核磁気共鳴（NMR）は，分子内のそれぞれの官能基に含まれるプロトンの数を調べるために使う分光学的実験手法である．たとえば，エタノール CH_3CH_2OH の NMR スペクトルを測定すると，CH_3，CH_2 および OH の三つの官能基に属する 3 種類の異なるプロトンからの信号が得られる．それぞれのプロトンからの信号は，隣接する官能基に含まれるプロトンの数に応じて分裂し，一般則としては，隣接する官能基に n 個のプロトンがあれば，$n+1$ 本の信号に分裂する．エタノールでは，CH_3 に基づく信号が，隣接する官能基 CH_2 の二つのプロトンにより 3 本に分裂する．

一方，分裂した信号ピークそれぞれの相対強度は，階乗を含む式により表される．エタノールの例では，CH_2 に基づく信号は隣接する CH_3 の三つのプロトンにより 4 本*に分裂するが，この 4 本のピークの信号強度は，$_3C_0, _3C_1, _3C_2, _3C_3$ で表される．これらの記号の一般形 $_nC_r$ は，

$$_nC_r = \frac{n!}{(n-r)!\,r!}$$

を表している．そこで，最初の項では $n=3$ および $r=0$ として，

$$_3C_0 = \frac{3!}{(3-0)!\,0!} = \frac{3!}{3!\times 0!} = \frac{1}{0!} = \frac{1}{1} = 1$$

また 2 番目の項では $n=3$ および $r=1$ であり，3! が 3×2! となることに注意して，

$$_3C_1 = \frac{3!}{(3-1)!\,1!} = \frac{3\times 2!}{2!\times 1} = \frac{3}{1} = 3$$

3 番目の項は $n=3$ および $r=2$ だから，

$$_3C_2 = \frac{3!}{(3-2)!\,2!} = \frac{3\times 2!}{1!\times 2!} = \frac{3}{1} = 3$$

最後の項は $n=3$ および $r=3$ だから，

$$_3C_3 = \frac{3!}{(3-3)!\,3!} = \frac{3!}{0!\times 3!} = \frac{1}{0!} = \frac{1}{1} = 1$$

したがって，4 本のピークの相対強度は，1:3:3:1 となる．

統計力学の例

統計力学とは，原子や分子の量子モデルに統計的な手法を適用する物理化学の一分野であり，巨視的な熱力学的関数の値を計算するのに使われる．

統計力学では，N 個の分子が多くの異なるエネルギー状態にどのように分布するかという問題を扱うことがある．n_0 個の分子がエネルギー ε_0 の準位 0 を占め，n_1 個の分子がエネルギー ε_1 の準位 1 を占め，n_2 個の分子がエネルギー ε_2 の準位 2 を占め，…というように n_i 個の分子がエネルギー ε_i の準位 i を占めているとしよ

---

* 訳注：CH_2 に対してもう一つの隣接する官能基である OH のプロトンは，溶媒や他のエタノール分子のプロトンと非常に速く化学交換するので，スピン-スピン相互作用が平均化される結果，一般に自身のピークも分裂せず，またここで問題としている CH_2 プロトンへの影響も小さい．

う．このようなある一定の分布の仕方（コンプレクションという）が実現する数 Ω は，以下の式で与えられる．

$$\Omega = \frac{N!}{\prod_i n_i!}$$

$\prod$ 記号は，その後に続く式を順に掛け合わせることを意味している．したがって，$\prod_i n_i!$ は $n_0! \times n_1! \times n_2! \times \cdots \times n_i!$ のことである．

例として，最初の三つのエネルギー準位だけを考えて，エネルギー ε_0 に 4 分子，エネルギー ε_1 に 2 分子，エネルギー ε_2 に 3 分子がそれぞれ分布している場合を考えよう．$n_0=4$, $n_1=2$, $n_2=3$ で，全分子数 N は $4+2+3=9$ となる．したがって，分布の仕方の総数は，

$$\Omega = \frac{9!}{4!\,2!\,3!}$$

これは電卓を使って求めることもできるが，以下のように順に簡約化することでも可能である．

$$\Omega = \frac{9!}{4!\,2!\,3!} = \frac{9 \times 8 \times 7 \times 6 \times 5 \times 4!}{4!\,2!\,3!} = \frac{9 \times 8 \times 7 \times 6 \times 5}{2 \times 1 \times 3 \times 2 \times 1}$$

$$= \frac{9}{3} \times \frac{8}{2} \times 7 \times \frac{6}{2} \times 5 = 3 \times 4 \times 7 \times 3 \times 5 = 1260$$

問　題

1. 電卓を使わずに，以下の値を計算せよ．

(a) $3!$

(b) $4!$

(c) $5!$

(d) $6!$

(e) $7!$

2. 電卓を使って，以下の値を求めよ．

(a) $10!$

(b) $12!$

(c) $15!$

(d) $25!$

(e) $36!$

3． 以下の式を簡略化せよ．

(a) $\dfrac{8!}{6!}$

(b) $\dfrac{5!}{4!}$

(c) $\dfrac{20!}{17!}$

(d) $\dfrac{10!}{8!} \times \dfrac{5!}{7!}$

(e) $\dfrac{36!}{30!}$

4． 以下の値を求めよ．

(a) $_4C_2$

(b) $_5C_3$

(c) $_5C_4$

(d) $_8C_6$

(e) $_8C_7$

5． 化合物 $CH_3CH_2CH_3$ について，NMR 信号の分裂パターンと各ピークの強度比を求めよ．

6． 10 個の分子を含む系があり，そのうち 4 個の分子がエネルギー ε_0 をもち，3 個の分子がエネルギー ε_1 を，2 個の分子がエネルギー ε_2 を，1 個の分子がエネルギー ε_3 をもつとする．この系で，このようなエネルギー状態の分布の仕方は何通りとなるか．

D. 基本的な関数

17　1 変数関数

　ある量の値が別のある量（これを**変数**という）によって決定されるとき，これをその変数の**関数**という．たとえば，A4サイズの標準的な紙の質量は，その紙の厚さの関数である．

　一般に，変数が x 一つの関数 f を **1 変数関数**とよび $f(x)$ と書き表す．そして，$f(x)$ を x に関する具体的な式に等しいと置いてこの関数を定義する．たとえば，

$$f(x) = x + 3$$

では，関数 $f(x)$ が変数 x に 3 を加えたものに等しい．x の値が変われば関数の値も変わる．ある x に対する関数の値を求めるには，その値を x に代入すればよい．したがって，$x=2$ のとき，

$$f(2) = 2 + 3 = 5$$

のように式の中の対応するすべての x を 2 で置き換えればよい．もう一つ例をあげよう．

$$f(x) = x^2 + \frac{1}{x}$$

この場合も $x=2$ とすれば，

$$f(2) = 2^2 + \frac{1}{2} = 4 + \frac{1}{2} = \frac{8}{2} + \frac{1}{2} = \frac{9}{2}$$

ただし，この例では 1/0 の計算を含むことから，$f(0)$ は値をもたない．

熱容量

　窒素の熱容量 C_p は，次式のような絶対温度 T の関数として表される．

$$C_p(T) = a + bT + cT^{-2}$$

ただし，a, b および c は以下のような定数である．

$$a = 28.58 \text{ J K}^{-1} \text{mol}^{-1}$$
$$b = 3.76 \times 10^{-3} \text{ J K}^{-2} \text{mol}^{-1}$$
$$c = -5.0 \times 10^{4} \text{ J K mol}^{-1}$$

したがって窒素の熱容量は任意の温度で計算できて，室温 $T=298$ K では，

$$C_p(298 \text{ K}) = 28.58 \text{ J K}^{-1} \text{mol}^{-1} + (3.76 \times 10^{-3} \text{ J K}^{-2} \text{mol}^{-1} \times 298 \text{ K})$$
$$+ (-5.0 \times 10^{4} \text{ J K mol}^{-1} \times (298 \text{ K})^{-2})$$

$$= 28.58 \text{ J K}^{-1}\text{ mol}^{-1} + 1.12 \text{ J K}^{-1}\text{ mol}^{-1} - 0.56 \text{ J K}^{-1}\text{ mol}^{-1}$$
$$= 29.14 \text{ J K}^{-1}\text{ mol}^{-1}$$

となる．三つの項の単位がいずれも $\text{J K}^{-1}\text{ mol}^{-1}$ となっていることに注意しよう．

箱の中の粒子モデル

第13章ですでに扱ったように，1次元の箱の中の粒子モデルは量子力学の入門編ではおなじみのものである．長さが a の箱の中を動き回る質量 m の粒子がもつエネルギー E は，次式の $E(n)$ で与えられる．

$$E(n) = \frac{n^2 h^2}{8ma^2}$$

ここで，n はエネルギー準位を決める量子数，h はプランク定数である．また，n がとりうるのは1よりも大きな整数のみである．この式から二つのエネルギー準位の差を求めることができ，たとえば $n=3$ と $n=4$ とでは，

$$E(4) - E(3) = \frac{4^2 h^2}{8ma^2} - \frac{3^2 h^2}{8ma^2} = \frac{16h^2}{8ma^2} - \frac{9h^2}{8ma^2} = \frac{7h^2}{8ma^2}$$

となる．この式を，長さ 3.5×10^{-10} m の1次元の箱に閉じ込められた質量 9.1×10^{-31} kg の電子について計算すると，プランク定数が 6.63×10^{-34} J s(付録4)であることより，

$$\frac{7 \times (6.63\times 10^{-34}\text{ J s})^2}{8 \times 9.1\times 10^{-31}\text{ kg} \times (3.5\times 10^{-10}\text{ m})^2} = \frac{7 \times 43.96\times 10^{-68}\text{ J}^2\text{ s}^2}{8 \times 9.1\times 10^{-31}\text{ kg} \times 12.25\times 10^{-20}\text{ m}^2}$$

ここで，10の指数部分は全体で $-68-(-31-20) = -68-(-51) = -68+51 = -17$ となる．また残りの数値の部分は，

$$\frac{7 \times 43.96}{8 \times 9.1 \times 12.25} = 0.345$$

であり，1 J=1 kg m² s⁻²(付録2)に注意すれば，

$$\frac{(\text{kg m}^2\text{ s}^{-2})^2\text{ s}^2}{\text{kg m}^2} = \frac{\text{kg}^2\text{ m}^4\text{ s}^{-4}\text{ s}^2}{\text{kg m}^2} = \text{kg m}^2\text{ s}^{-2} = \text{J}$$

したがって，最終的な答えは 0.345×10^{-17} J，すなわち 3.45×10^{-18} J となる．

問　題

1. 関数 $f(x)$ を $f(x)=3x-4$ として，以下の値を求めよ．
(a) $f(-2)$

(b) $f(0)$

   (c) $f(3)$

2. 関数 $f(x)$ を $f(x)=4x^2-2x-6$ として，以下の値を求めよ．

   (a) $f(-3)$

   (b) $f(0)$

   (c) $f(2)$

   (d) $f(1/2)$

3. 関数 $g(y)$ が次式で与えられるとして，以下の値を求めよ．また，$g(y)$ が値をもたないのはどんなときか？

$$g(y) = \frac{1}{y} + \frac{2}{y^2} + \frac{3}{y^3}$$

   (a) $g(-2)$

   (b) $g(1/4)$

   (c) $g(4)$

4. あるアルコールの水溶液の比重 ρ は，アルコールのモル分率 x の関数 $\rho(x)$ として以下のように表される．

$$\rho(x) = 0.987 - 0.269x + 0.304x^2 - 0.598x^3$$

   $x=0.15$ のとき，比重はいくらになるか．

5. レナード・ジョーンズポテンシャル $V(r)$ は，二つの分子間に生じるポテンシャルエネルギー V を分子間距離 r の関数として与えるもので，以下のように表される．

$$V(r) = 4\varepsilon\left[\left(\frac{\sigma}{r}\right)^{12} - \left(\frac{\sigma}{r}\right)^{6}\right]$$

ただし，ε および σ は，相互作用する分子の性質に依存した定数である．酸素では，$\varepsilon=1.63\times10^{-21}$ J および $\sigma=358$ pm である．このとき，$V(350\text{ pm})$ の大きさを求めよ．

6. ラウールの法則によれば，2 成分からなる溶液に接した気相中の全蒸気圧 p は各成分純溶媒の蒸気圧を $p_1{}^*$ および $p_2{}^*$，また成分 1 のモル分率を x_1 として次式で与えられる．

$$p(x_1) = x_1 p_1{}^* + (1-x_1) p_2{}^*$$

成分 1 をベンゼン ($p_1{}^*=1.800\times10^5$ Pa)，成分 2 をトルエン ($p_2{}^*=0.742\times10^5$ Pa) として，100 ℃ における $p(0.300)$ を計算せよ．

18 多変数関数

　1変数関数に比べると，いくつかの量の間の関係は一般にはるかに複雑である．この章では**多変数関数**，つまり二つ以上の変数をもつ関数，について学ぶが，例として二つの変数 x および y の関数 f について考える．これが理解できれば，三つ以上の変数をもつ関数でも同様に考えればよい．

　変数 x および y の関数を $f(x, y)$ と書き表すが，その具体例として，
$$f(x, y) = 3x^2y - 4xy + 2y - 8$$
を取上げよう．$x=2$，$y=1$ のとき，関数の値は，
$$\begin{aligned}f(2, 1) &= (3\times 2^2\times 1) - (4\times 2\times 1) + (2\times 1) - 8\\&= (3\times 4\times 1) - (4\times 2\times 1) + (2\times 1) - 8\\&= 12 - 8 + 2 - 8\\&= -2\end{aligned}$$
同様にして，
$$\begin{aligned}f(0, -1) &= (3\times 0^2\times (-1)) - (4\times 0\times (-1)) + (2\times (-1)) - 8\\&= 0 + 0 - 2 - 8\\&= -10\end{aligned}$$
なお，一方の変数を $x=3$ のように固定した場合，
$$\begin{aligned}f(3, y) &= (3\times 3^2\times y) - (4\times 3\times y) + 2y - 8\\&= (3\times 9\times y) - (4\times 3\times y) + 2y - 8\\&= 27y - 12y + 2y - 8\\&= 17y - 8\end{aligned}$$
となり，これは y に関する1変数関数になっていることに注意しよう．

振動回転スペクトル

　ボルン-オッペンハイマー近似によると，分子の振動エネルギーと回転エネルギーとは互いに分離でき，分子全体のエネルギーに対するこれらの成分の寄与は二つの成分の和として与えられる．したがって分子全体のエネルギー E は，それぞれ互いに独立な振動の量子数 $v(0, 1, 2, \cdots)$ および回転の量子数 $J(0, 1, 2, \cdots)$ の関数となる．そこで，2原子分子の場合は以下のように近似される．

$$E(v, J) = \left(v+\frac{1}{2}\right)h\nu_0 + BJ(J+1)h$$

ただし，B は分子の回転運動に関する定数，h はプランク定数である．

　回転準位と振動準位の間のどの遷移が許容となるかは，選択則によって決まる．具体的には，v が 1 だけ増加または減少し，またそれとは独立に J が 1 だけ増加または減少する場合が許容となる．振動準位が v'' と v' の間の遷移では $v'-v''=1$ として，

$$E(v'', J'') = \left(v''+\frac{1}{2}\right)h\nu_0 + BJ''(J''+1)h$$

および

$$E(v', J') = \left(v'+\frac{1}{2}\right)h\nu_0 + BJ'(J'+1)h$$

であるから，

$$E(v', J') - E(v'', J'') = (v'-v'')h\nu_0 + B[J'(J+1)-J''(J''+1)]h$$

ただし，上の振動準位に属する回転準位を J' とし，下の振動準位に属する回転準位を J'' とした．$v'-v''=1$ であるから，

$$E(v', J') - E(v'', J'') = h\nu_0 + B[J'(J'+1)-J''(J''+1)]h$$

$J'=J''+1$ とすると，[ ] の中は，

$$[(J''+1)(J''+2) - J''(J''+1)] = J''^2 + J'' + 2J'' + 2 - J''^2 - J''$$
$$= 2J'' + 2 = 2(J''+1)$$

したがって，

$$E(v', J') - E(v'', J'') = h\nu_0 + 2Bh(J''+1) = h\nu_0 + 2BhJ'$$

J' は整数であるから，ここで得られたエネルギー準位は等間隔に並んでいることがわかる．なお，実際に得られるこのようなスペクトルは，R 枝とよばれている．

3 次元調和振動子

　3 次元調和振動子のポテンシャルエネルギー V は，空間の三つの座標 x, y および z によって記述される粒子の位置に依存し，次式のような三つの変数の関数 $V(x, y, z)$ で表される．

$$V(x, y, z) = \frac{1}{2}k_x x^2 + \frac{1}{2}k_y y^2 + \frac{1}{2}k_z z^2$$

ここで，k_x, k_y および k_z は 3 方向の力の定数である．

$k_x = 100 \text{ N m}^{-1}$, $k_y = 150 \text{ N m}^{-1}$, $k_z = 250 \text{ N m}^{-1}$ であるような3次元調和振動子を考えよう. $x=0.5\,\text{nm}$, $y=0.7\,\text{nm}$, $z=0.9\,\text{nm}$ のときのポテンシャルエネルギーは, これらの値を代入して,

$$V(0.5\,\text{nm}, 0.7\,\text{nm}, 0.9\,\text{nm})$$
$$= \left(\frac{1}{2} \times 100 \text{ N m}^{-1} \times (0.5\,\text{nm})^2\right) + \left(\frac{1}{2} \times 150 \text{ N m}^{-1} \times (0.7\,\text{nm})^2\right)$$
$$+ \left(\frac{1}{2} \times 250 \text{ N m}^{-1} \times (0.9\,\text{nm})^2\right)$$

$1\,\text{nm} = 10^{-9}\,\text{m}$(付録1)だから $1\,\text{nm}^2 = 10^{-18}\,\text{m}^2$ となるので,

$V(0.5\,\text{nm}, 0.7\,\text{nm}, 0.9\,\text{nm})$
$= (0.5 \times 100 \text{ N m}^{-1} \times 0.25 \times 10^{-18}\,\text{m}^2) + (0.5 \times 150 \text{ N m}^{-1} \times 0.49 \times 10^{-18}\,\text{m}^2)$
$+ (0.5 \times 250 \text{ N m}^{-1} \times 0.81 \times 10^{-18}\,\text{m}^2)$
$= (12.5 \times 10^{-18}\,\text{N m}) + (36.75 \times 10^{-18}\,\text{N m}) + (101.25 \times 10^{-18}\,\text{N m})$
$= 150.5 \times 10^{-18}\,\text{N m}$

$1\,\text{N m} = 1\,\text{J}$, また $10^{-18}\,\text{J} = 1\,\text{aJ}$ であるから(付録1), 最終的な答えは以下のようになる.

$$V(0.5\,\text{nm}, 0.7\,\text{nm}, 0.9\,\text{nm}) = 150.5\,\text{aJ}$$

問 題

1. 関数 $f(x, y) = 1 + 2x - 3y$ に対して, 以下の値を求めよ.
  (a) $f(1, 1)$
  (b) $f(0, 0)$
  (c) $f(-2, 0)$
  (d) $f(-3, -2)$
  (e) $f(0, 3)$

2. 関数 $g(x, y, z) = 3x^2 - 4y + z$ に対して, 以下の値を求めよ.
  (a) $g(1, 0, -1)$
  (b) $g(2, 2, 0)$
  (c) $g(-3, -2, 1)$
  (d) $g(-2, 0, 3)$
  (e) $g(-3, 4, -2)$

3. 関数 $f(x, y) = 2x^2y - 3xy^2$ に対して，以下の値を求めよ．
   (a) $f(2, 1)$
   (b) $f(0, 3)$
   (c) $f(-2, 1)$
   (d) $f(1, -2)$
   (e) $f(-1, -2)$

4. 理想気体の状態方程式は変形すると，T と V の関数として，

$$p(T, V) = \frac{nRT}{V}$$

となる．ただし，p は圧力，V は体積，T は絶対温度，n は気体の物質量，R は気体定数 $8.314 \, \text{J K}^{-1} \, \text{mol}^{-1}$ である．$2.5 \, \text{mol}$ の理想気体について，$p(298 \, \text{K}, 1.5 \, \text{m}^3)$ を求めよ．

5. 3次元の箱の中の粒子のエネルギー E は，三つの量子数 n_x，n_y および n_z を用いて以下のように表される．

$$E(n_x, n_y, n_z) = \frac{h^2}{8m}\left(\frac{n_x^2}{a^2} + \frac{n_y^2}{b^2} + \frac{n_z^2}{c^2}\right)$$

ただし，a, b および c は，箱の x, y および z 方向のそれぞれの長さである．また，h はプランク定数，m は粒子の質量である．質量 $9.11 \times 10^{-31} \, \text{kg}$ をもつ電子が $a = b = c = 200 \, \text{pm}$ の箱に閉じ込められたときのエネルギー $E(1, 2, 1)$ を求めよ．

19 自然対数（e を底とする対数）

a, b および c が以下のような関係にあるとき，
$$a = b^c$$
c は b を底とする a の**対数**であるといい，つぎのような式で表される．
$$c = \log_b a$$
具体例をあげると，
$$8 = 2^3 \quad \text{したがって} \quad 3 = \log_2 8$$
対数の底は任意の数を取ることができ，また整数である必要もない．しかし，化学では 2 種類の底についてだけ考えれば十分である．

その一つが e であり，その値は，小数点以下 3 桁までで表せば 2.718 である．e を底とする対数は**自然対数**とよばれ，記号 ln を用いて x の自然対数を $\ln x$ と表す．

いくつかの数の自然対数を以下に示す．

x	0.10	0.25	0.50	1.0	1.5	2.0	2.5	3.0	3.5	4.0
$\ln x$	-2.30	-1.39	-0.693	0.000	0.405	0.693	0.916	1.099	1.25	1.39

この表をもとに描いたのが図 19.1 のグラフである．このグラフから，1 以下の任意の x に対して $\ln x$ は負の数となることがわかる．また，x として負の数は取れず，電卓を使って負の数の対数を求めようとしても，エラーとなってしまう．

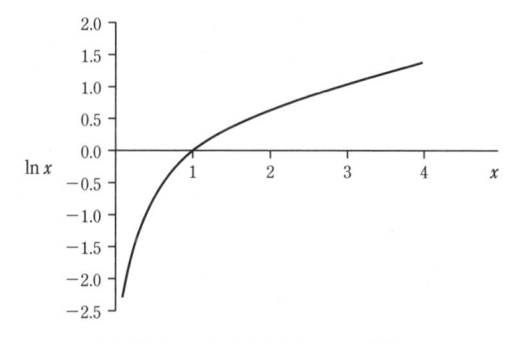

図 19.1 x に対する $\ln x$ のグラフ

対数計算の規則

底にどんな数を取るにしても，以下の規則が常に成り立つ．

- $a=b\times c$ ならば $\ln a=\ln b+\ln c$

  つまり，二つの数の積の対数はそれぞれの数の対数の和に等しい．

  たとえば，$12=3\times 4$ に対しては $\ln 12=\ln 3+\ln 4$ である．$\ln 3=1.099$，$\ln 4=1.386$ だから，$\ln 12=1.099+1.386=2.485$ となり，これは正しい．

- $a=b/c$ ならば $\ln a=\ln b-\ln c$

  つまり，商の対数は対数の差に等しい．

  たとえば，$5=10/2$ に対しては $\ln 5=\ln 10-\ln 2$ である．$\ln 10=2.303$，$\ln 2=0.693$ だから，$\ln 5=2.303-0.693=1.610$ となり，これは正しい．

- $a=b^c$ ならば $\ln a=c\ln b$

  つまり，累乗の対数は底の対数に指数の数字を掛けたものに等しい．

  たとえば，$9=3^2$ に対しては $\ln 9=2\ln 3$ である．$\ln 3=1.099$ だから，$\ln 9=2\times 1.099=2.198$ となり，これは正しい．

ネルンストの式

ある条件下における電池の起電力(EMF)を E とすると，E はネルンストの式から求められる．標準状態における EMF は通常 $E^\ominus$ で表し，電極反応に関与する物質の熱力学データから簡単に計算できる．ネルンストの式は，

$$E = E^\ominus - \frac{RT}{nF}\ln Q$$

である．ここで，R は気体定数，T は絶対温度(単位 K)，また F はファラデー定数(付録 4)とよばれる定数である．

n および Q は具体例で示すほうがわかりやすいので，電池反応として，

$$Zn_{(s)} + Cu^{2+}{}_{(aq)} \rightleftharpoons Cu_{(s)} + Zn^{2+}{}_{(aq)}$$

を取上げると，

$$Q = \frac{[Zn^{2+}]}{[Cu^{2+}]}$$

Q は，固体物質以外のすべての生成物の濃度の積とすべての反応物の濃度の積との比である．この例では $n=2$ であるが，n は単位反応で移動する電子の数(モル数から単位 mol を取ったもの)である．

上記の反応の標準起電力 $E^\ominus$ は，1.10 V である．$[\text{Zn}^{2+}]=1.5\times10^{-5}\,\text{mol dm}^{-3}$，$[\text{Cu}^{2+}]=0.100\,\text{mol dm}^{-3}$ の電池では，室温における E は，ネルンストの式を用いて，

$$E = 1.10\,\text{V} - \frac{8.314\,\text{J K}^{-1}\,\text{mol}^{-1}\times 298\,\text{K}}{2\times 9.649\times 10^4\,\text{C mol}^{-1}}\ln\left(\frac{1.5\times 10^{-5}\,\text{mol dm}^{-3}}{0.100\,\text{mol dm}^{-3}}\right)$$

$$= 1.10\,\text{V} - 0.013\,\text{J C}^{-1}\times \ln(1.5\times 10^{-4})$$

ここで $1\,\text{J C}^{-1}=1\,\text{V}$ に注意して(付録 2)，また小数点以下の桁数を適切にとることにより最終的な答えとしては，

$$E = 1.10\,\text{V} - (0.013\,\text{V}\times(-8.80))$$
$$= 1.10\,\text{V} + 0.114\,\text{V}$$
$$= 1.21\,\text{V}$$

理想気体の膨張のエントロピー

理想気体が一定温度で膨張するとき，系のエントロピー S は増加する．これは膨張によって気体分子がより大きな空間を動き回ることができるようになり，それだけ系の乱雑さが増大することと一致する．気体が体積 V_1 から体積 V_2 まで膨張すると，エントロピー変化は次式で与えられる．

$$\Delta S = nR\ln\left(\frac{V_2}{V_1}\right)$$

ただし，n は気体の物質量，R は気体定数，そして V_1 は膨張前の体積，V_2 は膨張後の体積である．

3 mol の理想気体が $5\,\text{dm}^3$ から $20\,\text{dm}^3$ まで膨張するときのエントロピー変化は，

$$\Delta S = 3\,\text{mol}\times 8.314\,\text{J K}^{-1}\,\text{mol}^{-1}\times\ln\left(\frac{20\,\text{dm}^3}{5\,\text{dm}^3}\right)$$

$$= 24.942\,\text{J K}^{-1}\ln 4$$
$$= 24.942\,\text{J K}^{-1}\times 1.386$$
$$= 34.6\,\text{J K}^{-1}$$

問　題

1. つぎの式を対数を用いて表せ．
  (a) $9 = 3^2$
  (b) $16 = 4^2$
  (c) $16 = 2^4$

(d) $27 = 3^3$

(e) $125 = 5^3$

2. 電卓を使ってつぎの値を計算せよ．

(a) $\ln 2.5$

(b) $\ln 6.37$

(c) $\ln 1.0$

(d) $\ln 0.256$

(e) $\ln 0.001$

3. 電卓を使って以下の関係が正しいことを確認せよ．

(a) $\ln 20 = \ln 4 + \ln 5$

(b) $\ln 10 = \ln 2 + \ln 5$

(c) $\ln 10 = \ln 30 - \ln 3$

(d) $\ln 6 = \ln 18 - \ln 3$

(e) $\ln 9 = 2 \ln 3$

4. 系のエントロピー S は，系の状態が取りうる配置の数 W の関数として，$S = k \ln W$ で与えられる．ただし，k はボルツマン定数である．三つの分子からなり $W=6$ の系では，S の値はいくらになるか．

5. 反応のギブズ自由エネルギー変化 $\Delta G^\ominus$ は，平衡定数 K と $\Delta G^\ominus = -RT \ln K$ の関係がある．ただし，R は気体定数，T は絶対温度である．以下の反応では，298 K において $K=1.8\times 10^{-5}$ である．この反応の $\Delta G^\ominus$ を計算せよ．

$$CH_3COOH_{(aq)} \longrightarrow CH_3COO^-_{(aq)} + H^+_{(aq)}$$

20 常用対数（10を底とする対数）

化学でよく使われるもう一つの対数は10を底とする対数で，**常用対数**とよばれる．前章で示した基本の定義から始めよう．
$$a = b^c \quad \text{対数を用いると} \quad c = \log_b a$$
簡単な例を挙げると，
$$100 = 10^2 \quad \text{したがって} \quad 2 = \log_{10} 100$$
$$1000 = 10^3 \quad \text{したがって} \quad 3 = \log_{10} 1000$$
このように，10の累乗に対する10を底とした対数の値は，指数の数字そのものとなる．

いろいろな数とその対数の値とを見比べてみると，何桁も違うような数が対数によって実にコンパクトに見やすく表現できることに気がつくと思う．

数 x の10を底とする対数は通常 $\log x$ と略記され，底に相当する下付き数字が省略されていても底は10であると見なすのが一般的である．

$\ln x$ と $\log x$ の関係

下の表は，いくつかの x に対する $\ln x$ と $\log x$ の値を示したものである．

x	0.5	1.0	1.5	2.0	2.5	3.0
$\ln x$	-0.6931	0.0000	0.4055	0.6931	0.9163	1.0986
$\log x$	-0.3010	0.0000	0.1761	0.3010	0.3979	0.4771

いずれの場合も，$\ln x / \log x$ の比は2.303となっているので*，以下の関係が成立つ．
$$\ln x = 2.303 \log x$$

溶液の酸性度

溶液の酸性度は通常 pH を用いて表されるが，これは次式のように定義される．
$$\mathrm{pH} = -\log_{10}([\mathrm{H^+}]/\mathrm{mol\,dm^{-3}})$$
濃度 $[\mathrm{H^+}]$ がその単位によって割られているが，これは単位を付けない数（**無名数**）を対数の計算に使うからである．また，対数の値自体も単位の付かない数となる．

* 訳注：$x=1.0$ の場合 $\ln x = \log x = 0$ だから比の値を計算することはできないが，$\ln x = 2.303 \log x$ の関係は成立する．

溶液化学では，pという記号も使われる．K_aを酸の解離定数とすると，$pK_a = -\log_{10} K_a$ の意味で使われる．

$[H^+] = 0.01 \text{ mol dm}^{-3}$ の塩酸では，上記の式より，
$$pH = -\log_{10}(0.01 \text{ mol dm}^{-3}/\text{mol dm}^{-3}) = -\log_{10}(0.01)$$
電卓でも簡単に計算はできるが，0.01が10^{-2}であり，$\log_{10} 10^{-2}$は-2だから，
$$pH = -(-2) = 2$$
水素イオン濃度が10の累乗で表されている酸性溶液のpHは，この例のように簡単に求めることができる．

ランベルト-ベールの法則

光が溶液を通過するとき，吸光度Aは溶液の濃度cに正比例することはすでに第15章で扱った．そこでもちょっとふれたように，光が通過する溶液の厚さlと吸光係数として知られる定数εにも吸光度は比例する．ランベルト-ベールの法則は，これらを組合わせて$A = \varepsilon c l$と表したものである．

吸光度は，入射光の強度I_0と溶液を透過したあとの光の強度Iとを用いて，
$$A = \log_{10}\left(\frac{I_0}{I}\right)$$
と定義される．$I = I_0$ならば$I_0/I = 1$であるから，吸光度は$A = \log_{10} 1 = 0$である．

入射光強度に対する透過光強度の比は，透過率Tとして定義される．
$$T = \frac{I}{I_0}$$
Tの逆数を考えると，
$$T^{-1} = \frac{I_0}{I} \quad \text{したがって} \quad A = \log T^{-1}$$
前章で取上げた対数の計算に関する規則を使うと，結局，
$$A = -\log T$$
となる．

問　題

1. 以下の数について，10を底とする対数をとりその値を計算せよ．

(a) 10

(b) 10^4

(c) 10^8
   (d) 10^{-3}
   (e) 10^{-6}
2. log と ln との関係を用いて，以下の数の値を計算せよ．
   (a) $\ln 10^2$
   (b) $\ln 10^5$
   (c) $\ln 10^{10}$
   (d) $\ln 10^{-7}$
   (e) $\ln 0.01$
3. 電卓を使って，以下の値を計算せよ．
   (a) $\log 4.18$
   (b) $\log (3.16 \times 10^4)$
   (c) $\log (7.91 \times 10^{-4})$
   (d) $\log 0.003\,27$
   (e) $\log 3028$
4. 水素イオン濃度が以下の値であるような酸性溶液の pH はいくらか．
   (a) $0.01\,\mathrm{mol\,dm^{-3}}$
   (b) $0.002\,\mathrm{mol\,dm^{-3}}$
   (c) $5.0\,\mathrm{mol\,dm^{-3}}$
   (d) $0.1014\,\mathrm{mol\,dm^{-3}}$
   (e) $1.072\,\mathrm{mol\,dm^{-3}}$
5. デバイ-ヒュッケルの極限法則によると，あるイオン対の平均活量係数 $\gamma_{\pm}$ は，
$$\log \gamma_{\pm} = -(0.509\,\mathrm{kg^{1/2}\,mol^{-1/2}})\,|z_+ z_-|\,\sqrt{I}$$
ただし，z_+ および z_- はそれぞれのイオンの電荷数（無名数），I はイオン強度（単位：$\mathrm{mol\,kg^{-1}}$）である．$|z_+ z_-|$ の項は積の符号が負にならないようにするためのものである．

   デバイ-ヒュッケルの極限法則を，$\ln \gamma_{\pm}$ について書き直せ．
6. ある溶液を光が透過して入射光の強度が 60% 減少した．吸光度と透過率とを計算せよ．

21 指数関数

eを底とする**指数関数**は,
$$f(x) = e^x$$
と表される.eはおよそ 2.718 であるが,電卓の中ではもっと正確な値が使われている.

この関数の挙動を調べるために,以下の表を用意した.

x	-2.5	-2.0	-1.5	-1.0	-0.5	0.0	0.5	1.0	1.5	2.0	2.5
$f(x)$	0.082	0.135	0.223	0.368	0.607	1.00	1.65	2.72	4.48	7.39	12.2

これを図示したものが図 21.1 である.

まず気づくのは,この指数関数の値が負の値を取らないことである.また,負の数に対する指数関数の値は常に 1 よりも小さく,x が正のとき指数関数の値は急激に増大する.このような挙動を指すいい方として"指数関数的に増大する"という言葉がよく使われるが,急激に増大するからといって厳密な意味での指数関数とは限らない.

電卓を使って上記の表の値を実際に調べた読者ならば,指数関数の値を求めるとき,使う電卓にもよるが $\boxed{\text{SHIFT}}$ キーや $\boxed{\text{INV}}$ キーなどを押したあとで $\boxed{\text{ln}}$ キー

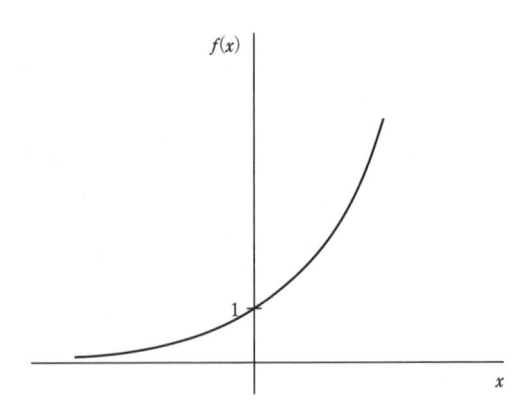

図 **21.1** x に対する $f(x) = e^x$ のグラフ

を押すといった操作をしていたことに気づいたのではないだろうか.そうした操作には理由があるのだが,つぎの第22章を学ぶとその理由がわかるであろう.

図21.2には,"指数関数的な減衰"に相当する関数 $f(x)=\mathrm{e}^{-x}$ の挙動を示した.この指数関数の値はゼロに漸近するが,決してゼロにはならないことに注意しよう.

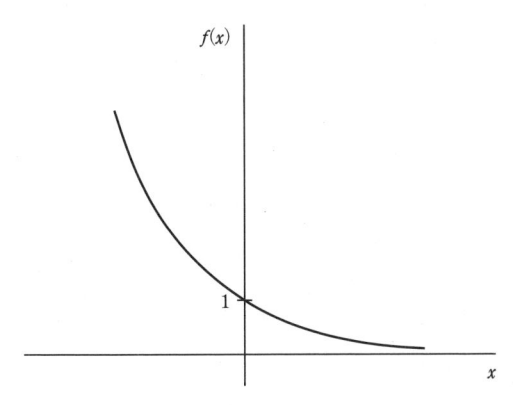

図 21.2 x に対する $f(x)=\mathrm{e}^{-x}$ のグラフ

1 次反応速度

反応が起こるときの速さを調べることを速度論(反応速度論)とよび,反応機構についてさまざまな情報を得ることができる.第11章ですでに取上げたように,反応の速度は mol dm^{-3} s^{-1} という単位で表され,反応物質の濃度が時間に対してどのように変化するかを示している.次式のような反応速度の一般式に現れる次数 n は,反応がどのように起こるかによって決定されるものである.

$$反応速度 = kc^n$$

ここで,c は反応物質の濃度,また,k は速度定数とよばれ,温度のみに依存する定数である.1次の反応では,$n=1$ だから,

$$反応速度 = kc$$

となる.この式を解析することにより,以下の関係が導ける(その方法はあとで示す).

$$c = c_0\mathrm{e}^{-kt}$$

この式により,t だけ時間が経過したときの反応物質の濃度 c が初期濃度 c_0 に対

してどう変化したのかがわかる．t に対する c のグラフ(図 21.3)は，こうした指数関数的な減衰挙動を示している．

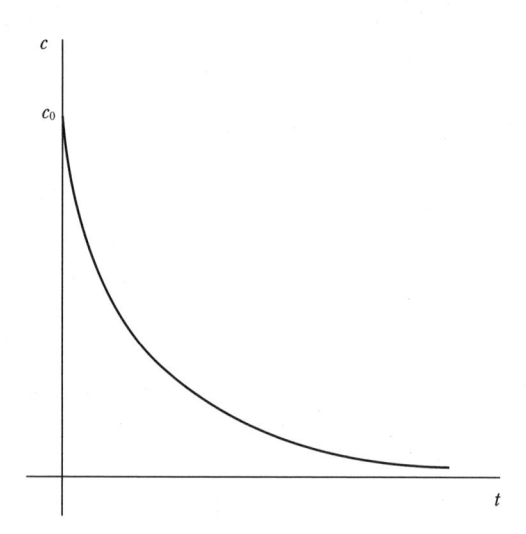

図 21.3 反応速度が 1 次のときの時間 t に対する濃度 c のグラフ

以下の反応はアルカリ溶液中で 1 次反応であり，反応の速度定数は 9.3×10^{-5} s^{-1} である．

$$\text{NH}_2\text{NO}_{2(\text{aq})} \longrightarrow \text{N}_2\text{O}_{(\text{g})} + \text{H}_2\text{O}_{(\text{l})}$$

初期濃度が 0.15 mol dm^{-3} である NH_2NO_2 溶液を考えよう．30 分後の溶液濃度を求めるには，まず t を k と整合する単位に変換することから始める．30 分は $30 \times 60 \text{ s} = 1800 \text{ s}$ だから，この値を 1 次の反応速度式に代入すると，

$$\begin{aligned} c &= 0.15 \text{ mol dm}^{-3} \times \exp(-9.3 \times 10^{-5} \text{ s}^{-1} \times 1800 \text{ s}) \\ &= 0.15 \text{ mol dm}^{-3} \times \exp(-0.1674) \\ &= 0.15 \text{ mol dm}^{-3} \times 0.846 \\ &= 0.13 \text{ mol dm}^{-3} \end{aligned}$$

となる．s^{-1} という単位と単位 s とが，指数関数の中で互いに打ち消し合っていることに注意しよう．指数関数で使えるのは，常に単位の付かない無名数のみであり，また，指数関数自身の値にも単位は付かない．なお，$e^{-0.1674}$ の代わりに

exp (−0.1674) と書いたが，この表記法は特に指数部分が複雑な場合にそれを見やすくするために，しばしば使われる．

ボルツマン分布則

ボルツマン分布則によって，二つのエネルギー状態 ε_i および ε_j に存在する分子数の割合を決めることができる．それぞれのエネルギー状態に存在する分子の数を n_i および n_j とすると，分子数の比は，

$$\frac{n_i}{n_j} = \exp\left[\frac{-(\varepsilon_i - \varepsilon_j)}{kT}\right]$$

で与えられる．ただし，k はボルツマン定数(1.381×10^{-23} J K^{-1})，T は単位 K で表した絶対温度である．上記の式はやや複雑なので，e^x と書く代わりに $\exp(x)$ を用いた．

炭酸ガスレーザーのレーザー媒質は，ヘリウムと二酸化炭素(CO_2)，それに窒素(N_2)の混合気体である．CO_2 は N_2 と衝突することによって振動励起され，さらにその振動励起状態に付随してレーザー遷移に直接関与するいくつかの回転準位に分かれて分布することとなる．これは CO_2 と N_2 の同一番目の振動準位がエネルギー的に互いに近いためであるが，CO_2 の方がわずかに 3.58×10^{-22} J だけ高くなっている．そこで，もしこれらの準位間で平衡が成立っているとして同一番目の振動準位を占める CO_2 と N_2 の分子数の比を求めると*，

$$\frac{n_{CO_2}}{n_{N_2}} = \exp\left[\frac{-3.58\times 10^{-22}\,\text{J}}{1.38\times 10^{-23}\,\text{J K}^{-1} \times 298\,\text{K}}\right]$$

$$= \exp\left[\frac{-3.58\times 10^{-22}\,\text{J}}{4.11\times 10^{-21}\,\text{J}}\right]$$

$$= \exp(-0.0871)$$

$$= 0.917$$

となる．ただし，この結果は分子数の比である．CO_2 分子の割合を考えるならば，

$$\frac{n_{CO_2}}{n_{CO_2} + n_{N_2}} = \frac{(n_{CO_2}/n_{N_2})}{(n_{CO_2}/n_{N_2}) + 1}$$

に注意して，0.917+1=1.917 で割る必要がある．したがって，ある同一番目の振動準位を占める CO_2 分子の割合は 0.917/1.917=0.478 となる．

---

* 訳注：CO_2 はエネルギーの低い振動状態へとレーザー遷移するので，厳密にいうと平衡は成立していない．

問　題

1. つぎの数の値を求めよ．
 (a) e^2
 (b) e^{10}
 (c) $e^{1.73}$
 (d) $e^{2.65}$
 (e) $e^{9.9}$

2. つぎの数の値を求めよ．
 (a) e^{-3}
 (b) e^{-7}
 (c) $e^{-2.19}$
 (d) $e^{-3.83}$
 (e) $e^{-4.7}$

3. 水素原子の1s軌道に対する波動関数 Ψ は，以下の式で与えられる．

$$\Psi = \left(\frac{1}{\pi}\right)^{\frac{1}{2}} \left(\frac{1}{a_0}\right)^{\frac{3}{2}} e^{-r/a_0}$$

ただし，$a_0 = 5.292 \times 10^{-11}$ m はボーア半径，$\pi = 3.142$ である．$r = 2.43 \times 10^{-11}$ m のときの Ψ の値を計算せよ．

4. 放射性原子の崩壊現象は1次の速度式に従い，時間 t 経過後におけるある核種の数 n は，

$$n = n_0 e^{-kt}$$

として与えられる．ただし，n_0 は始めにあった核種の数，k は速度定数である．ウラン238の崩壊の速度定数 k は 1.54×10^{-10} 年$^{-1}$ である．4.51×10^9 年だけ経過したところで崩壊したこの核種の割合はどれくらいか．

22 逆関数

逆関数とは，用いた関数関係が"なかったことにする"といったような意味である．関数 $f(x)$ の逆関数は，$\mathrm{arc}\, f(x)$ あるいは $f^{-1}(x)$ と書き表す．ただし，後者の表現 $f^{-1}(x)$ は $f(x)$ の逆数を表すのではないことに注意しよう．

つぎの関数を考えよう．
$$f(x) = 4x + 3$$
逆関数を考える場合，それがどんな操作にあたるのかを具体的に想像してみるとよい．上記の関数では，"x に代入する数をもってきて，まずそれに 4 を掛けてから，つぎに 3 を足す"となる．この関数の逆関数を求めるには，このように表現した操作を逆にたどって"なかったことに"すればよい．そうすると，"まず 3 を引いて，つぎに 4 で割る"となる．式で表せば，
$$\mathrm{arc}\, f(x) = \frac{x-3}{4}$$
となる．

化学で逆関数が特に重要となるのは，対数や指数関数を含む場合である．$\ln x$ の逆関数は e^x であり，また e^x の逆関数は $\ln x$ である．逆関数とは，ある関数関係がなかったことにするのだから，
$$\ln \mathrm{e}^x = x \quad \text{および} \quad \mathrm{e}^{\ln x} = x$$
となる．また同様に，
$$\log 10^x = x \quad \text{および} \quad 10^{\log x} = x$$
である．つまり，$\log x$ の逆関数は 10^x，また 10^x の逆関数は $\log x$ となる*．

三角関数の逆関数については，第 27 章で学ぶ．

アレニウスの式

つぎに示すアレニウスの式は，速度定数 k が絶対温度 T によってどのように変化するのかを示している．
$$k = A\,\mathrm{e}^{-E_\mathrm{a}/RT}$$

---

* 訳注：電卓の SHIFT キーや INV キーは，実は逆関数を求めるキーである．

ここで，A は頻度因子とよばれる定数，E_a は反応の活性化エネルギー，R は気体定数である．

両辺の自然対数をとると，

$$\ln k = \ln (A\,e^{\frac{-E_a}{RT}})$$

右辺を対数計算の規則を用いて展開すると，

$$\ln k = \ln A + \ln e^{\frac{-E_a}{RT}}$$

最後の項は指数関数の自然対数をとることに対応するので，互いに打ち消しあって，

$$\ln e^{\frac{-E_a}{RT}} = -\frac{E_a}{RT}$$

となるから，結局，

$$\ln k = \ln A - \frac{E_a}{RT}$$

となる．

平衡定数

以下の反応で，標準状態におけるギブズ自由エネルギー変化 $\Delta G^\ominus$ の値は，6.6 kJ mol^{-1} である．

$$n\text{-ブタン} \rightleftharpoons \text{イソブタン}$$

この値がわかれば，1000 ℃ における上記の反応の平衡定数 K を第19章で扱った以下の関係式によって求めることができる．

$$\Delta G^\ominus = -RT \ln K$$

ただし，R は気体定数，T は絶対温度である．

この式を変形すると，

$$\ln K = -\frac{\Delta G^\ominus}{RT}$$

となり，上記の反応についての具体的な値を代入すると，

$$\ln K = -\frac{6.6 \times 10^3 \text{ J mol}^{-1}}{8.314 \text{ J K}^{-1} \text{ mol}^{-1} \times 1000 \text{ K}} = -0.794$$

$\ln K = -0.794$ は $K = e^{-0.794}$ だから，結局 K の値としては 0.45 となる．ここで，

22. 逆関数

対数や指数関数を考えることができるのは単位の付かない量に対してのみであり，またそれらの関数の値についても単位が付かないことに注意しよう．これをうまく利用すれば，計算のミスも防ぐことができる．

問　題

1. $f(x) = 4x+7$ に対する $\text{arc}\, f(x)$ を求めよ．
2. $f(x) = \ln(3x+1)$ に対する $\text{arc}\, f(x)$ を求めよ．
3. $g(y) = 2e^{3y}$ に対する $\text{arc}\, g(y)$ を求めよ．
4. 1次の速度式に従う反応では，濃度 c の時間 t に対する関係は，c_0 を初期濃度，k を速度定数として，
$$\ln c = \ln c_0 - kt$$
のようになる．c を対数を使わない形で表せ．
5. ネルンストの式により，電池の起電力 E を絶対温度 T の関数として以下のように表すことができる．
$$E = E^{\ominus} - \frac{RT}{nF} \ln Q$$
ただし，$E^{\ominus}$ は標準状態における電池の起電力，R は気体定数，n は単位の電池反応で移動する電子数，F はファラデー定数，そして Q は電池反応に関与する物質の濃度比である．$E = -0.029\,\text{V}$, $E^{\ominus} = 0.021\,\text{V}$, $R = 8.314\,\text{J K}^{-1}\,\text{mol}^{-1}$, $T = 298\,\text{K}$, $n = 2$, $F = 96\,485\,\text{C mol}^{-1}$ として，Q の値を計算せよ．
6. デバイ-ヒュッケルの極限法則によれば，活量係数 $\gamma_{\pm}$ は，
$$\log \gamma_{\pm} = -0.51 |z_+ z_-| \sqrt{\frac{I}{\text{mol kg}^{-1}}}$$
で与えられる．ただし，z_+ および z_- はイオンの電荷数，I はイオン強度である．$z_+ = 2$, $z_- = -1$, $I = 0.125\,\text{mol kg}^{-1}$ のとき，$\gamma_{\pm}$ の値を求めよ．

23 直線の方程式

直線のグラフは，化学でも非常に重要である．それは，何かの量を測定してプロットしたグラフからその量に関するより正確な値を推測するのに使えるからである．

まず，以下の方程式を考えてみよう．

$$y = 4x + 3$$

いくつかの x の値に対する y の値をもとに表をつくると，

x	0	1	2	3	4	5
y	3	7	11	15	19	23

これらの値をプロットすると直線が得られる(図 23.1)．直線が y 軸と交わる点は**切片**とよばれ，この例では 3 である．また，直線上の二つの点について，それらの y 座標の差(この直線では，たとえば $23-3=20$)を x 座標の差($5-0=5$)で割ったものから直線の**傾き**が求められる．この例では，$20/5=4$ である．

この結果を一般化すると，傾きを m，切片を c として，**直線の方程式**は $y=mx+c$ と書き表すことができる．

つぎに，以下の方程式を考えよう．

$$y = 3x^2 - 1$$

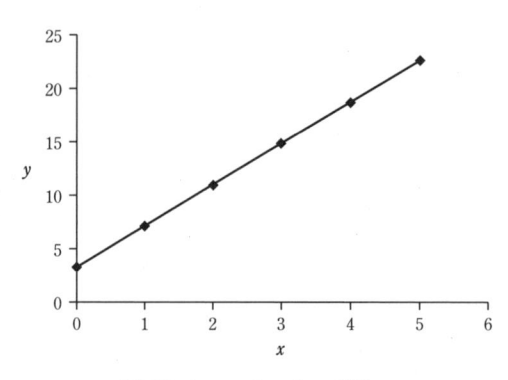

図 **23.1** $y=4x+3$ のグラフ

23. 直線の方程式

上の例と同様に，まず表をつくってみると，

x	0	1	2	3	4	5
y	-1	2	11	26	47	74

これをプロットして得られたのが図23.2の曲線である．このグラフは少なくとも手書きで描くのは難しそうだし，また上の例のようにグラフから何か役に立つデータをすぐに読み取ることも難しそうである．しかし，もしデータを直線のプロットとなるような形に変換できれば何かの役に立ちそうである．

x^2 の値を1行付け加えて，先ほどの表をもう一度つくってみよう．

x	0	1	2	3	4	5
y	-1	2	11	26	47	74
x^2	0	1	4	9	16	25

x^2 に対する y のプロットは直線となった(図23.3)．前の例と同様に直線の傾きと切片を求めてみると，傾きは3，切片として-1が得られる．

こうした考え方を，今度は y 軸を変換する場合にも拡張してみよう．x の関数 $X(x)$ および y の関数 $Y(y)$ が以下のような関係にあるとき，

$$Y = mX + c$$

$Y(y)$ を $X(x)$ に対してプロットすると，傾き m，切片 c の直線が得られる．

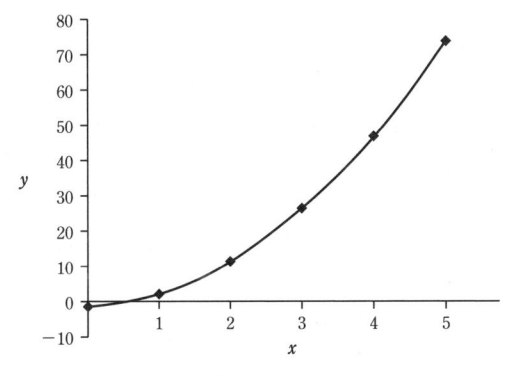

図 **23.2** $y=3x^2-1$ のグラフ

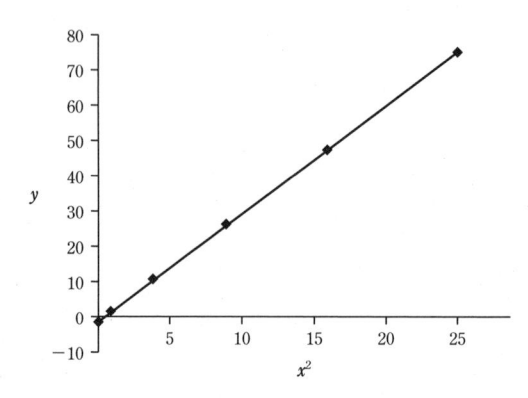

図 23.3 x^2 に対して y をプロットしたときの $y=3x^2-1$ のグラフ

メタンの熱容量

メタンのモル熱容量 C_p は,以下の関係式に従って絶対温度 T に対して変化する.

$$\frac{C_p}{\mathrm{J\,K^{-1}\,mol^{-1}}} = 22.34 + 0.0481\left(\frac{T}{\mathrm{K}}\right)$$

これを書き換えて,

$$\frac{C_p}{\mathrm{J\,K^{-1}\,mol^{-1}}} = 0.0481\left(\frac{T}{\mathrm{K}}\right) + 22.34$$

とすれば,一般式 $y=mx+c$ の形がはっきりする.そこで,x 軸方向の T/K に対

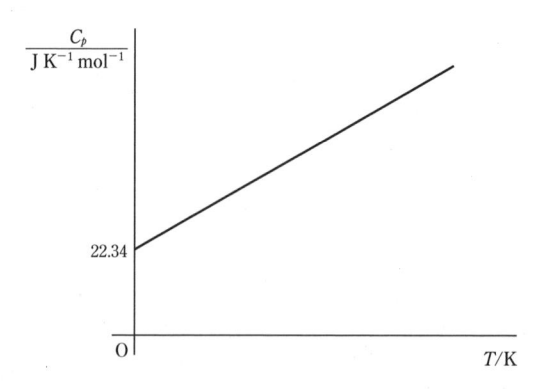

図 23.4 絶対温度 T に対するメタンの熱容量 C_p のグラフ

してy軸方向に$C_p/\mathrm{J\,K^{-1}\,mol^{-1}}$をプロットすれば，傾きが 0.0481，切片が 22.34 の直線が得られるはずである．先ほどと同様に表をつくり，それを基にグラフを描けば，実際にそうした直線が得られることが示せる(図 23.4)．

ランベルト-ベールの法則

第 15 章および第 20 章ですでに扱ったように，この法則はAを吸光度，lを光が透過する濃度cの溶液層の厚さ，εをその溶液の吸光係数としたときに，以下の形で与えられる．

$$A = \varepsilon c l$$

lおよびεは実験条件が決まれば一定の値となるので，Aはcだけの関数となり，(　)に入れてまとめれば，

$$A = (\varepsilon l)c$$

のようになる．直線の方程式の一般形と見比べると記号cが違う意味で使われているので，ここでは切片をkとして直線の方程式の一般形を$y=mx+k$とする．式とグラフの対応関係から$k=0$なので，方程式は$y=mx$の形となる．x軸方向のcに対してy軸方向にAをプロットすると，傾きεlをもち原点を通る直線が得られる(図 23.5)．

lは一般に既知なので，この手法はεを実験的に求めるための基礎となる．

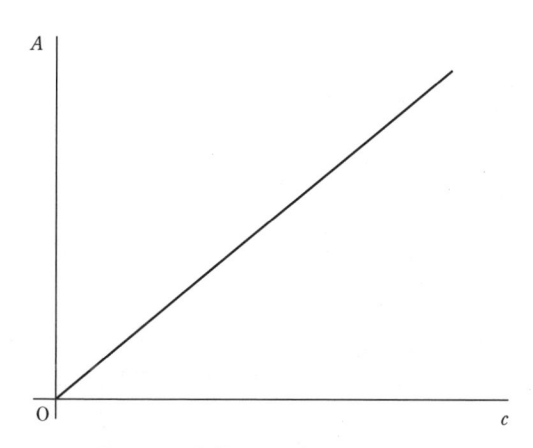

図 23.5　濃度cに対する吸光度Aのランベルト-ベールプロット

2 次反応速度

化学反応の中には 2 次の速度式に従うものがあり，その挙動は以下のようになる．

$$kt = \frac{1}{c} - \frac{1}{c_0}$$

ただし，c は時間 t 経過後の濃度，c_0 は初期濃度，また k は速度定数である．この方程式を直線の一般式 $y = mx + c$ に対応するように変形すると，

$$\frac{1}{c} = kt + \frac{1}{c_0}$$

となるので，x 軸方向の t に対して y 軸方向に $1/c$ をプロットすると直線が得られ，その傾きは k，切片は $1/c_0$ となる（図 23.6）．

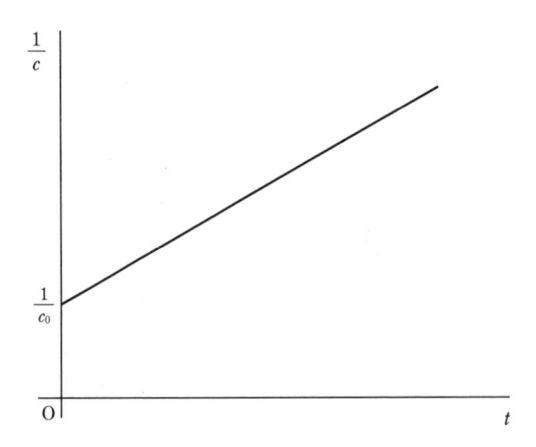

図 23.6 2 次の反応における時間 t に対する濃度の逆数 $1/c$ のグラフ

イーディ-ホフステープロット

酵素触媒反応の速度論を検討するために用いられるこのプロットは，以下のような反応速度 v に対するミカエリス-メンテンの式を基礎としている．

$$v = \frac{k_{\text{cat}}[\text{E}]_0}{1 + \frac{K_\text{M}}{[\text{S}]}}$$

23. 直線の方程式

ただし，k_{cat} はターンオーバー数とよばれる数，$[E]_0$ は酵素の初期濃度，K_M はミカエリス定数，そして $[S]$ は基質の濃度を表す．一般的な実験条件では，反応速度 v と基質の濃度 $[S]$ とを測定する．$[S]$ に対する v のプロットは曲線となるのが普通であり，したがってどうすれば直線が得られ，K_M および k_{cat} の値を決めることができるかが問題となる．

これを解決するためには，いくつかのステップを踏んで前述の式を変形する必要がある．まず，両辺を $[E]_0$ で割って，

$$\frac{v}{[E]_0} = \frac{k_{cat}}{1 + \frac{K_M}{[S]}}$$

つぎに両辺に $1 + \frac{K_M}{[S]}$ を掛けると，

$$\frac{v}{[E]_0}\left\{1 + \frac{K_M}{[S]}\right\} = k_{cat}$$

{ } の中身を分母 $[S]$ で通分して，

$$\frac{v}{[E]_0}\left\{\frac{K_M + [S]}{[S]}\right\} = k_{cat}$$

両辺を K_M で割って，

$$\frac{v}{[E]_0}\left\{\frac{K_M + [S]}{K_M[S]}\right\} = \frac{k_{cat}}{K_M}$$

{ } の中身を二つに分けると，

$$\frac{v}{[E]_0}\left\{\frac{1}{[S]} + \frac{1}{K_M}\right\} = \frac{k_{cat}}{K_M}$$

さらに，{ } の外にある項を { } の中のそれぞれの項に掛けて { } を開くと，

$$\frac{v}{[E]_0[S]} + \frac{v}{K_M[E]_0} = \frac{k_{cat}}{K_M}$$

最後に，両辺から $\frac{v}{K_M[E]_0}$ を引いて，

$$\frac{v}{[E]_0[S]} = \frac{k_{cat}}{K_M} - \frac{v}{K_M[E]_0}$$

が最終的に得られる．

x 軸方向の $\frac{v}{[E]_0}$ に対して y 軸方向に $\frac{v}{[E]_0[S]}$ をプロットすると直線が得られ,上記の最終的な式と直線の一般式 $y=mx+c$ の比較から,得られた直線の傾きが $-1/K_M$,切片が k_{cat}/K_M となる(図 23.7).

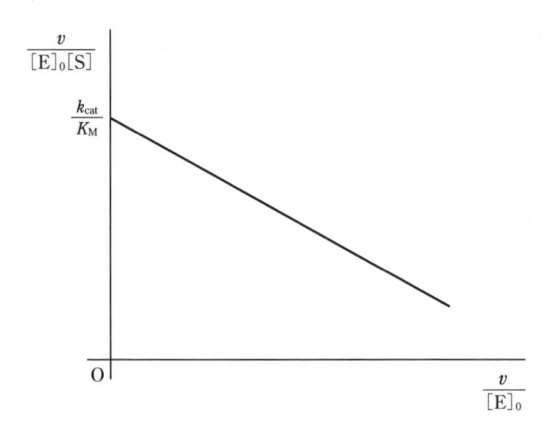

図 23.7 $v/[E]_0$ に対する $v/[E]_0[S]$ のグラフ.この反応の基質 S は,反応速度 v がミカエリス-メンテンの式に従う酵素 E によって触媒されている

問　題

1. 以下の関係式について x に対する y を実際にプロットして,グラフから直線の傾き m と切片 c とを求めよ.
   (a) $y = 5x + 2$
   (b) $y = 3x - 7$
   (c) $2y = 4x - 9$
   (d) $x + y = 2$
   (e) $2x + 3y = 8$

2. 以下の関係式について,どのようなプロットをすれば直線が得られるか.また,得られる直線の傾き m と切片 c を求めよ.
   (a) $y = 3x^2 - 8$
   (b) $y^2 = 5x - 4$
   (c) $y = \frac{2}{x} - 3$

23. 直線の方程式

   (d) $y^2 = \dfrac{3}{x} + 6$

   (e) $y^2 = \dfrac{2}{x^2}$

3. 以下の関係式について，どのようなプロットをすれば直線が得られるか．また，得られる直線の傾き m と切片 c を求めよ．
   (a) $x^2 + y^2 = 9$
   (b) $2x^2 - y^2 = 5$
   (c) $xy = 10$
   (d) $x^2 y = 4$
   (e) $xy^2 - 14 = 0$

4. 反応の速度式を積分すると，速度定数を k，初期濃度を c_0 として時間 t 後の反応物質の濃度 c が得られる．以下の場合について，どのようなプロットをすれば直線が得られるか．また，得られる直線の傾きと切片を求めよ．
   (a) $c_0 - c = kt$ を満たす 0 次の反応速度
   (b) $\left(\dfrac{1}{c} - \dfrac{1}{c_0}\right) = kt$ を満たす 2 次の反応速度

5. 液相と接した気相の蒸気圧 p は，絶対温度 T と以下の関係にある．

$$\ln\left(\frac{p}{p^{\ominus}}\right) = -\frac{\Delta_{\text{vap}}H}{RT} + C$$

ただし，$p^{\ominus}$ は標準状態の圧力で 1 atm，$\Delta_{\text{vap}}H$ は蒸発のエンタルピー，R は気体定数，C は定数である．グラフを使って，$\Delta_{\text{vap}}H$ の値が p と T の値とからどのように得られるのかを説明せよ．

6. 第 22 章で扱ったように，速度定数 k は絶対温度 T に対してアレニウスの式に従った変化をし，次式のように表せる．

$$\ln k = \ln A - \frac{E_{\text{a}}}{RT}$$

ただし，A は定数，E_{a} は活性化エネルギー，R は気体定数である．グラフを使って，E_{a} の値が k と T の値とからどのように得られるのかを説明せよ．

24　2 次 方 程 式

$3x^2-5x+2=0$ などは **2 次方程式** であり，その一般形は，
$$ax^2 + bx + c = 0$$
と書くことができる．ただし，2 次方程式であるためには x^2 の項は必須であるが，b および c の一方あるいは両方がゼロであってもかまわない．

2 次方程式の解法で最もわかりやすいのは，素因数分解を用いる方法である．2 次式の **素因数分解** は，二つの 1 次式の積に書き直すことである．最初の例では，
$$3x^2 - 5x + 2 = (3x-2)(x-1) = 0$$
のようになる．x に何らかの数を代入したとき，二つの（ ）のうちの少なくとも一つがゼロになれば，二つの（ ）の積はゼロとなる．この例では，$(3x-2)=0$，したがって $3x=2$ つまり $x=2/3$ であるか，あるいは $(x-1)=0$ つまり $x=1$ のときに積がゼロとなる．以上により，この 2 次方程式の答えは，$x=2/3$ および $x=1$ となる．このように，二つの解が得られることが 2 次方程式の特徴であるが，二つの（ ）の中味が同じで **重根** となる場合もある．

この解法の問題点は，適切に素因数分解を実行するだけの技術を必要とすることである．さらに言えば，素因数分解がいつでも簡単にできるとは限らないのである．

そこで，別の解法として公式を用いる方法がある．すなわち，
$$ax^2 + bx + c = 0$$
の解は以下の公式で与えられる．
$$x = \frac{-b \pm \sqrt{b^2-4ac}}{2a}$$

最初の例 $3x^2-5x+2=0$ では，上記の 2 次方程式の一般形 $ax^2+bx+c=0$ と見比べて $a=3$，$b=-5$，$c=2$ だから，
$$x = \frac{-(-5) \pm \sqrt{(-5)^2 - 4\times 3\times 2}}{2\times 3}$$
$$= \frac{5 \pm \sqrt{25-24}}{6}$$

$$= \frac{5 \pm \sqrt{1}}{6} = \frac{5 \pm 1}{6}$$

$$= \frac{6}{6} \quad \text{または} \quad \frac{4}{6}$$

最初の答えは分母・分子をそれぞれ 6 で割ると 1, 2 番目の答えは分母・分子をそれぞれ 2 で割ると 2/3 となり，素因数分解による解法と同じ答えが得られた．

化学では 2 次方程式の係数 a, b および c が小数で与えられることが少なくないので，二つ目の解法を用いる方が一般的である．

N_2O_4 の解離反応

よく知られた以下の平衡反応では，はじめにあった N_2O_4 が解離度 α になるまで反応が進む．

$$N_2O_{4(g)} \rightleftharpoons 2\,NO_{2(g)}$$

この過程は，つぎの 2 次方程式で表されることが知られている[*]．

$$4.054\,\alpha^2 + 0.1484\,\alpha - 0.1484 = 0$$

これを 2 次方程式の一般形 $ax^2+bx+c=0$ と見比べると，$x=\alpha$, $a=4.054$, $b=0.1484$, $c=-0.1484$ となる．これらを 2 次方程式の解の公式に代入すると，

$$\alpha = \frac{-0.1484 \pm \sqrt{0.1484^2 - 4\times 4.054 \times (-0.1484)}}{2 \times 4.054}$$

$$= \frac{-0.1484 \pm \sqrt{0.0220 + 2.406}}{8.108}$$

$$= \frac{-0.1484 \pm \sqrt{2.428}}{8.108}$$

$$= \frac{-0.1484 \pm 1.558}{8.108}$$

$$= 0.174 \quad \text{または} \quad -0.210$$

となる．化学で 2 次方程式の解の公式を用いたときによく出会う問題は，この例で

---

[*] 訳注：N_2O_4 の最初の物質量を n mol とすると，平衡時の N_2O_4, NO_2 の物質量はそれぞれ $n(1-\alpha)$, $2n\alpha$ である．各成分の濃度は，体積を V として $[N_2O_4]=\dfrac{n(1-\alpha)}{V}$, $[NO_2]=\dfrac{2n\alpha}{V}$ となり，濃度平衡定数 K_c は，$K_c=\dfrac{[NO_2]^2}{[N_2O_4]}=\dfrac{4n\alpha^2}{(1-\alpha)\,V}$ となる．K_c と V と n の値がわかれば，これより α についての 2 次方程式が導ける．

もわかる通り，どちらの答えが正しいのか？　ということである．この例では解離度が正の値ということに気がつけば，最終的な答えは $a=0.174$ となる．

エタンの熱分解

この反応は全体として以下のように表される．

$$C_2H_6 \longrightarrow C_2H_4 + H_2$$

しかし，実際にはいくつかのステップからなる以下のような連鎖反応が起こっている．

開始反応	$C_2H_6 \longrightarrow 2\,CH_3$	速度定数は k_1
移動過程	$CH_3 + C_2H_6 \longrightarrow CH_4 + C_2H_5$	速度定数は k_2
成長過程	$C_2H_5 \longrightarrow C_2H_4 + H$	速度定数は k_3
	$H + C_2H_6 \longrightarrow H_2 + C_2H_5$	速度定数は k_4
停止反応	$H + C_2H_5 \longrightarrow C_2H_6$	速度定数は k_5

反応の速度論的な検討を行うと，こうした反応スキームがしばしば現れる．それにならってこの反応でも，反応中間体である CH_3, C_2H_5 および H が生成，消失する素過程の反応速度を考慮した解析を行うことが可能である*．この例では，順に以下のような三つの方程式が導かれる．

$$2k_1[C_2H_6] - k_2[CH_3][C_2H_6] = 0$$
$$(k_2[CH_3] + k_4[H])[C_2H_6] - (k_3 + k_5[H])[C_2H_5] = 0$$
$$k_3[C_2H_5] - k_4[H][C_2H_6] - k_5[H][C_2H_5] = 0$$

これらを組合わせると，つぎの2次方程式が得られる．

$$-2k_4k_5[H]^2 - 2k_1k_5[H] + 2k_1k_3 = 0$$

少々わかりにくいが，これと2次方程式の一般形とを比較すれば，$x=[H]$, $a=-2k_4k_5$, $b=-2k_1k_5$ および $c=2k_1k_3$ となる．したがって，これらを2次方程式の解の公式に代入すれば，

$$[H] = \frac{2k_1k_5 \pm \sqrt{(-2k_1k_5)^2 - 4(-2k_4k_5)(2k_1k_3)}}{2(-2k_4k_5)}$$

$$= \frac{2k_1k_5 \pm \sqrt{4k_1{}^2k_5{}^2 + 16k_1k_3k_4k_5}}{-4k_4k_5}$$

---

* 訳注：定常状態法あるいは定常状態近似という．反応中間体の濃度変化速度をゼロと見なす近似的手法．

記号を使った式で簡約化できるとすればここまでであろう．

問　題

1. 以下の方程式を素因数分解によって解け．
   (a) $x^2 + 3x - 10 = 0$
   (b) $x^2 - 3x = 0$
   (c) $3x^2 - 2x - 1 = 0$

2. 以下の方程式を解の公式を用いて解け．
   (a) $2x^2 - 9x + 2 = 0$
   (b) $4x^2 + 4x + 1 = 0$
   (c) $3.6x^2 + 1.2x - 0.8 = 0$

3. 塩素の解離反応
$$Cl_2 \rightleftharpoons 2\,Cl$$
において，解離度を α，塩素の初期濃度を $0.02\,\mathrm{mol\,dm^{-3}}$ とすると，
$$0.04\,\alpha^2 + (1.715\times 10^{-3})\,\alpha - (1.715\times 10^{-3}) = 0$$
が得られる．これを解いて α を求めよ．

4. 濃度 $0.100\,\mathrm{mol\,kg^{-1}}$ の酢酸溶液では，H_3O^+ のモル濃度 m は以下の式で与えられる．
$$m^2 + (1.75\times 10^{-5})\,m - (1.75\times 10^{-6}) = 0$$
これを解いて m を求めよ．

5. 以下の反応系に $0.5\,\mathrm{mol}$ の NO_2 を加えた．
$$N_2O_{4(g)} \rightleftharpoons 2\,NO_{2(g)}$$
新たな平衡に達したときの解離度 α が以下の関係式で与えられるとして，その α の値を決定せよ．
$$4.0540\,\alpha^2 + 2.1750\,\alpha + 0.1054 = 0$$

25 数列と級数

第17章では変数 x の関数 $f(x)$ について学んだ．この章では x の値として整数 n しか取れない場合を扱い，これを $f(n)$ と書いて**数列**とよぶ．例をあげると，
$$f(n) = 2n + 1 \quad \text{ただし} \quad n \geq 1$$
は，以下のような一連の内容を表している．
$$f(1) = (2 \times 1) + 1 = 2 + 1 = 3$$
$$f(2) = (2 \times 2) + 1 = 4 + 1 = 5$$
$$f(3) = (2 \times 3) + 1 = 6 + 1 = 7$$
$$\vdots$$
数列の各項の和のことを**級数**という．上の数列の例では，
$$f(1)$$
$$f(1) + f(2)$$
$$f(1) + f(2) + f(3)$$
などが級数であるが，級数の最後の項が $f(N)$ とわかっていれば，その数列全体の和は以下のように書ける．
$$f(1) + f(2) + f(3) + \cdots + f(N)$$
しかし，これでは書くのが煩わしいので，以下の数学記号を使ってこの和を表すことにする．
$$\sum_{n=1}^{N} f(n)$$
$\sum$ はギリシャ文字のシグマで，この記号のあとに続くものの和，つまりこの場合は $f(n)$ の和をとることを意味している．$\sum$ 記号の下にある $n=1$ は級数の最初の項に対応し，上にある N は最後の項に対応している．

級数の中には，その和を正確に表す公式が知られているものがある．化学で出てきそうな例としては，
$$1 + x + x^2 + x^3 + \cdots + x^{n-1}$$
があり，この和は，$x \neq 1$ であれば以下のようになる．
$$\frac{1-x^n}{1-x}$$

$x=2$ としてこの数列の最初の四つの項の和をとると,
$$1 + 2 + 2^2 + 2^3 = 1 + 2 + 4 + 8 = 15$$
さらに，x^4 にあたる $2^4=16$ を加え，x^5 にあたる $2^5=32$ を加え，… としていくと，項を加えるごとに級数の値はどんどん大きくなっていくのがわかる．このようなとき，この級数は**発散する*** という．

つぎに，$x=0.5$ の場合はどうなるだろうか．上の場合と同様に考えて，
$$1 + 0.5 + 0.5^2 + 0.5^3 = 1 + 0.5 + 0.25 + 0.125 = 1.875$$
さらに，x^4 にあたる $0.5^4=0.0625$ を加え，x^5 にあたる $0.5^5=0.03125$ を加え，… としていくと，今度は足し合わせる項がどんどん小さくなっていくのがわかる．このようなとき，この級数は**収束する*** といい，ある有限の値に近づいていく．

ビリアル方程式

気体の圧縮因子 Z は，以下のように定義される．
$$Z = \frac{pV}{RT}$$
ただし，p は気体の圧力，V は体積，T は絶対温度，そして R は気体定数を表している．この値は，実在気体が理想気体の挙動からどれほどずれているかの目安として使われる．n mol の理想気体の状態方程式は，
$$pV = nRT$$
であるから，$Z=1$ であれば完全な理想気体である．一方，実際の実験データを説明するために，Z は V に関する以下のような指数を含む級数として扱われる．
$$Z = 1 + \frac{B}{V} + \frac{C}{V^2} + \cdots$$
ただし，B や C は定数である．しかし，場合によっては Z を p に関する以下のような指数を含む級数として扱うこともある．
$$Z = 1 + Bp + Cp^2 + \cdots$$
なお，ビリアル係数 B や C は上の二つの式で互いに異なることに注意すること．

室温の酸素ガスでは，体積に関するビリアル方程式で，$B=-1.61\times10^{-5}$ m^3 mol^{-1} および $C=1.2\times10^{-9}$ m^6 mol^{-2} である．

---

* 訳注：$x=2, 0.5$ といった特殊な値について調べるだけで級数の収束や発散を判断するのは不十分である．しかし，$x>1$ の任意の x，あるいは $x<1$ の任意の x について証明するのは純粋に解析学の問題となって本書のレベルを超える．

気体の体積 V の目安として理想気体のモル体積を $25 \ \mathrm{dm^3 \ mol^{-1}}$ を見なしてその値を使い，ビリアル級数の各項が Z にどれだけの寄与をしているか考えてみよう．まず最初に，V の単位を $\mathrm{m^3 \ mol^{-1}}$ に変換すると，

$$\begin{aligned} V &= 25 \ \mathrm{dm^3 \ mol^{-1}} \\ &= 25 \times 10^{-3} \ \mathrm{m^3 \ mol^{-1}} \\ &= 0.025 \ \mathrm{m^3 \ mol^{-1}} \end{aligned}$$

したがって，酸素では，

$$\frac{B}{V} = \frac{-1.61 \times 10^{-5} \ \mathrm{m^3 \ mol^{-1}}}{0.025 \ \mathrm{m^3 \ mol^{-1}}} = -6.44 \times 10^{-4}$$

および，

$$\begin{aligned} \frac{C}{V^2} &= \frac{1.2 \times 10^{-9} \ \mathrm{m^6 \ mol^{-2}}}{(0.025 \ \mathrm{m^3 \ mol^{-1}})^2} \\ &= \frac{1.2 \times 10^{-9} \ \mathrm{m^6 \ mol^{-2}}}{6.25 \times 10^{-4} \ \mathrm{m^6 \ mol^{-2}}} \\ &= 1.92 \times 10^{-6} \end{aligned}$$

B/V の C/V^2 に対する比は（大きさがわかればよいから符号は無視して），

$$\frac{6.44 \times 10^{-4}}{1.92 \times 10^{-6}} = 335$$

したがって，Z への寄与は B/V が非常に大きいことがわかる．ただし，B/V も C/V^2 もともに1よりはるかに小さいので，この例では，Z はほぼ1に近い．

振動の分配関数

統計力学でおもに何を議論するのかについては，すでに第16章で簡単に触れた．そうした議論の中で基本となる量としてしばしば登場するのが，分配関数 q である．分子の分配関数 q は，指数関数を含む以下の式で定義される．

$$q = \sum_i \mathrm{e}^{-\varepsilon_i/kT}$$

ただし，ε_i は i 番目のエネルギー準位の値，k はボルツマン定数，そして T は絶対温度である．

分子には，並進，回転，振動，および電子的なエネルギー準位があり，それぞれについて q を定義することができる．振動エネルギー ε は，h をプランク定数，ν を振動数として $\varepsilon = h\nu$ で与えられる．そこで，振動の分配関数 q_v は，振動の量子

25. 数 列 と 級 数

数 ν で定義される振動エネルギー準位のすべてにわたって和をとることで得られるから,第1章で学んだ指数計算の規則 $e^{ax}=(e^x)^a$ に注意して,

$$q_v = \sum_{v=0}^{\infty} e^{-vh\nu/kT}$$
$$= e^0 + e^{-h\nu/kT} + e^{-2h\nu/kT} + e^{-3h\nu/kT} + \cdots$$
$$= 1 + e^{-h\nu/kT} + (e^{-h\nu/kT})^2 + (e^{-h\nu/kT})^3 + \cdots$$

となる.

前に述べたように,$1+x+x^2+x^3+\cdots+x^{n-1}$ の和は,

$$\frac{1-x^n}{1-x}$$

であるから,上の式の第 N 項までの和が計算できて,

$$q_v = \frac{1-(e^{-h\nu/kT})^N}{1-e^{-h\nu/kT}}$$

となる.ただし,N は十分に大きい数で,これを無限大と近似しよう.一方,

$$e^{-h\nu/kT} = \frac{1}{e^{h\nu/kT}}$$

であり,また $e^{h\nu/kT}$ は1より大きいので,N が非常に大きくなり,無限大に近づくにつれて $(e^{-h\nu/kT})^N$ は無限に小さくなる.したがって,振動の分配関数は,あらためて以下のように書き表すことができる.

$$q_v = \frac{1}{1-e^{-h\nu/kT}}$$

問 題

1. 以下の級数が発散するのか,あるいは収束するのかを判断せよ.

(a) $1 + x + 2x^2 + 3x^3 + 4x^4 + \cdots$ ただし $x < 1$

(b) $1 + \dfrac{1}{x!} + \dfrac{2}{(2x)!} + \dfrac{3}{(3x)!} + \dfrac{4}{(4x)!} + \cdots$ ただし $x > 1$

(c) $1 + \ln x + 2\ln 2x + 3\ln 3x + 4\ln 4x + \cdots$ ただし $x < 1$

2. 以下の級数について,$x=4$ のときの収束値を小数点以下3桁までで答えよ.

(a) $1 + e^{-x} + e^{-2x} + e^{-3x} + \cdots$

(b) $\dfrac{1}{x} + \dfrac{1}{2x^2} + \dfrac{1}{3x^3} + \dfrac{1}{4x^4} + \cdots$

(c) $\dfrac{1}{\ln x} + \dfrac{1}{(\ln 2x)^2} + \dfrac{1}{(\ln 3x)^3} + \cdots$

3. 窒素ガスでは，体積に関するビリアル方程式で $B=-4.5\times 10^{-6}\,\mathrm{m^3\,mol^{-1}}$ および $C=1.10\times 10^{-9}\,\mathrm{m^6\,mol^{-2}}$ である．B/V, C/V^2 およびこれらの比を求めよ．

4. 電子分配関数 q_e は，以下の和で与えられる．

$$q_\mathrm{e} = \sum_i g_i \mathrm{e}^{-\varepsilon_i/kT}$$

ただし，g_i はエネルギー ε_i をもつ準位 i の縮退度，k はボルツマン定数，T は絶対温度である．酸素原子の基底状態（レベル0）はエネルギーがゼロ，縮退度が5であり，レベル1はエネルギー $3.15\times 10^{-21}\,\mathrm{J}$ をもち縮退度が3，レベル2はエネルギー $4.50\times 10^{-23}\,\mathrm{J}$ をもち縮退度が1である．298 K における酸素原子の q_e を計算せよ．

5. 分子の回転分配関数 q_r は，以下の式で与えられる．

$$q_\mathrm{r} = \sum_{J=0}^{\infty}(2J+1)\mathrm{e}^{-J(J+1)h^2/8\pi^2 IkT}$$

ただし，J は回転の量子数，h はプランク定数，I は慣性モーメント，k はボルツマン定数，そして T は絶対温度である．この級数のはじめの5項を具体的に書きだせ．

E. 空間の数学

26　三　角　法

　三角法で基本になるのが，角度をどういう単位で測るかということである．円を一周すれば360°になること，そして90°が直角であることはだれでも知っている．このように角度を度で表す方式は広く用いられている．

　しかし，もう一つ方式があって，科学ではきわめて重要である．それはラジアン単位であり，rad で表す．二つの単位系の間には

$$\pi \text{ rad} = 180°$$

という関係がある．π は円周率(円の周と直径の比)であり，実際の計算では 3.142 という小数か，22/7 という分数をあてがって構わない．

　上の関係式を使えば，必要に応じて度でもラジアンでも角度を表すことができる．

$$\pi \text{ rad} = 180°$$

の両辺を π で割れば

$$\frac{\pi \text{ rad}}{\pi} = \frac{180°}{\pi}$$

であるから，1 rad=180°/π である．

　一方，

$$\pi \text{ rad} = 180°$$

の両辺を 180 で割れば

$$\frac{\pi \text{ rad}}{180} = \frac{180°}{180} \quad \text{つまり} \quad 1° = (\pi/180) \text{ rad}$$

電卓を使う際には角度単位を正しく選ばなければならない．問題に応じて，DEG (度)と RAD(ラジアン)をスイッチで切り替える．間違った単位で計算するととんでもない結果が得られるので注意しなければならない．

三 角 関 数

　多くの三角関数が定義されているが，本書では最も基本的な三つの関数を考える．それらの関数は図 26.1 の直角三角形に基づいて定義することができる．この図で，a は角度 θ の隣辺，o は同じく対辺，h は同じく斜辺である．

26. 三角法

こうして**サイン**，**コサイン**，**タンジェント**という三つの三角関数がつぎのように定義される．

$$\sin\theta = o/h \quad \cos\theta = a/h \quad \tan\theta = o/a$$

これらの関数のグラフを図 26.2, 図 26.3, 図 26.4 にそれぞれ示してある．サインとコサインは−1 と 1 の間で変化するのに対し，タンジェントは負の無限大から正の無限大まで変わることに注意しよう＊．またこれらの関数が周期関数であることに

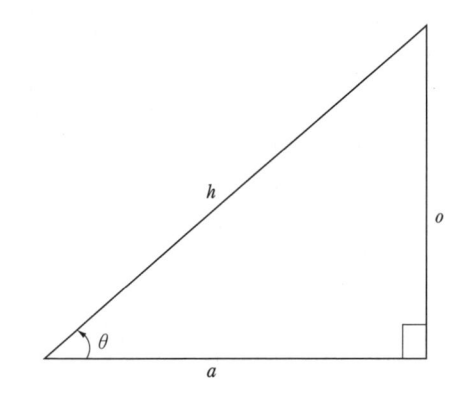

図 **26.1** 三角関数を定義するための直角三角形

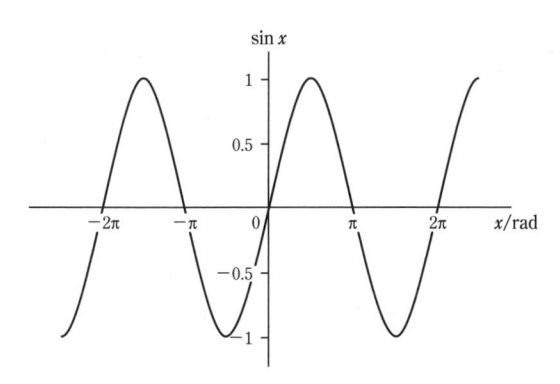

図 **26.2** x 対 $\sin x$ のグラフ

＊ 訳注: 直角三角形で三角関数が定義できるのは $0<\theta<90°$ の場合であるが実際には，三角関数は $0+2n\pi \leq \theta \leq 2(n+1)\pi$ ($n=\cdots-2,-1,0,1,2,\cdots$) について定義される．

も注意しよう．これは 360°回ってしまえば再び同じことが繰返されるからである．角度の符号については，反時計回りを正，時計回りを負とする習慣になっている*.

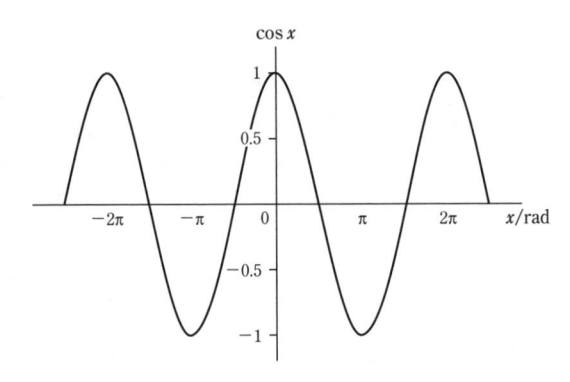

図 **26**.3　x 対 $\cos x$ のグラフ

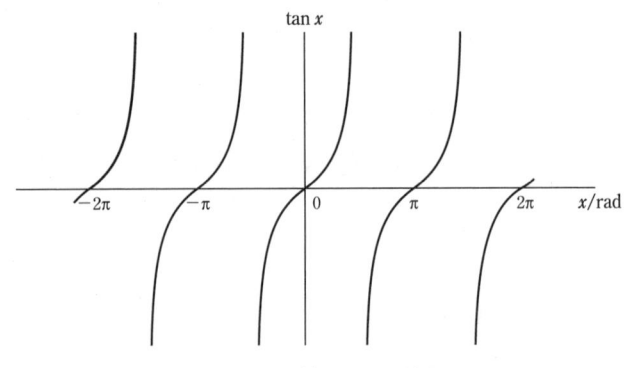

図 **26**.4　x 対 $\tan x$ のグラフ

ブラッグの法則

X 線が結晶にあたると回折が起きる．ブラッグの法則を使えば X 線がどの方向に回折されるかを予想することができる．この法則は，回折角を θ とすると普通つぎのように表される．

$$n\lambda = 2d \sin \theta$$

---

* 訳注：この符号は，座標軸を固定したまま点を回転させる場合について当てはまる．点を止めたまま座標軸を回転すると考えた場合は，時計回りを正とする．

26. 三角法

ここで，λ は X 線の波長，d は結晶面の間隔である．n は回折の次数（正の整数）であり，それの違いに対応して一つの X 線ビームについて上式を満足する θ 値がそれぞれ存在する．

フッ化リチウムの一つの結晶面は間隔が 2.01×10^{-10} m である．1次の回折は $34.7°$ で起きる．$n=1$ であるから上式より

$$1\times\lambda = 2\times 2.01\times10^{-10}\,\mathrm{m}\times\sin 34.7°$$

つまり波長は

$$\lambda = 2\times 2.01\times 10^{-10}\,\mathrm{m}\times 0.569$$
$$= 2.29\times10^{-10}\,\mathrm{m}$$

である．

1 次元の箱の中の粒子に対する境界条件

三角関数は量子力学でも重要である．1 次元の箱の中の粒子という簡単な問題を第 13 章，第 17 章，第 18 章で扱った．そこでは，粒子が $x=0$ から $x=a$ の範囲を x 方向に自由に動くことができるものとした．a は箱の長さである．

粒子には波動関数 Ψ が付随する．この波動関数は $x=0$ と $x=a$ で 0 になる．これを**境界条件**という．波動関数 $\Psi(x)$ の一般形は

$$\Psi(x) = A\cos kx + B\sin kx$$

である．このような周期関数の組合わせは，量子力学的な波動関数を導出する際の出発点となる．定数 A, B, k はあとで決定する．

図 26.2 と図 26.3 を参照すると境界条件の扱い方がわかりやすい．ただし，ここで扱っている三角関数はラジアン単位であることを注意しておく．まず $x=0$ で $\Psi(x)=0$ でなければならない．$kx=0$ であるからグラフより $\sin 0=0$，$\cos 0=1$ である．コサイン項を除くためには $A=0$ でなければならない．

$A=0$ としたので，$x=a$ では $\Psi(x)=B\sin ka$ となる．グラフを見るとサイン関数は $x=0$ か x が π の倍数でゼロになる．したがって

$$ka = n\pi$$

でなければならず，これを変形すれば

$$k = n\pi/a$$

である．元の式に代入して

$$\Psi(x) = B\sin(n\pi x/a)$$

が得られる．B を決めるにはさらに考察が必要である．

問　題

1. つぎの値を計算せよ．
- (a) $\sin 48°$
- (b) $\cos 63°$
- (c) $\tan 57°$
- (d) $\sin(-32°)$
- (e) $\cos 171°$

2. つぎの値を計算せよ．
- (a) $\sin(\pi/3)$
- (b) $\cos(3/2)$
- (c) $\tan 2$
- (d) $\sin(-\pi/7)$
- (e) $\cos(5\pi/4)$

3. 波長が 154 pm の X 線をある結晶にあてたら $n=1$ での回折角が $12°$ であった．ブラッグの法則を用いて d の値を計算せよ．

4. 箱の中の粒子について最初の三つの波動関数 ($n=1, 2, 3$) の概形を描け．

5. 点 (x, y) を z 軸のまわりに角度 θ だけ回転させてできる点 (x', y') の座標は
$$x' = x\cos\theta - y\sin\theta$$
$$y' = x\sin\theta + y\cos\theta$$
である．点 $(4, 7)$ を z 軸のまわりに $35°$ 回転して得られる点の座標を求めよ．

6. 高分子鎖の端から端までの二乗平均距離 r^2 は，隣接した結合間の角度 θ とつぎの式で関係付けられる．
$$r^2 = Nl^2\left(\frac{1-\cos\theta}{1+\cos\theta}\right)$$
ただし高分子鎖は長さ l の結合が N 個集まってできており，典型的な炭素鎖は $l=154$ pm, $N=5\times10^3$, $\theta=109.5°$ である．r の値を求めよ．

27 逆三角関数

　第 22 章で，逆関数は関数の作用を元に戻すということを学んだ．そして指数関数と自然対数関数がお互いの逆関数であることも学んだ．同様にして前の章の三角関数には逆関数（**逆三角関数**）が存在する．つまり

$$\sin x \text{ の逆関数は} \quad \sin^{-1} x \quad \text{あるいは} \quad \arcsin x \quad \text{である}$$
$$\cos x \text{ の逆関数は} \quad \cos^{-1} x \quad \text{あるいは} \quad \arccos x \quad \text{である}$$
$$\tan x \text{ の逆関数は} \quad \tan^{-1} x \quad \text{あるいは} \quad \arctan x \quad \text{である}$$

$\sin^{-1} x$, $\cos^{-1} x$, $\tan^{-1} x$ は三角関数の逆数とは全く関係のないことに注意しなければならない．

　さて $\tan \theta = 0.804$ を考えよう．$\tan$ 関数の作用は $\tan^{-1}$ の作用によって元に戻るから

$$\tan^{-1}(\tan \theta) = \tan^{-1} 0.804$$

つまり

$$\theta = \tan^{-1} 0.804$$

である．この値は電卓で計算できて，$\theta = 38.8°$，または 0.677 rad である．なお，電卓を使う場合，三角関数キーと別のキーを組合わせて逆三角関数をよび出すのが普通である．また答えが度とラジアンのどちらで表示されるかは，どちらのモードに設定してあるかによって決まる．

　逆三角関数を用いて，もっと複雑な方程式が解ける．つぎの方程式で考えよう．

$$\sin(3x+2) = 0.762$$

この場合も逆三角関数を作用させて

$$\sin^{-1} \sin(3x+2) = \sin^{-1} 0.762$$

つまり

$$3x + 2 = \sin^{-1} 0.762$$

電卓を使うとこの式は

$$3x + 2 = 0.866$$

となる．なお，これ以降特に指定しない限り，角度はラジアン単位である．

　両辺から 2 を引いて

$$3x + 2 - 2 = 0.866 - 2 \quad \text{つまり} \quad 3x = -1.134$$

両辺を 3 で割って

$$\frac{3x}{3} = \frac{-1.134}{3} \quad \text{つまり} \quad x = -0.378$$

ブラッグの法則

前章で導入したブラッグの法則は

$$n\lambda = 2d \sin \theta$$

で表される．n は回折の次数，λ は X 線の波長，d は結晶面の間隔，θ は回折角である．ここではほかのデータがわかっている場合に θ をどう決めたらよいかを考えよう．

銅を対陰極とする X 線管は波長が 154 pm の X 線を発生する．硫酸鉄の結晶の (100) 面は間隔が 482 pm である．ブラッグの法則によれば，$n=1$，つまり

$$1 \times 154 \text{ pm} = 2 \times 482 \text{ pm} \times \sin \theta$$

つまり

$$154 \text{ pm} = 964 \text{ pm} \times \sin \theta$$

という 1 次の回折を生じる．両辺を 964 pm で割って

$$\frac{154 \text{ pm}}{964 \text{ pm}} = \sin \theta \quad \text{つまり} \quad \sin \theta = 0.160$$

ここで，左辺に現れている単位は打ち消しあうことに注意しよう．三角関数と逆三角関数が取る値には単位がつかないのである．

逆三角関数をうまく使うことによって

$$\sin^{-1} \sin \theta = \sin^{-1} 0.160 \quad \text{つまり} \quad \theta = \sin^{-1} 0.160$$

電卓を DEG モードに設定して計算すると $\theta = 9.21°$ が得られる．

毛管現象

ガラスの細管を液体中に差し込むと管内の液面が上昇する．ある場合には図 27.1 のようにガラスは液体で完全にはぬれず，液面とガラス面との間の角度が θ となる．この角度のことを接触角という．単位面積あたりの表面エネルギーである表面張力 γ はつぎの式によって得られる．

$$\gamma = \frac{rh\rho g}{2 \cos \theta}$$

ここで，r は管の内径，h は液面が上昇した高さ，ρ は液体の密度，g は重力加速

27. 逆三角関数

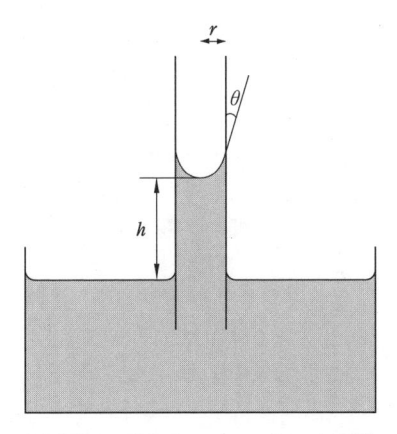

図 27.1 高さ h のメニスカスと細管表面とでできる角（接触角）θ

度で $9.81 \, \mathrm{m \, s^{-2}}$ という値をもっている．

水銀は管内の液面が上昇するのではなく，逆に下降するという点で興味深い．h の値は負である．水銀の表面張力 γ は $0.4355 \, \mathrm{N \, m^{-1}}$，密度は $13.53 \, \mathrm{g \, cm^{-3}}$ である．半径 1 mm の管なら水銀面は 6.55 mm 下降する．

これらの諸量を基本単位（付録 2）に変換して

$$\gamma = 0.4355 \, \mathrm{N \, m^{-1}} = 0.4355 \, \mathrm{kg \, m \, s^{-2} \, m^{-1}} = 0.4355 \, \mathrm{kg \, s^{-2}}$$

$$r = 1 \, \mathrm{mm} = 10^{-3} \, \mathrm{m}$$

$$h = -6.55 \, \mathrm{mm} = -6.55 \times 10^{-3} \, \mathrm{m}$$

$$\rho = 13.53 \, \mathrm{g \, cm^{-3}} = 13.53 \times 10^{-3} \, \mathrm{kg} \times (10^{-2} \, \mathrm{m})^{-3}$$
$$= 13.53 \times 10^{-3} \times 10^6 \, \mathrm{kg \, m^{-3}} = 13.53 \times 10^3 \, \mathrm{kg \, m^{-3}}$$

表面張力についての関係式の両辺に $\cos \theta$ をかけると

$$\gamma \cos \theta = \frac{rh\rho g}{2}$$

となり，さらに両辺を γ で割って

$$\cos \theta = \frac{rh\rho g}{2\gamma}$$

数値を代入して

$$\cos \theta = \frac{10^{-3} \, \mathrm{m} \times (-6.55 \times 10^{-3} \, \mathrm{m}) \times 13.53 \times 10^3 \, \mathrm{kg \, m^{-3}} \times 9.81 \, \mathrm{m \, s^{-2}}}{2 \times 0.4355 \, \mathrm{kg \, s^{-2}}}$$

この式の単位はすべて打ち消しあって
$$\cos\theta = -0.9981$$
逆三角関数を用いて
$$\cos^{-1}\cos\theta = \cos^{-1}(-0.9981) = 176°$$

問　題

1. つぎの θ を度単位で求めよ．
   (a) $\sin\theta = 0.734$
   (b) $\cos\theta = -0.214$
   (c) $\tan\theta = 4.78$
   (d) $\sin\theta = -0.200$
   (e) $\tan\theta = -2.79$

2. つぎの x をラジアン単位で求めよ．
   (a) $\sin x = 0.457$
   (b) $\cos x = 0.281$
   (c) $\tan x = 10.71$
   (d) $\sin x = -0.842$
   (e) $\cos x = -0.821$

3. つぎの方程式の解 x を求めよ．
   (a) $\sin x - 0.815 = 0.104$
   (b) $\cos x + 0.421 = 0.817$
   (c) $\tan 3x = 5.929$
   (d) $\sin 2x - 0.318 = 0.520$
   (e) $\cos 4x + 0.212 = 0.957$

4. 逆空間でブラッグの法則は
$$\sin\theta = \frac{\lambda}{2d_{hkl}}$$
となる．ここで d_{hkl} は面間隔 d と回折次数 n とを統合したものである．λ は入射 X 線の波長である．$\lambda=132$ pm, $d_{hkl}=220$ pm のとき，θ の値を決めよ．

5. 単位格子の大きさが a の立方晶による回折について
$$\sin^2\theta = \frac{\lambda^2}{4a^2}(h^2+k^2+l^2)$$

が成り立つ．$(h\,k\,l)$ は回折を起こす面を指示するパラメーターである．もし $\lambda=136$ pm, $a=313$ pm, $h=1$, $k=1$, $l=2$ であれば θ はどのような値を取るか決めよ．

6. イオンと双極子との相互作用が図 27.2 に示してある．相互作用のエネルギーは

$$E = -\frac{z_\mathrm{A} e\mu \cos\theta}{4\pi\varepsilon_0\varepsilon_\mathrm{r} r^2}$$

で与えられ，z_A はイオンの電荷数，e は電気素量，μ は双極子モーメント，ε_0 は真空の誘電率，ε_r は比誘電率である．イオン-双極子間の相互作用エネルギーが -0.014 aJ のときの角度 θ の大きさを求めよ．ただし，$z_\mathrm{A}=2$, $e=1.60\times10^{-19}$ C, $\mu=2.50\times10^{-30}$ C m, $\varepsilon_0=8.85\times10^{-12}$ C^2 N^{-1} m^{-2}, $\varepsilon_\mathrm{r}=1.5$, そして $r=250$ pm である．

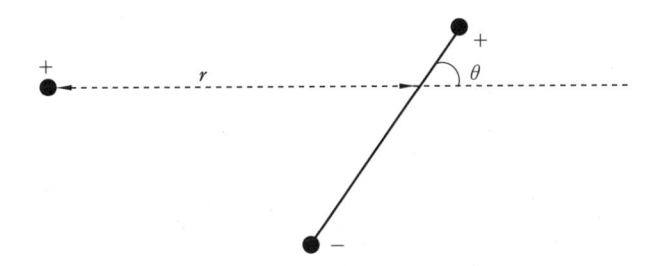

図 27.2 イオンと双極子の相互作用

28 座標幾何学

だれでも知っている2次元座標系は地図である．地図によりどこかある地点を明確に指定することができる．そのような座標系をつくり上げるためには，原点Oと二つの方向 x, y が必要である．そのようにして指定された任意の点Pは座標 (x, y) をもっているという．

もしOからPに直線を引き，もう1本を y 軸と平行に引けば，図28.1のような直角三角形ができる．二つの短い辺は長さが x と y である．そうすればOからPまでの距離 d はピタゴラスの定理によって容易に計算できる．つまり

$$d^2 = x^2 + y^2$$

であり，

$$d = \sqrt{x^2 + y^2}$$

が得られる．

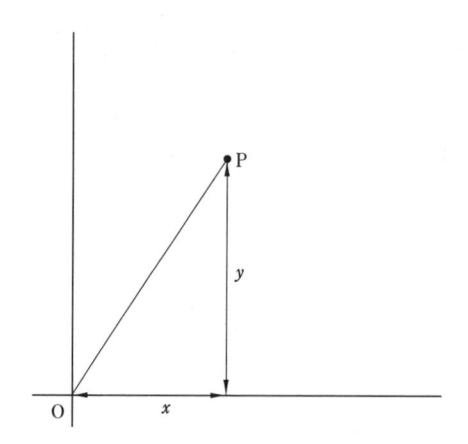

図 28.1　原点Oを基準にした点 $P(x, y)$ の座標

つぎに2次元座標系に二つの点があるものとしよう．図28.2のように，Pは (x_1, y_1) という座標，Qは (x_2, y_2) という座標をもっている．図のように x 軸に平行な線と y 軸に平行な線を引き，これらの点を含む直角三角形をつくることができる．水平線は長さが $(x_2 - x_1)$，垂直線は長さが $(y_2 - y_1)$ である．ピタゴラスの

28. 座標幾何学

定理を用いて，2点間の距離が

$$d = \sqrt{(x_2-x_1)^2 + (y_2-y_1)^2}$$

と求められる．

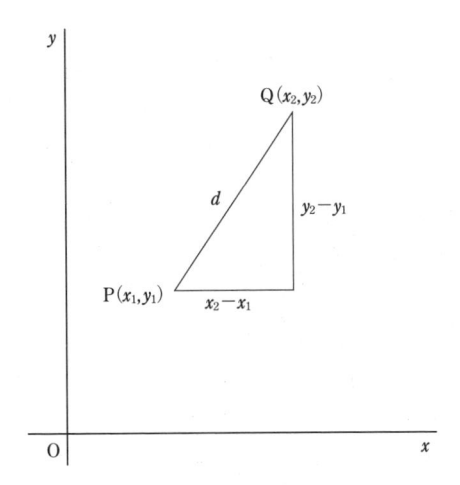

図 **28.2** $P(x_1, y_1)$ と $Q(x_2, y_2)$ の間の距離

もし一つの点が $(1, 4)$ にあり，もう一つが $(3, 9)$ にあれば，それらの間の距離は

$$\begin{aligned} d &= \sqrt{(3-1)^2 + (9-4)^2} \\ &= \sqrt{2^2 + 5^2} \\ &= \sqrt{4 + 25} \\ &= \sqrt{29} \\ &= 5.4 \end{aligned}$$

x と y は両方とも負の値をとることがある．そのような場合，計算間違いをしやすいので注意が必要である．$(-2, -4)$ と $(-5, 8)$ の間の距離を出してみよう．公式を用いて

$$\begin{aligned} d &= \sqrt{(-5-(-2))^2 + (8-(-4))^2} \\ &= \sqrt{(-5+2)^2 + (8+4)^2} \\ &= \sqrt{(-3)^2 + 12^2} \\ &= \sqrt{9 + 144} \\ &= \sqrt{153} \\ &= 12.4 \end{aligned}$$

二つの負数の乗除が正数になること，そして負数の二乗は正数の二乗と同じであり，かつ正数であることを忘れてはならない．

3次元座標系

化学で出てくるほとんどの問題は3次元なので，図28.3のように第3の方向 z を追加する必要がある．距離の計算にあたってはこの第3の方向を考慮せねばならない．点Pの座標は (x_1, y_1, z_1)，点Qの座標は (x_2, y_2, z_2) となるので，それらの距離は

$$d = \sqrt{(x_2-x_1)^2 + (y_2-y_1)^2 + (z_2-z_1)^2}$$

となる．もしPが $(1, -2, -3)$，Qが $(4, 2, -1)$ にあれば距離は

$$\begin{aligned} d &= \sqrt{(4-1)^2 + (2-(-2))^2 + (-1-(-3))^2} \\ &= \sqrt{3^2+4^2+2^2} \\ &= \sqrt{9+16+4} \\ &= \sqrt{29} \\ &= 5.4 \end{aligned}$$

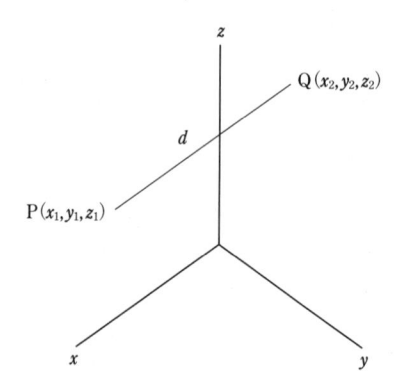

図 **28.3** 3次元空間における $P(x_1, y_1, z_1)$ と $Q(x_2, y_2, z_2)$ の間の距離

球面極座標

もし座標系が互いに直交する三つの軸で定義されていれば，**直交座標系**であるという．しかしながら別の定義のしかたも可能である．もちろん三つの変数は必要である．

28. 座標幾何学

球面極座標系は図 28.4 に示すとおり，r, θ, ϕ という三つの変数を用いる．これらの変数は以下のようにして直交座標系と関係づけられる．

$$x = r\sin\theta\cos\phi$$
$$y = r\sin\theta\sin\phi$$
$$z = r\cos\theta$$
$$r = \sqrt{x^2 + y^2 + z^2}$$
$$\theta = \cos^{-1}\left(\frac{z}{r}\right)$$
$$\phi = \tan^{-1}\left(\frac{y}{x}\right)$$

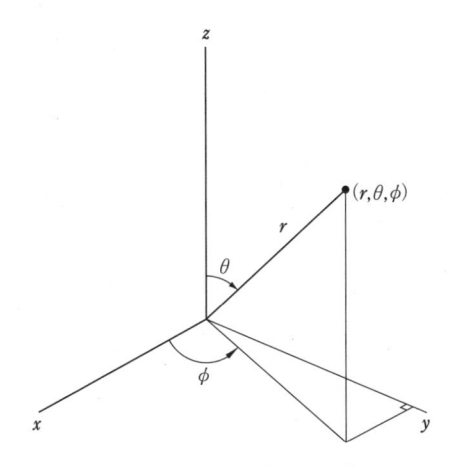

図 28.4 球極極座標の定義

したがって直交座標系で $(3, -1, 2)$ という点を，球面極座標で表すとつぎのようになる．

$$r = \sqrt{3^2 + (-1)^2 + 2^2}$$
$$= \sqrt{9 + 1 + 4} = \sqrt{14}$$
$$= 3.74$$
$$\theta = \cos^{-1}\left(\frac{2}{3.74}\right) = \cos^{-1} 0.535$$
$$= 57.7°$$

$$\phi = \tan^{-1}\left(\frac{-1}{3}\right)$$
$$= \tan^{-1}(-0.333)$$
$$= -18.4°$$

なお，図 28.5 に示すとおり，ϕ が負の角度を取れば時計回りを表すことに注意しよう．

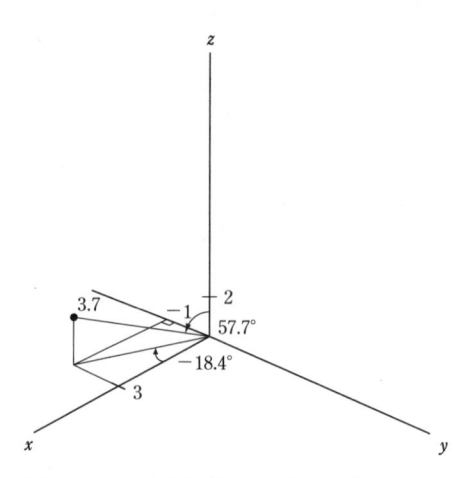

図 28.5 直交座標 $(3, -1, 2)$ で定義される点

つぎに，球面極座標で $(2.53, 47°, -10°)$ で表される点，つまり ($r=2.53$, $\theta=47°$, $\phi=-10°$) という点を考えよう．前ページの関係式を見れば，つぎの値をあらかじめ計算しておくと都合がよい．

$$\sin\theta = \sin 47° = 0.7314$$
$$\sin\phi = \sin(-10)° = -0.1736$$
$$\cos\theta = \cos 47° = 0.6820$$
$$\cos\phi = \cos(-10)° = 0.9848$$

これらの値を代入して

$$x = r\sin\theta\cos\phi = 2.53 \times 0.7314 \times 0.9848 = 1.82$$
$$y = r\sin\theta\sin\phi = 2.53 \times 0.7314 \times (-0.1736) = -0.321$$
$$z = r\cos\theta = 2.53 \times 0.6820 = 1.73$$

これらの関係は図 28.6 に示されている．

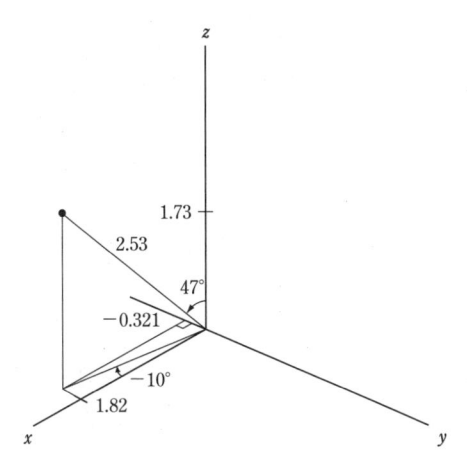

図 28.6 球面極座標 $(2.53, 47°, -10°)$ で定義される点

結 晶 学

X 線をきれいな結晶にあててやると回折パターンが得られる（第 26 章）．単結晶からの回折データを詳しく解析すると，単位胞とよばれる繰返し単位中での原子の相対位置を決定することができる．これらの位置は x, y, z 座標で指定することができ，座標系の一つとして上述の直交座標系が用いられている．直交していない軸を座標軸に指定することも多いが，この場合には原子間距離を計算するのがさらに難しくなる．

ダイヤモンド結晶構造における 8 個の炭素原子の座標は下表の通りである．

	x	y	z
C1	4.016 25	0.446 25	0.446 25
C2	0.446 25	0.446 25	0.446 25
C3	2.231 25	2.231 25	0.446 25
C4	4.016 25	4.016 25	0.446 25
C5	2.231 25	0.446 25	2.231 25
C6	4.016 25	2.231 25	2.231 25
C7	3.123 75	1.338 75	1.338 75
C8	4.016 25	0.446 25	4.016 25

たとえば C1 と C7 の間の距離 d をつぎの公式によって計算することができる.

$$\begin{aligned} d &= \sqrt{(x_{C1}-x_{C7})^2 + (y_{C1}-y_{C7})^2 + (z_{C1}-z_{C7})^2} \\ &= \sqrt{(4.01625-3.12375)^2 + (0.44625-1.33875)^2 + (0.44625-1.33875)^2} \\ &= \sqrt{0.8925^2 + (-0.8925)^2 + (-0.8925)^2} \\ &= \sqrt{0.7966 + 0.7966 + 0.7966} \\ &= \sqrt{2.3898} \\ &= 1.5459 \end{aligned}$$

この距離の単位は元の座標の単位と同じである. この例では Å であり, SI 単位ではない. 1 Å は 10^{-10} m に等しく, 結晶学者はこの Å をよく用いている (付録3). したがって距離 d は 1.5459 Å であり, 二つの炭素原子の間の一重結合の標準的な距離である. このような計算によって, 結晶学者は結晶中のどの原子が結合しているかを決定することができる.

水素原子の量子力学

水素原子は, 空間を制限なく動き回ることのできる電子を1個もっている. 電子の位置は3次元座標で記述できるが, その際, どの座標系を用いるかは勝手に選んでよい.

量子力学の公準の一つに"粒子の状態が波動関数 Ψ で記述でき, それによってすべての観測可能な性質が決定できる"がある. 今の場合, 粒子は電子である. もし直交座標系を使えば, Ψ は x, y, z の関数であり, $\Psi(x, y, z)$ と記すことができる.

直感的にいって, 電子が直交する x, y, z 軸に対して平行に動くとは考えにくい. むしろ, 球面極座標 r, θ, ϕ で記述するほうがよさそうである. したがって水素原子の量子力学の第1段階は, $\Psi(x, y, z)$ を $\Psi(r, \theta, \phi)$ に変換することであるが, この作業は数学的に相当面倒である.

この作業の利点の一つは, 三つの変数 r, θ, ϕ がお互いに独立であるということである. つまり一つの変数の値が他の変数の値に依存しない. このことによって, $\Psi(r, \theta, \phi)$ を三つの関数に分離することができ, それぞれの関数はただ一つの変数の関数である. つぎのような関数を導入しよう.

R : 変数 r のみの関数であり, $R(r)$ と書く
Θ : 変数 θ のみの関数であり, $\Theta(\theta)$ と書く
Φ : 変数 ϕ のみの関数であり, $\Phi(\phi)$ と書く

これらの関数は
$$\Psi(r, \theta, \phi) = R(r)\,\Theta(\theta)\,\Phi(\phi)$$
となるように選ぶ．$R(r)$, $\Theta(\theta)$, $\Phi(\phi)$ が満足する方程式を導き，これを解いて，$\Psi(r, \theta, \phi)$ を組み立てることができる．そして，さまざまな性質，特に原子のエネルギー準位を計算することができる．異なったエネルギー準位には異なった波動関数が対応する．基底状態である 1s 準位については

$$\Psi_{1s} = \frac{1}{\sqrt{\pi}}\left(\frac{1}{a_0}\right)^{3/2}e^{-r/a_0}$$

と表すことができ，a_0 はボーア半径 5.292×10^{-11} m，r は原子核からの電子の距離である．1s エネルギー準位については，波動関数 Ψ が変数 r のみの関数であることに注意しよう．もっと高い準位については，波動関数は他の変数に依存する．$2p_z$ は r と θ の両方に依存して

$$\Psi_{2p_z} = \frac{1}{4\sqrt{2}\,\pi}\left(\frac{1}{a_0}\right)^{3/2}\left(\frac{r}{a_0}\right)e^{-r/2a_0}\cos\theta$$

である．$2p_x$ と $2p_y$ は三つの変数 r, θ, ϕ に依存して

$$\Psi_{2p_x} = \frac{1}{4\sqrt{2}\,\pi}\left(\frac{1}{a_0}\right)^{3/2}\left(\frac{r}{a_0}\right)e^{-r/2a_0}\sin\theta\cos\phi$$

$$\Psi_{2p_y} = \frac{1}{4\sqrt{2}\,\pi}\left(\frac{1}{a_0}\right)^{3/2}\left(\frac{r}{a_0}\right)e^{-r/2a_0}\sin\theta\sin\phi$$

問 題

1. つぎの 2 点間の距離を求めよ．
   (a) $(1, 2, 3)$ と $(4, 0, 7)$
   (b) $(2, 0, 4)$ と $(-4, 3, -2)$
   (c) $(8, -2, -5)$ と $(7, -2, -7)$

2. つぎの直交座標 (x, y, z) を球面極座標 (r, θ, ϕ) に変換せよ．
   (a) $(1, 2, 3)$
   (b) $(8, 7, 4)$
   (c) $(-1, 0, -9)$

3. つぎの球面極座標 (r, θ, ϕ) を直交座標 (x, y, z) に変換せよ．
   (a) $(6, \pi/2, \pi)$
   (b) $(10, -\pi/3, 2\pi)$

(c) $(7.14, 35°, -27°)$

4. ダイヤモンド結晶構造の C1～C8 のうち，どの原子どうしが結合しているか，つまり原子間距離が約 1.54 Å であるかを決定せよ．

5. 1s 軌道の電子について r の平均値* は $3a_0/2$ であり，a_0 はボーア半径である（付録 4）．もし $\theta = \phi = 45°$ であれば，その直交座標はどのような値となるか．

6. 問題 5 を $r = a_0$，$\theta = 60°$，$\phi = -30°$ について解け．なおこの r 値は電子の距離の最尤値（電子の存在確率 $|\Psi_{1s}|^2 4\pi r^2$ が最も大きくなる距離 r のこと）である．

---

* 訳注：$\int_0^\infty r|\Psi_{1s}|^2 4\pi r^2 \, dr \left(= 4/a_0^3 \int_0^\infty e^{-2r/a_0} r^3 \, dr = 3/2 a_0 \right)$ で得られる．

29 ベクトル

　化学に出てくるほとんどの量は**スカラー量**であるが，いくつかの量は**ベクトル**といって方向性をもっている．ベクトル量を完全に指定するためには大きさと向きの両方が必要である．

ベクトルの成分

　ベクトルを x, y, z 方向の三つの成分に分けると都合のよいことが多い．これら三つの方向の**単位ベクトル**を i, j, k とする．単位ベクトルとよぶのは大きさが1だからである．本書ではベクトル量の記号は太字(ボールド体)で表すので注意してほしい．

　$4i+2j+3k$ というベクトルを取上げよう．ベクトルの始点から終点までいくのには，図 29.1 に示すとおり，x 方向に4単位，y 方向に2単位，z 方向に3単位進む必要がある．幾何学的には，ベクトルは矢印で表す．

　$2i-3j+k$ というベクトルならば，(正の)x 方向に2単位，負の y 方向に3単位，(正の)z 方向に1単位進む．

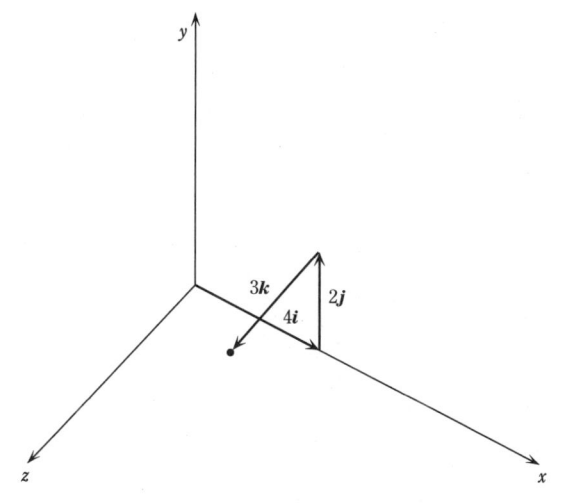

図 29.1　ベクトル $4i+2j+3k$

ベクトルの大きさ

前章の座標幾何学から,上の最初の例のベクトルの長さは
$$\sqrt{4^2+2^2+3^2} = \sqrt{16+4+9} = \sqrt{29} = 5.4$$
であり,これをベクトルの大きさという.上の第2の例の場合,大きさは
$$\sqrt{2^2+(-3)^2+1^2} = \sqrt{4+9+1} = \sqrt{14} = 3.7$$
もしベクトルが a で表されていれば,その大きさは $|a|$,あるいは単に a と表す.

ベクトルの足し算

二つのベクトルを足すには単に各成分を足せばよい.よって,上の二つのベクトルの足し算は
$$(4\boldsymbol{i}+2\boldsymbol{j}+3\boldsymbol{k}) + (2\boldsymbol{i}-3\boldsymbol{j}+\boldsymbol{k})$$
であり,成分ごとにまとめると
$$(4+2)\boldsymbol{i} + (2-3)\boldsymbol{j} + (3+1)\boldsymbol{k}$$
になり,結局
$$6\boldsymbol{i} - \boldsymbol{j} + 4\boldsymbol{k}$$
が得られる.幾何学的には,図29.2に示す通り,矢印が同じ向きになるようにして第2のベクトルを最初のベクトルに足せばよい.

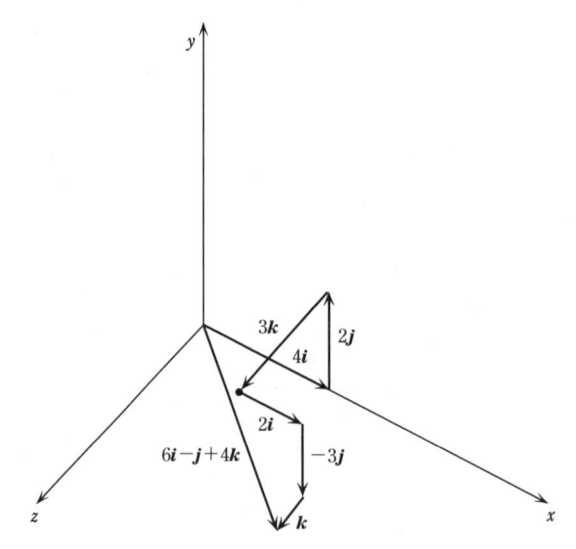

図 **29.2** ベクトルの和 $(4\boldsymbol{i}+2\boldsymbol{j}+3\boldsymbol{k})+(2\boldsymbol{i}-3\boldsymbol{j}+\boldsymbol{k})$

ベクトルの引き算

引き算は足し算と同様，各成分ごとに引き算をすればよい．上の最初のベクトルから第2のベクトルを引けば

$$(4-2)\mathbf{i} + (2-(-3))\mathbf{j} + (3-1)\mathbf{k}$$

であるから

$$2\mathbf{i} + 5\mathbf{j} + 2\mathbf{k}$$

になる．幾何学的には，図29.3に示す通り，第2のベクトルを逆向きにして最初のベクトルに足せばよい．これは，第2のベクトルの各成分に−1をかけてから足し算をしたのと同じである．

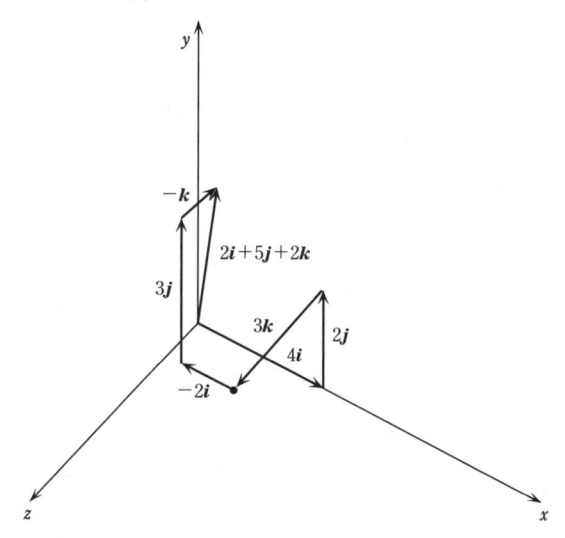

図 **29.3** ベクトルの差 $(4\mathbf{i}+2\mathbf{j}+3\mathbf{k})-(2\mathbf{i}-3\mathbf{j}+\mathbf{k})$

単位ベクトルを決めること

ある方向の**単位ベクトル**を決めたいことがある．それにはベクトルの大きさで各成分を割ればよい．$\mathbf{a}$ というベクトルの場合，同じ向きの単位ベクトル $\hat{\mathbf{a}}$ は

$$\hat{\mathbf{a}} = \frac{\mathbf{a}}{|\mathbf{a}|}$$

例として $\mathbf{a}=4\mathbf{i}+2\mathbf{j}+3\mathbf{k}$ では $|\mathbf{a}|=5.4$ であるから

$$\hat{\mathbf{a}} = \frac{1}{5.4}(4\mathbf{i}+2\mathbf{j}+3\mathbf{k}) = 0.74\mathbf{i} + 0.37\mathbf{j} + 0.56\mathbf{k}$$

クーロンの法則

クーロンの法則は，二つの点電荷 Q_1 と Q_2 の間にはたらく力 F を決める．その力の大きさは

$$F = \frac{1}{4\pi\varepsilon_0\varepsilon_r}\frac{Q_1Q_2}{r^2}$$

であり，ε_0 は真空の誘電率，r は電荷間の距離である．第27章で登場した ε_r は，誘電定数あるいは比誘電率とよばれている．この式はクーロンの法則としてよく知られているが，力は電荷を結ぶ直線の方向にはたらくので，厳密にいうとベクトルを含んだ

$$\boldsymbol{F} = \frac{1}{4\pi\varepsilon_0\varepsilon_r}\frac{Q_1Q_2}{r^2}\hat{\boldsymbol{r}}$$

とすべきである．ここで，$\hat{\boldsymbol{r}}$ は電荷間を結ぶ直線に沿った単位ベクトルである．

角運動量

原子は軌道角運動量 $\boldsymbol{L}$ とスピン角運動量 $\boldsymbol{S}$ の両方をもっている．これらのベクトル量は足し合わされて全角運動量 $\boldsymbol{J}$ となる．つまり

$$\boldsymbol{J} = \boldsymbol{L} + \boldsymbol{S}$$

である．これらの量の大きさは J, L, S と書き表され，量子数として知られている．そして，原子スペクトル項という原子の状態を明示する記号

$$^{2S+1}L_J$$

に用いられている．軌道角運動量 L は，実際には文字で表され，$L=0$ なら S，$L=1$ なら P，$L=2$ なら D である．よって，ヘリウムの基底状態の原子スペクトル項の記号 $^1S_0$ の意味は，$2S+1=1$ で $S=0$，記号 S は $L=0$，下つきの添え字は $J=0$ である．

問題

1. つぎのベクトルの大きさを求めよ．
  (a) $3\boldsymbol{i} + 8\boldsymbol{j} + 9\boldsymbol{k}$
  (b) $5\boldsymbol{i} - 8\boldsymbol{j} + 8\boldsymbol{k}$
  (c) $-2\boldsymbol{i} + 9\boldsymbol{j} - 4\boldsymbol{k}$

29. ベクトル

2. つぎのベクトルの和 $(a+b)$ を求めよ．
  (a) $a = 5i + 6j + 9k$ と $b = 3i + 6j + 2k$
  (b) $a = 2i - 6j + 9k$ と $b = 5i - 8k$
  (c) $a = 9i + 2j - 2k$ と $b = 5i - 3j + 8k$

3. 問題2のベクトルの差 $(a-b)$ を求めよ．

4. つぎのベクトルの単位ベクトル $(\hat{n})$ を求めよ．
  (a) $2i + 6j - 9k$
  (b) $5i - 8j + 7k$
  (c) $2i + j - 6k$

5. 二つの点がつぎの位置ベクトルで定義されている．
$$r_1 = x_1 i + y_1 j + z_1 k$$
$$r_2 = x_2 i + y_2 j + z_2 k$$
2点間の距離を $|r_2 - r_1|$ を計算することによって求めよ．

6. 結晶の並進移動のベクトルは
$$T = n_1 a + n_2 b + n_3 c$$
で定義する．ここで a, b, c は単位胞を定義するベクトルであり，n_1, n_2, n_3 は整数である．もし a が x 方向，b が y 方向，c が z 方向を向いていれば，T は単位ベクトル i, j, k によってどのように書き直すことができるか．

30 ベクトルの掛け算

前の章でベクトルどうしを足しても引いてもよいことを学んだ．掛け算によって，ベクトルどうしあるいはベクトルとスカラー量とを組合わせることができる．

スカラーとの掛け算

ベクトルをひっくり返すことが -1 をかけることであることを前の章で学んだ．実は，ベクトルには任意のスカラー数をかけることができる．たとえば，$i-j+2k$ に 3 をかければ

$$3(i - j + 2k)$$

となり，各項ごとに掛け算を実行して

$$3i - 3j + 6k$$

が得られる．記号を使えば，v というベクトルに a というスカラーをかけた場合，結果は av と書き表す．このやり方はベクトルをスカラーで割る場合にも適用できる．割る数をその逆数で表して掛け算とすることもよく行われていて，もし $2i+2j-4k$ を 2 で割れば

$$\frac{1}{2}(2i + 2j - 4k)$$

つまり，$i+j-2k$ である．記号を使うと，v というベクトルを a で割った結果は

$$\frac{v}{a} \quad \text{あるいは} \quad \frac{1}{a}v$$

と書き表す．このことは，すでに前の章で単位ベクトルを決める際に行った．

スカラー積

名前から想像がつくように，**スカラー積**は結果がスカラー量となるようなベクトルどうしの掛け算である．**内積**ともいう．二つのベクトル a と b のスカラー積の定義は

$$a \cdot b = |a||b|\cos\theta$$

である．$|a|$ と $|b|$ はそれぞれ a と b の大きさであり，θ はそれらの間の角度である．角度 θ は，図 30.1 のように交差する点のところで a と b がなす角があることに注意しよう．

30. ベクトルの掛け算

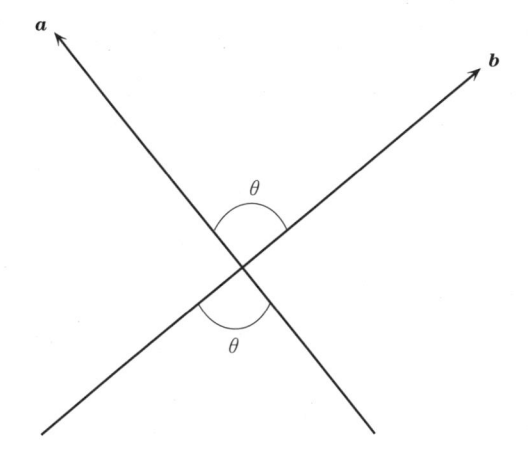

図 30.1 二つのベクトルがなす角度の定義

単位ベクトル i, j, k のふるまいを考えてみよう.それらは大きさが 1 であるから
$$i \cdot i = j \cdot j = k \cdot k = 1$$
という関係が成り立つ.なぜなら同じ方向を向いたベクトルどうしのスカラー積であるから,$\theta=0°$, $\cos\theta=1$ だからである.同様にして
$$i \cdot j = j \cdot k = k \cdot i = 0$$
という関係が成り立つ.なぜなら直交したベクトルどうしのスカラー積であるから,$\theta=90°$, $\cos\theta=0$ だからである.どのようなベクトルの対についても $a \cdot b = b \cdot a$ が成り立つことに注意しよう.

これらの関係を使うと,単位ベクトルで表されたベクトルどうしを掛け合わせることができる.たとえばつぎのベクトルを考えよう.
$$a = 2i + j - k \quad \text{および} \quad b = i - 2j + k$$
$a \cdot b$ を計算するには
$$(2i+j-k) \cdot (i-2j+k)$$
の中のすべての単位ベクトルの積を考える必要がある.その結果はつぎのようになる.

$2i \cdot i + 2i \cdot (-2j) + 2i \cdot k + j \cdot i + j \cdot (-2j) + j \cdot k - k \cdot i - k \cdot (-2j) - k \cdot k$
$= 2i \cdot i - 4i \cdot j + 2i \cdot k + j \cdot i - 2j \cdot j + j \cdot k - k \cdot i + 2k \cdot j - k \cdot k$
$= 2 \times 1 - 4 \times 0 + 2 \times 0 + 0 - 2 \times 1 + 0 - 0 + 2 \times 0 - 1$
$= 2 - 2 - 1 = -1$

ベクトル積

二つのベクトル a と b を結合してベクトルをつくることができる．この**ベクトル積**(外積ともいう)はつぎの式で定義される．

$$a \times b = |a||b|\sin\theta\, \hat{n}$$

記号の意味はスカラー積の場合と同じであり，単位ベクトル $\hat{n}$ は a にも b にも垂直であり，a(右手親指)から b(ひとさし指)に反時計回りに回転した場合のねじ(中指)の進む方向を向いている．

単位ベクトル i, j, k についてつぎの関係が成り立つ．

$$i \times j = k \quad j \times k = i \quad k \times i = j$$

なぜなら $\theta = 90°$，$\sin\theta = 1$ だからである．しかしながら，ベクトルの順番を入れ換えると $\hat{n}$ の向きが逆になるので

$$j \times i = -k \quad k \times j = -i \quad i \times k = -j$$

となる．同じベクトルどうしのベクトル積は

$$i \times i = j \times j = k \times k = 0$$

である．なぜなら $\theta = 0°$，$\sin\theta = 0$ だからである．

ここまでくれば，単位ベクトルで表されたベクトルどうしのベクトル積を計算することができる．たとえばつぎのベクトルを考えよう．

$$c = 2i - j + 3k \quad \text{および} \quad d = i - 2j + 2k$$

ベクトル積は

$$\begin{aligned}
c \times d &= (2i-j+3k) \times (i-2j+2k) \\
&= 2i \times i + 2i \times (-2j) + 2i \times (2k) - j \times i - j \times (-2j) - j \times 2k \\
&\quad + 3k \times i + 3k \times (-2j) + 3k \times 2k \\
&= 2i \times i - 4i \times j + 4i \times k - j \times i + 2j \times j - 2j \times k + 3k \times i \\
&\quad - 6k \times j + 6k \times k \\
&= 2 \times 0 - 4k + 4(-j) - (-k) + 2 \times 0 - 2i + 3j - 6(-i) + 6 \times 0 \\
&= -4k - 4j + k - 2i + 3j + 6i = 4i - j - 3k
\end{aligned}$$

となる．

角運動量

角運動量 L はつぎのベクトル積で定義される．

$$L = r \times p$$

ここで r は，固定点を中心として速度 v で回転している質量 m の粒子の中心から

の距離であり，運動量 p は mv に等しい．距離 r は粒子の位置 (x, y, z) と単位ベクトル $\boldsymbol{i}, \boldsymbol{j}, \boldsymbol{k}$ を用いて，位置ベクトルとして表すことができて

$$r = x\boldsymbol{i} + y\boldsymbol{j} + z\boldsymbol{k}$$

である．運動量 $\boldsymbol{p}$ は x, y, z 方向の成分に分けて，それぞれ p_x, p_y, p_z としよう．つまり

$$\boldsymbol{p} = p_x\boldsymbol{i} + p_y\boldsymbol{j} + p_z\boldsymbol{k}$$

とする．それらのベクトル積は

$$\begin{aligned}
\boldsymbol{L} &= (x\boldsymbol{i}+y\boldsymbol{j}+z\boldsymbol{k}) \times (p_x\boldsymbol{i}+p_y\boldsymbol{j}+p_z\boldsymbol{k}) \\
&= x\boldsymbol{i}\times p_x\boldsymbol{i} + x\boldsymbol{i}\times p_y\boldsymbol{j} + x\boldsymbol{i}\times p_z\boldsymbol{k} + y\boldsymbol{j}\times p_x\boldsymbol{i} + y\boldsymbol{j}\times p_y\boldsymbol{j} + y\boldsymbol{j}\times p_z\boldsymbol{k} \\
&\quad + z\boldsymbol{k}\times p_x\boldsymbol{i} + z\boldsymbol{k}\times p_y\boldsymbol{j} + z\boldsymbol{k}\times p_z\boldsymbol{k} \\
&= xp_x\boldsymbol{i}\times\boldsymbol{i} + xp_y\boldsymbol{i}\times\boldsymbol{j} + xp_z\boldsymbol{i}\times\boldsymbol{k} + yp_x\boldsymbol{j}\times\boldsymbol{i} + yp_y\boldsymbol{j}\times\boldsymbol{j} + yp_z\boldsymbol{j}\times\boldsymbol{k} \\
&\quad + zp_x\boldsymbol{k}\times\boldsymbol{i} + zp_y\boldsymbol{k}\times\boldsymbol{j} + zp_z\boldsymbol{k}\times\boldsymbol{k} \\
&= xp_x\times\boldsymbol{0} + xp_y\times\boldsymbol{k} + xp_z\times(-\boldsymbol{j}) + yp_x\times(-\boldsymbol{k}) + yp_y\times\boldsymbol{0} + yp_z\times\boldsymbol{i} \\
&\quad + zp_x\times\boldsymbol{j} + zp_y\times(-\boldsymbol{i}) + zp_z\times\boldsymbol{0} \\
&= xp_y\boldsymbol{k} - xp_z\boldsymbol{j} - yp_x\boldsymbol{k} + yp_z\boldsymbol{i} + zp_x\boldsymbol{j} - zp_y\boldsymbol{i}
\end{aligned}$$

同類項をまとめて

$$\boldsymbol{L} = (yp_z-zp_y)\boldsymbol{i} + (zp_x-xp_z)\boldsymbol{j} + (xp_y-yp_x)\boldsymbol{k}$$

前の章でみたとおり，原子は軌道角運動量 $\boldsymbol{L}$ とスピン角運動量 $\boldsymbol{S}$ とをもっている．これらを足し合わせて全角運動量

$$\boldsymbol{J} = \boldsymbol{L}+\boldsymbol{S}$$

ができたように，スカラー積 $\boldsymbol{L}\cdot\boldsymbol{S}$ を通して $\boldsymbol{L}$ と $\boldsymbol{S}$ を結合させ，原子のスピン-軌道カップリングとよばれる現象を表すことができる．まずスカラー積 $\boldsymbol{J}\cdot\boldsymbol{J}$ を考えよう．

$$\begin{aligned}
\boldsymbol{J}\cdot\boldsymbol{J} &= (\boldsymbol{L}+\boldsymbol{S})\cdot(\boldsymbol{L}+\boldsymbol{S}) \\
&= \boldsymbol{L}\cdot\boldsymbol{L} + \boldsymbol{L}\cdot\boldsymbol{S} + \boldsymbol{S}\cdot\boldsymbol{L} + \boldsymbol{S}\cdot\boldsymbol{S} \\
&= \boldsymbol{L}\cdot\boldsymbol{L} + 2\boldsymbol{L}\cdot\boldsymbol{S} + \boldsymbol{S}\cdot\boldsymbol{S}
\end{aligned}$$

なぜなら $\boldsymbol{L}\cdot\boldsymbol{S} = \boldsymbol{S}\cdot\boldsymbol{L}$ だからである．

また，

$$\begin{aligned}
\boldsymbol{J}\cdot\boldsymbol{J} &= |\boldsymbol{J}||\boldsymbol{J}|\cos 0° = J^2 \\
\boldsymbol{L}\cdot\boldsymbol{L} &= |\boldsymbol{L}||\boldsymbol{L}|\cos 0° = L^2 \\
\boldsymbol{S}\cdot\boldsymbol{S} &= |\boldsymbol{S}||\boldsymbol{S}|\cos 0° = S^2
\end{aligned}$$

である．J, L, S はそれぞれ J, L, S の大きさを表す．よってこの方程式は

と変形でき，両辺から L^2+S^2 を引いて
$$2\boldsymbol{L}\cdot\boldsymbol{S} = J^2 - L^2 - S^2$$
よって
$$\boldsymbol{L}\cdot\boldsymbol{S} = \frac{1}{2}(J^2-L^2-S^2)$$

である．この式によって，スピン－軌道カップリングによるエネルギー準位の分裂を量子力学的に計算することができる．Na 原子の場合，この値は約 17 cm^{-1} である．

問　題

1. つぎのベクトルを求めよ．
    (a) $2\boldsymbol{a}$, ただし $\boldsymbol{a} = 3\boldsymbol{i}+\boldsymbol{j}-2\boldsymbol{k}$
    (b) $3\boldsymbol{b}$, ただし $\boldsymbol{b} = 5\boldsymbol{i}-2\boldsymbol{j}+3\boldsymbol{k}$
    (c) $4.5\boldsymbol{c}$, ただし $\boldsymbol{c} = 0.7\boldsymbol{i}+3.4\boldsymbol{j}+2.1\boldsymbol{k}$
2. スカラー積 $\boldsymbol{a}\cdot\boldsymbol{b}$ を求めよ．
    (a) $\boldsymbol{a} = 3\boldsymbol{i}+2\boldsymbol{j}+4\boldsymbol{k}$ および $\boldsymbol{b} = -\boldsymbol{i}-2\boldsymbol{j}+3\boldsymbol{k}$
    (b) $\boldsymbol{a} = 3\boldsymbol{i}-4\boldsymbol{j}-5\boldsymbol{k}$ および $\boldsymbol{b} = -8\boldsymbol{i}+6\boldsymbol{j}+3\boldsymbol{k}$
    (c) $\boldsymbol{a} = 8\boldsymbol{j}-7\boldsymbol{k}$ および $\boldsymbol{b} = 6\boldsymbol{i}+4\boldsymbol{j}-5\boldsymbol{k}$
3. 問題2の対についてベクトル積 $\boldsymbol{a}\times\boldsymbol{b}$ を求めよ．
4. ベクトル $\boldsymbol{a}$ と $\boldsymbol{b}$ について，スカラー積 $\boldsymbol{a}\cdot\boldsymbol{b}$ が 3.62, $|\boldsymbol{a}|=2.14$, $|\boldsymbol{b}|=5.19$ である．$\boldsymbol{a}$ と $\boldsymbol{b}$ の間の角度を求めよ．
5. 磁気双極子 $\boldsymbol{\mu}$ が磁場 $\boldsymbol{B}$ の中に置かれれば，エネルギー E はスカラー積 $E=-\boldsymbol{\mu}\cdot\boldsymbol{B}$ である．大きさが 9.274×10^{-24} J T^{-1} の磁気双極子が，磁場 $|\boldsymbol{B}|=2.0$ T に対して 30° を向いていれば，どのようなエネルギーを取るか．
6. 質量 m の粒子が速度 $\boldsymbol{v}$ で位置 $\boldsymbol{r}$ を動けば，角運動量は $\boldsymbol{L}=m(\boldsymbol{r}\times\boldsymbol{v})$ である．もし質量 9.109×10^{-31} kg の電子が $\boldsymbol{v}=(6\times 10^6$ m s$^{-1})\boldsymbol{j}$ の速度で $\boldsymbol{r}=a_0\boldsymbol{i}$ となるように運動すれば角運動量はどのような値を取っていくか．ただし a_0 はボーア半径である．

31 複素数

実　数

化学で出会うほとんどの数は**実数**である．例をあげると

$$7.45 \quad 9.2 \times 10^{-3} \quad -1.3 \times 10^4 \quad 36 \quad \frac{3}{4}$$

のようになる．**整数**は実数の集合の部分集合であることに注意しよう．

虚　数

虚数の概念にはあまりなじみがないかもしれない．つぎの方程式で考えよう．

$$x^2 + 1 = 0$$

両辺から1を引いて

$$x^2 = -1$$

両辺の平方根を取って

$$x = \sqrt{-1}$$

負数の平方根を取ることはできないといいたくなるかもしれないが，数学者は $\sqrt{-1}$ をiという記号で表すことを選ぶ．そうすることによって数学以外の分野が進展する．iという記号はどのような負数の平方根にでも使えることに注意しよう．たとえば $\sqrt{-5} = \sqrt{(-1) \times 5} = \sqrt{-1} \times \sqrt{5} = i\sqrt{5}$ である．

複　素　数

名前から想像がつくように，実数と虚数を結合して，つまり和を取って**複素数**をつくる．複素数の例は

$$3 + 4i = 3 + 4\sqrt{-1}$$
$$2 - 7i = 2 - 7\sqrt{-1}$$

一般的な複素数 $(a+bi)$ は，**実部**が a で**虚部**が b であるという．

共役複素数

$(a+bi)$ の**共役複素数**は $(a-bi)$ である．複素数の共役はすべてのiを$-$iで置き換えて得られる．化学では，複素数 z の共役複素数を z^* とする記法がよく採用

されている.

虚数の指数関数

化学で出会うほとんどの虚数は，虚数の指数という形で現れる．そこで使われる公式は

$$e^{ikx} = \cos kx + i \sin kx$$

つまり虚数 ix の指数関数は実部が $\cos x$, 虚部が $\sin x$ である．

$$e^{-ikx} = \cos kx - i \sin kx$$

という関係にも留意しよう．

構造因子

X線を結晶に当てれば散乱されたX線の振幅は，構造因子 $F(hkl)$ によって定義される．構造因子は，散乱される場所と単位胞とよばれる繰返し単位に存在するすべての原子の性質によって決まる．それを決定する方程式は

$$F(hkl) = \sum_j f_j e^{i 2\pi (hx_j + ky_j + lz_j)}$$

f_j は, (x_j, y_j, z_j) に存在する原子 j の散乱因子である．h, k, l はミラー指数とよばれる整数であり，個々の反射面を指定する．$\sum_j$ はすべての j について和を取ることを意味する．この記号は，標準偏差を扱った第9章で現れている．

各反射面からの反射強度 $I(hkl)$ は構造因子の絶対値の2乗に比例して

$$I(hkl) = |F(hkl)|^2$$

である．

波動関数

第13章でみたとおり，系の状態をできる限り完全に表す数学的な状態関数が波動関数である．化学では Ψ で表すことが多い．この数学的関数は複素数(つまりiを含む)なので，その**複素共役** Ψ^* を考えることができる．この方式は多くの点で有用である．

たとえば系の確率密度，つまり粒子を (x, y, z) に見いだす確率は $\Psi^*\Psi$ で定義される．

箱の中の粒子の複素波動関数

箱の中の粒子モデルに対する基底状態のエネルギーの公式は第13章で登場した．実のところ，エネルギー準位はつぎの一般公式で表されるように一連のものとして現れる．

$$E = \frac{n^2 h^2}{8ma^2}$$

ここで n は $1, 2, 3, \cdots$ を取り，h はプランク定数，m は粒子の質量，a は箱の長さである．各エネルギー準位に対して

$$\Psi(x) = A\cos\left(\frac{n\pi x}{a}\right) + B\sin\left(\frac{n\pi x}{a}\right)$$

という波動関数が対応する．A と B は境界条件で決まる定数である．明らかにこれは複素数ではないが，複素数で表すことができれば前節で見たような好都合な点があるかもしれない．

そこでまず，

$$e^{in\pi x/a} = \cos\left(\frac{n\pi x}{a}\right) + i\sin\left(\frac{n\pi x}{a}\right)$$

$$e^{-in\pi x/a} = \cos\left(\frac{n\pi x}{a}\right) - i\sin\left(\frac{n\pi x}{a}\right)$$

とおこう．これらの式を足すと，二つのサイン項が打ち消しあって

$$e^{in\pi x/a} + e^{-in\pi x/a} = 2\cos\left(\frac{n\pi x}{a}\right)$$

となる．これを整理して

$$\cos\left(\frac{n\pi x}{a}\right) = \frac{e^{in\pi x/a} + e^{-in\pi x/a}}{2}$$

が得られる．つぎに2番目の式を最初の式から引いて

$$e^{in\pi x/a} - e^{-in\pi x/a} = 2i\sin\left(\frac{n\pi x}{a}\right)$$

となる．これを整理して

$$\sin\left(\frac{n\pi x}{a}\right) = \frac{e^{in\pi x/a} - e^{-in\pi x/a}}{2i}$$

$\Psi(x)$ の元の式のサインとコサインを置き換えて

$$\Psi(x) = \frac{A}{2}(e^{in\pi x/a} + e^{-in\pi x/a}) + \frac{B}{2i}(e^{in\pi x/a} - e^{-in\pi x/a})$$

同じ指数項をまとめて

$$\Psi(x) = \left(\frac{A}{2} + \frac{B}{2i}\right)e^{in\pi x/a} + \left(\frac{A}{2} - \frac{B}{2i}\right)e^{-in\pi x/a}$$

となる．すべての i を $-$i に置き換えれば複素共役 $\Psi^*(x)$ が直ちに得られて

$$\Psi^*(x) = \left(\frac{A}{2} - \frac{B}{2i}\right)e^{-in\pi x/a} + \left(\frac{A}{2} + \frac{B}{2i}\right)e^{in\pi x/a}$$

明らかに $\Psi^*(x) = \Psi(x)$ であり，これは実数関数に対して当然予想されたことである．

問　題

1. つぎの複素数 $(a+bi)$ の実部 (a) と虚部 (b) を答えよ．
   (a) $2 + 3i$
   (b) $3 - 6i$
   (c) $4 + 7i$
   (d) $5 - 9i$
   (e) $x + iy$

2. 問題1の複素数の共役複素数を答えよ．

3. 構造因子 $F(hkl)$ の最初の3項を，実部と虚部に分けて答えよ．

4. 複素数の波動関数 Ψ を実部 R と虚部 I の和として $\Psi = R + iI$ と表すことができる．この表式を用いて，$\Psi^*\Psi$ が実数であること，つまり虚部をもたないことを示せ．

5. 水素原子の $2p_x$ と $2p_y$ 軌道は

$$\Psi_{2p_x} = Ae^{-r/2a_0}r\sin\theta\,e^{i\phi}$$
$$\Psi_{2p_y} = Ae^{-r/2a_0}r\sin\theta\,e^{-i\phi}$$

$e^{i\phi}$ と $e^{-i\phi}$ を複素数に展開して，これらの和を実数関数として表せ．

F. 微積分学

32　導 関 数

　導関数とよばれる量は，別の変数に対する一つの変数の変化率であると考えることができる．たとえば，加速度は時間に対する速度の変化率である．グラフ的にいうと変化率は，一つの変数をもう一つの変数に対してプロットしてつくったグラフの**傾き**から求められる．

直線の傾き

　二つの点 A と B の座標がわかっていれば，**直線の傾き**は容易に計算できる．2 点間の垂直距離 Δy と水平距離 Δx を決めさえすれば，図 32.1 に示すとおり，点 A と点 B の間の傾き m は次式で決まる．

$$m = \frac{\Delta y}{\Delta x} = \frac{y_2 - y_1}{x_2 - x_1}$$

したがって，もし A の座標が $(1, 2)$ で B の座標が $(3, 7)$ であれば，傾き m は

$$m = \frac{7 - 2}{3 - 1} = \frac{5}{2} = 2.5$$

となる．座標の順番を間違えないように注意すること．もし A の座標が $(3, -1)$

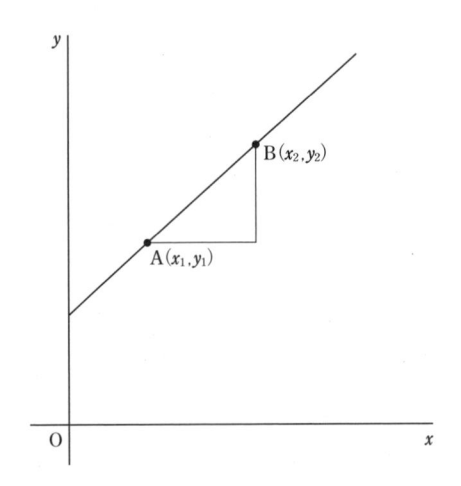

図 32.1　直線上の 2 点 AB 間の傾き

でBの座標が$(1, 5)$であれば，傾きmは

$$m = \frac{5-(-1)}{1-3} = \frac{5+1}{-2} = \frac{6}{-2} = -3$$

と，負の値となる．つまり，直線は図32.1とは逆の向き（右下がり）になる．

ここで述べたのは数値データがある場合に傾きを決める方法である．直線の一般式$y = mx + c$を第23章で学んだことを想起してほしい．mが傾き，cが切片であるから，直線の方程式がわかっていれば，それがどの点を通るかを調べなくても傾きmが決定できる．

曲線の傾き

図32.2に示すように，曲線上の特定の点の傾きを求めるにはその点で**接線**を引かねばならない．この接線は直線であるから，傾きを上で述べた方法によって決めることができる．曲線上の接線はどの場所で引くかによって異なるので，曲線の傾きは絶えず変わる．

実際には接線を正確に引くのは難しいので，グラフ的に傾きを求めてもあまり正確な値は得られない．

直線の方程式がわかっていれば傾きが決定できたように，曲線の方程式がわかっていれば傾きを決定することができる．

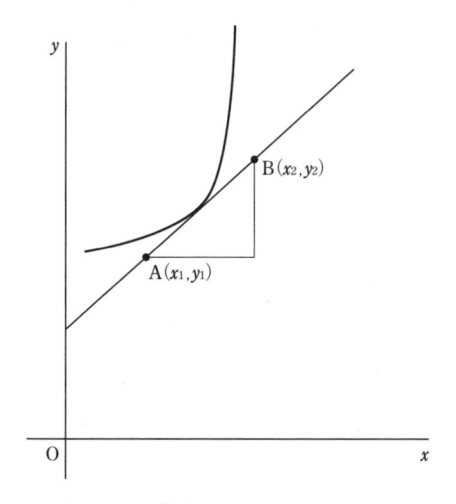

図 **32.2** 曲線上の1点における傾き

導関数

y がただ一つの変数 x の関数であれば

$$\frac{dy}{dx}$$

を x についての y の**導関数**という．"ディーワイディーエックス"と読む．ここで注意しておきたいが，dy も dx もそれぞれ一つの量であって，決して d と x，d と y を切り離してはいけない．直線の傾きの $\frac{\Delta y}{\Delta x}$ と曲線の傾きの $\frac{dy}{dx}$ との間の類似性に気づいてほしい．

x についての y の傾きを決めるのはこの導関数であり，もし x と y との間の関係式がわかっていれば，導関数をある規則によって求めることができる．たとえば，もし

$$y = x^2 - 3$$

であれば次章で

$$\frac{dy}{dx} = 2x$$

であることを学ぶ．x を含むもう一つの式が得られたが，これは驚くには当たらない．なぜなら曲線の傾きはいつも変わるからである．$x=-1$ なら

$$\frac{dy}{dx} = 2 \times (-1) = -2$$

であり，$y=x^2-3$ で表される曲線の $x=-1$ における傾きは -2 である．

クラペイロンの式

融解や蒸発といった相変化に際して，圧力 p が温度 T に対してどのように変化するかをクラペイロンの式によって知ることができる．もし相変化に伴うエンタルピー変化が ΔH，体積変化が ΔV であれば

$$\frac{dp}{dT} = \frac{\Delta H}{T \Delta V}$$

であり，T に対して p をプロットしたグラフの傾きをすべての点について求めることができる．

氷が融解するとき，体積は $1.63 \times 10^{-6} \, m^3 \, mol^{-1}$ 縮み，エンタルピーの変化は $6.008 \, kJ \, mol^{-1}$ である．この変化は $273.15 \, K$ で起きるから導関数の値は

$$\frac{\mathrm{d}p}{\mathrm{d}T} = \frac{6.008 \text{ kJ mol}^{-1}}{273.15 \text{ K} \times (-1.63 \times 10^{-6} \text{ m}^3 \text{ mol}^{-1})}$$

$$= \frac{6.008 \times 10^3 \text{ J mol}^{-1}}{-445.23 \times 10^{-6} \text{ K m}^3 \text{ mol}^{-1})}$$

$$= -1.35 \times 10^7 \text{ N m K}^{-1} \text{ m}^{-3}$$

$$= -1.35 \times 10^7 \text{ N m}^{-2} \text{ K}^{-1}$$

$$= -1.35 \times 10^7 \text{ Pa K}^{-1}$$

融解時に体積が縮むので ΔV が負であることに注意しよう．

反応速度

化学反応の速度は，通常，時間 t に対して濃度 c が変化する割合によって表される．t に対して c をプロットしたグラフの傾きがやはり導関数によって得られる．

反応の種類が違えば導関数を与える式も異なる．1次反応については

$$-\frac{\mathrm{d}c}{\mathrm{d}t} = kc$$

がその式であり，k を速度定数という．t が増えれば c が減るのでマイナス記号がついている．

20 ℃ において，過酸化水素は希薄な水酸化ナトリウムのもとでつぎのように分解する．

$$2\mathrm{H_2O_{2(aq)}} \longrightarrow 2\mathrm{H_2O_{(l)}} + \mathrm{O_{2(g)}}$$

反応は1次であり，速度定数は $k = 1.06 \times 10^{-3} \text{ min}^{-1}$ である．

もし過酸化水素 $\mathrm{H_2O_2}$ の濃度が $0.010 \text{ mol dm}^{-3}$ であれば導関数の値はつぎのようになる．

$$\frac{\mathrm{d}c}{\mathrm{d}t} = -1.06 \times 10^{-3} \text{ min}^{-1} \times 0.010 \text{ mol dm}^{-3}$$

$$= -1.06 \times 10^{-5} \text{ mol dm}^{-3} \text{ min}^{-1}$$

問　題

1. $y = 3x^2 + 5$ であれば

$$\frac{\mathrm{d}y}{\mathrm{d}x} = 6x$$

である．このことを用いて $y = 3x^2 + 5$ のグラフの傾き m をつぎの場合につい

て求めよ．
(a) $x = -4$
(b) $x = 0$
(c) $x = 2$
(d) $x = -0.5$
(e) $x = 2.42$

2. $y = 7x^3 - 3x^2 + 9$ であれば

$$\frac{dy}{dx} = 21x^2 - 6x$$

である．このことを用いて $y = 7x^3 - 3x^2 + 9$ のグラフの傾き m をつぎの場合について求めよ．
(a) $x = -5$
(b) $x = 0$
(c) $x = 7$
(d) $x = -3.6$
(e) $x = 7.41$

3. K を平衡定数とする．もし $\ln K$ を絶対温度 T に対してプロットすれば

$$\frac{d(\ln K)}{dT} = -\frac{\Delta H^\ominus}{RT^2}$$

が成り立ち，$\Delta H^\ominus$ は反応の標準エンタルピー変化，R は気体定数である．

尿素はつぎの反応でつくることができ，

$$2NH_{3(g)} + CO_{2(g)} \rightleftharpoons NH_2CONH_{2(ap)} + H_2O_{(l)}$$

$\Delta H^\ominus = -119.7$ kJ mol^{-1} である．25°C における T に対して $\ln K$ をプロットしたグラフの傾き m を求めよ．

4. 半径 R，長さが l の管の両端に (p_1-p_2) という圧力差ができているとする．管から流出する速度 V を測れば，つぎのポワズイユ式によって粘性率 η を決めることができる．

$$\frac{dV}{dt} = \frac{(p_1-p_2)\pi R^4}{8\eta l}$$

25°C におけるエテン（エチレン）の粘性率は 9.33×10^{-6} kg m^{-1} s^{-1} である．エテンが 25 kPa の圧力差で半径 5 mm，長さ 10 cm の管から流出すれば，時間 t に対して V をプロットしたグラフの傾き m はいくつになるか．

5. 二酸化窒素の分解

$$2NO_{2(g)} \longrightarrow 2NO_{2(g)} + O_{2(g)}$$

は 350 ℃ 付近でつぎのような 2 次反応である.

$$-\frac{dc}{dt} = kc^2$$

c は NO_2 の濃度,k は速度定数で $0.775\,dm^3\,mol^{-1}\,s^{-1}$ である.$c=0.05\,mol\,dm^{-3}$ のとき,t に対して c をプロットしたグラフの傾き m はいくつになるか.

33 　微　　分

　関数 $y=f(x)$ から導関数 $\dfrac{\mathrm{d}y}{\mathrm{d}x}$ を求める操作を**微分法**，または単に**微分**という．前章で，$y=x^2-3$ であれば

$$\frac{\mathrm{d}y}{\mathrm{d}x} = 2x$$

であることを学んだ．もう一つの表現方法では，もし $f(x)=x^2-3$ であれば

$$\frac{\mathrm{d}f(x)}{\mathrm{d}x} = 2x$$

である．実際，$f(x)=ax^n$ の型の関数に対しては一般的規則があって

$$\frac{\mathrm{d}f(x)}{\mathrm{d}x} = nax^{n-1} = anx^{n-1}$$

である．言い換えれば，微分を求めるには元の累乗の指数 n を掛けたあと，累乗の指数の値を一つ小さくする．たとえば，$f(x)=3x^4$ であれば

$$\frac{\mathrm{d}f(x)}{\mathrm{d}x} = 4\times 3x^{4-1} = 12x^3$$

これの特別な場合として $f(x)=a$ がある．a は定数である．$x^0=1$（第1章）なので a を ax^0 と書くことができる．上述の規則を $f(x)=ax^0$ に適用して

$$\frac{\mathrm{d}f(x)}{\mathrm{d}x} = 0\times a\times x^{0-1} = 0$$

すなわち，任意の定数の微分は 0 である．グラフ的にいうと $y=f(x)=a$ は水平線を表すから傾きが 0 であると考えると，この結果に納得がいくであろう．
　一方，$f(x)=ax$ を微分するには，規則を適用して

$$\frac{\mathrm{d}f(x)}{\mathrm{d}x} = 1\times a\times x^{1-1} = a\times 1 = a$$

となる．ここで $x^0=1$ を用いた．たとえば $f(x)=4x$ であれば

$$\frac{\mathrm{d}f(x)}{\mathrm{d}x} = 1\times 4\times x^{1-1} = 4\times x^0 = 4\times 1 = 4$$

である．

33. 微分

多項式

$$f(x) = 4x^3 - 6x^2 + 12x - 4$$

の微分は項ごとに実行すればよい．つまり

$$\frac{df(x)}{dx} = 3 \times 4 \times x^{3-1} - 2 \times 6 \times x^{2-1} + 1 \times 12 \times x^{1-1}$$

$$= 12x^2 - 12x + 12$$

である．ここで定数項 -4 の微分が 0 であることを用いた．

部分モル体積

混合溶液の成分1の部分モル体積 V_1 とは，濃度が変わらないほど十分な量の溶液にこの成分を1モル加えたときの，全体積 V の増加量のことである．塩化ナトリウム水溶液の場合，全体積 V は

$$V = a + bm + cm^2 + dm^3$$

で表される．ここで m は mol kg^{-1} 単位で表した溶液の質量モル濃度である．定数はつぎのような値をとる．$a = 1002.87$ cm^3, $b = 17.821$ cm^3 kg mol^{-1}, $c = 0.8739$ cm^3 kg^2 mol^{-2}, $d = -0.04723$ cm^3 kg^3 mol^{-3} である．$\frac{dV}{dm}$ が水溶液中の塩化ナトリウムの部分モル体積である．これはつぎのようにして決定できる．

$$\frac{dV}{dm} = 1 \times b \times m^{1-1} + 2 \times c \times m^{2-1} + 3 \times d \times m^{3-1} = b + 2cm + 3dm^2$$

したがって，もし質量モル濃度が 0.25 mol kg^{-1} であれば

$$\frac{dV}{dm} = 17.821 \text{ cm}^3 \text{ kg mol}^{-1} + 2 \times 0.8739 \text{ cm}^3 \text{ kg}^2 \text{ mol}^{-2} \times 0.25 \text{ mol kg}^{-1}$$

$$+ 3 \times (-0.047\,23) \text{ cm}^3 \text{ kg}^3 \text{ mol}^{-3} \times (0.25 \text{ mol kg}^{-1})^2$$

$$= 17.821 \text{ cm}^3 \text{ kg mol}^{-1} + 0.4370 \text{ cm}^3 \text{ kg mol}^{-1} - 0.0089 \text{ cm}^3 \text{ kg mol}^{-1}$$

$$= 18.249 \text{ cm}^3 \text{ kg mol}^{-1}$$

熱容量

メタンの熱容量 C_p はつぎの多項式で表される．

$$C_p = 23.6 \text{ J K}^{-1} \text{ mol}^{-1} + 47.86 \times 10^{-3} \text{ J K}^{-2} \text{ mol}^{-1} \, T - 1.8 \times 10^5 \text{ J K mol}^{-1} \, T^{-2}$$

T 対 C_p のグラフの傾きは導関数 $\frac{dC_p}{dT}$ で計算できて

$$\frac{dC_p}{dT} = 47.86\times10^{-3}\,\text{J K}^{-2}\,\text{mol}^{-1}\times 1 \times T^{1-1}$$

$$- 1.8\times10^5\,\text{J K mol}^{-1}\times(-2)\times T^{-2-1}$$

$$= 47.86\times10^{-3}\,\text{J K}^{-2}\,\text{mol}^{-1} + 3.6\times10^5\,\text{J K mol}^{-1}\,T^{-3}$$

298 K において，T 対 C_p のグラフの傾きはつぎの値を取る．

$$\frac{dC_p}{dT} = 47.86\times10^{-3}\,\text{J K}^{-2}\,\text{mol}^{-1} + 3.6\times10^5\,\text{J K mol}^{-1}\times(298\,\text{K})^{-3}$$

$$= 47.86\times10^{-3}\,\text{J K}^{-2}\,\text{mol}^{-1} + \frac{3.6\times10^5\,\text{J K mol}^{-1}}{(298\,\text{K})^3}$$

$$= 47.86\times10^{-3}\,\text{J K}^{-2}\,\text{mol}^{-1} + 13.6\times10^{-3}\,\text{J K}^{-2}\,\text{mol}^{-1}$$

$$= 61.46\times10^{-3}\,\text{J K}^{-2}\,\text{mol}^{-1}$$

$$= 6.1\times10^{-2}\,\text{J K}^{-2}\,\text{mol}^{-1}$$

問　題

1. $f(x)=3x^5-4x^3+2x$ である．$\dfrac{df(x)}{dx}$ を求めよ．

2. $g(y)=2y^4+3y^3-5y^2-y+7$ である．$\dfrac{dg(y)}{dy}$ を求めよ．

3. 調和振動子を量子力学的に扱うと解の中にエルミート多項式が現れてくる．そのうちの一つが

$$H_4(\xi) = 12 - 48\xi^2 + 16\xi^4$$

である．$\dfrac{dH_4(\xi)}{d\xi}$ を求めよ．

4. 水素原子を量子力学的に扱うと R 関数の解の中にラゲール多項式が現れてくる．そのうちの一つが

$$L_3(\rho) = 6 - 18\rho + 9\rho^2 - \rho^3$$

である．$\dfrac{dL_3(\rho)}{d\rho}$ を求めよ．

5. 水素原子を量子力学的に扱うと Θ 関数の解の中にルジャンドル多項式が現れてくる．そのうちの一つが

$$P_3(z) = \frac{5}{2}z^3 - \frac{3}{2}z$$

である．$\dfrac{\mathrm{d}P_3(z)}{\mathrm{d}z}$ を求めよ．

6． ある液体の体積 V が
$$V = V_0(a + bT + cT^2)$$
で決まる．ここで，V_0 は 298 K における体積，$a=0.85$，$b=4.2\times10^{-4}\,\mathrm{K}^{-1}$，$c=1.67\times10^{-6}\,\mathrm{K}^{-2}$ である．350 K における $\dfrac{\mathrm{d}V}{\mathrm{d}T}$ の値を V_0 を含む式で求めよ．

34 関数の微分

この章では化学でよく出会う四つの関数の**導関数**を扱う．y や $f(x)$ を使う代わりに

$$\frac{\mathrm{d}}{\mathrm{d}x}(3x^2) = 6x$$

のように導関数の記号の中に直接書く．この方がこれまでの方式よりもっと簡潔に表現できる．

指数関数

指数関数の一般的な導関数は

$$\frac{\mathrm{d}}{\mathrm{d}x}(\mathrm{e}^{ax}) = a\,\mathrm{e}^{ax}$$

である．たとえば

$$\frac{\mathrm{d}}{\mathrm{d}x}(\mathrm{e}^{4x}) = 4\,\mathrm{e}^{4x}$$

$$\frac{\mathrm{d}}{\mathrm{d}x}(\mathrm{e}^{-2x}) = -2\,\mathrm{e}^{-2x}$$

である．この公式から

$$\frac{\mathrm{d}}{\mathrm{d}x}(\mathrm{e}^{x}) = \mathrm{e}^{x}$$

つまり元の関数と導関数とが同じという，興味深い結果が得られる．

対数関数

自然対数関数の導関数は

$$\frac{\mathrm{d}}{\mathrm{d}x}(\ln x) = \frac{1}{x}$$

である．つぎのことに注意しよう．

$$\ln ax = \ln a + \ln x$$

であるから各項を微分すると，a も $\ln a$ も定数なのでその微分は 0 となるから

34. 関数の微分

$$\frac{d}{dx}(\ln ax) = \frac{d}{dx}(\ln a) + \frac{d}{dx}(\ln x) = 0 + \frac{1}{x} = \frac{1}{x}$$

となる．

底が 10 の対数関数（**常用対数関数**）は

$$\log x = \frac{\ln x}{2.303}$$

という関係を使って微分できる．すなわち，$\ln x$ をまず微分しつぎに 2.303 で割る．この規則は第 35 章で再度，定数倍された関数の微分のところで形式論的に説明しよう．

対数関数の微分の例をあげておく．

$$\frac{d}{dx}(\ln 5x) = \frac{1}{x}$$

$$\frac{d}{dx}(\log 2x) = \frac{1}{2.303}\frac{d}{dx}(\ln 2x) = \frac{1}{2.303} \times \frac{1}{x} = \frac{1}{2.303x}$$

三 角 関 数

そのほか，化学でよく微分計算に出てくるのが**三角関数**サインとコサインである．それらの微分はつぎのようになる．

$$\frac{d}{dx}[\sin(ax+b)] = a\cos(ax+b)$$

$$\frac{d}{dx}[\cos(ax+b)] = -a\sin(ax+b)$$

第 2 の式にマイナス記号があることを忘れてはならない．

これらの導関数の例をあげておく．

$$\frac{d}{dx}(\sin 4x) = 4\cos 4x$$

$$\frac{d}{dx}(\cos(8x+2)) = -8\sin(8x+2)$$

$$\frac{d}{dx}(2\sin(3x-1)+4\cos 5x) = 2\frac{d}{dx}(\sin(3x-1)) + \frac{d}{dx}(\cos 5x)$$
$$= 2 \times 3\cos(3x-1) + 4 \times (-5\sin 5x)$$
$$= 6\cos(3x-1) - 20\sin 5x$$

大気圧分布則

大気分子のモル質量 M，高さ h，絶対温度 T，重力加速度 g，気体定数 R を用いて大気中の気体分子の分布を表すのが大気圧分布則である．高度が 0（通常は海面）での圧力 p_0 によって高さ h における圧力 p が

$$p = p_0 \, e^{-Mgh/RT}$$

で決まる．高度とともに圧力がどう変化するかが導関数 $\dfrac{dp}{dh}$ でわかる．

この指数関数を e^{ax} と比較すると $x=h$ であり

$$a = -\frac{Mg}{RT}$$

である．よって

$$\frac{d}{dh}(e^{-Mgh/RT}) = -\frac{Mg}{RT} e^{-Mgh/RT}$$

であり，p の微分は

$$\frac{dp}{dh} = p_0 \left(-\frac{Mg}{RT}\right) e^{-Mgh/RT}$$

である．この式はあまりきれいな式とはいえない．そこで $p_0 \, e^{-Mgh/RT}$ という因子をもっていることに着目すると，それは p そのものである．よってつぎのように表される．

$$\frac{dp}{dh} = -\frac{Mg}{RT} p$$

遷移状態理論

遷移状態理論では，活性錯体が存在して反応の活性化エネルギーに打ち勝つと考える．そのような反応の速度定数 k_{act} は

$$k_{\text{act}} = \frac{kT}{h} K^{\ddagger}$$

で表され，k はボルツマン定数，T は絶対温度，h はプランク定数，$K^{\ddagger}$ は活性錯体を形成する反応の平衡定数である．

この式をつぎのような対数形式で表すことができる．

$$\ln k_{\text{act}} = \ln k + \ln T - \ln h + \ln K^{\ddagger}$$

$\ln k_{\text{act}}$ が温度 T とともにどう変化するかを微分して調べよう．

$$\frac{\mathrm{d}\ln k_{\mathrm{act}}}{\mathrm{d}T} = \frac{\mathrm{d}\ln k}{\mathrm{d}T} + \frac{\mathrm{d}\ln T}{\mathrm{d}T} - \frac{\mathrm{d}\ln h}{\mathrm{d}T} + \frac{\mathrm{d}\ln K^{\ddagger}}{\mathrm{d}T}$$

k も h も定数なので $\ln k$ も $\ln h$ も定数であり，微分すれば 0 になる．最後に

$$\frac{\mathrm{d}\ln T}{\mathrm{d}T} = \frac{1}{T}$$

という導関数を使って

$$\frac{\mathrm{d}\ln k_{\mathrm{act}}}{\mathrm{d}T} = \frac{1}{T} + \frac{\mathrm{d}\ln K^{\ddagger}}{\mathrm{d}T}$$

が得られる．

問　題

1．つぎの関数を x について微分せよ．
  (a) $\ln 3x$
  (b) e^{-5x}
  (c) $\sin(4x-7)$
  (d) $\log 7x - \cos 2x$
  (e) $\mathrm{e}^{-x} + \sin(3x+2) + \ln 9x$

2．デバイ-ヒュッケルの極限法則によれば，それぞれ電荷 z_+, z_- をもったイオン対の平均活量係数 $\gamma_{\pm}$ は

$$\log_{10} \gamma_{\pm} = -Az_+z_-\sqrt{I}$$

であり，A は定数，I はイオン強度/mol dm^{-3} である．

$$\frac{\mathrm{d}\log \gamma_{\pm}}{\mathrm{d}I}$$

を計算せよ．

3．ブラッグの法則によって，面間隔 d の結晶からの回折角 θ が波長 λ および定数 n と関係づけられる．具体的にいうと

$$n\lambda = 2d\sin\theta$$

である．$\frac{\mathrm{d}\lambda}{\mathrm{d}\theta}$ を求めよ．

4．反応の速度定数 k は絶対温度 T と次式によって関係づけられる．

$$\ln k = \ln A - \frac{E_{\mathrm{a}}}{RT}$$

ここで，A は前指数因子，E_a は活性化エネルギー，R は気体定数である．$\dfrac{d \ln k}{dT}$ を求めよ．

5. 1次反応において，濃度 c は時間 t について $c = c_0 e^{-kt}$ に従いながら変化する．ここで c_0 は初期濃度，k は速度定数である．$\dfrac{dc}{dt}$ を，k と c を含んだ式の形で求めよ．

35 関数の結合形の微分

化学の問題では，これまで出くわしたものよりもっと複雑な関数の微分が必要になることがある．前章では定数倍した関数と単純な関数の和と差を扱った．関数の結合形の微分のまとめとするためにそれらの規則をもう一度述べてから，関数の積と商の微分を考えることにする．

定数倍した関数の微分
関数 $f(x)$ に定数 a を掛けて $af(x)$ という積をつくれば，その導関数は

$$\frac{\mathrm{d}}{\mathrm{d}x}(af(x)) = a\frac{\mathrm{d}f(x)}{\mathrm{d}x}$$

である．たとえば

$$\frac{\mathrm{d}}{\mathrm{d}x}(4\ln x) = 4\frac{\mathrm{d}\ln x}{\mathrm{d}x} = 4 \times \frac{1}{x} = \frac{4}{x}$$

であり

$$\frac{\mathrm{d}}{\mathrm{d}x}(6\cos 2x) = 6\frac{\mathrm{d}\cos 2x}{\mathrm{d}x} = 6 \times (-2\sin 2x) = -12\sin 2x$$

である．

関数の和と差の微分
すでに学んだとおり，各項ごとに微分すればよい．和 $f(x)+g(x)$ については

$$\frac{\mathrm{d}}{\mathrm{d}x}(f(x) + g(x)) = \frac{\mathrm{d}f(x)}{\mathrm{d}x} + \frac{\mathrm{d}g(x)}{\mathrm{d}x}$$

である．同様に，差 $f(x)-g(x)$ については

$$\frac{\mathrm{d}}{\mathrm{d}x}(f(x) - g(x)) = \frac{\mathrm{d}f(x)}{\mathrm{d}x} - \frac{\mathrm{d}g(x)}{\mathrm{d}x}$$

である．たとえば

$$\frac{\mathrm{d}}{\mathrm{d}x}(x^3 + \sin 8x) = \frac{\mathrm{d}}{\mathrm{d}x}(x^3) + \frac{\mathrm{d}}{\mathrm{d}x}(\sin 8x) = 3x^2 + 8\cos 8x$$

であり

$$\frac{\mathrm{d}}{\mathrm{d}x}(\sin 3x - \cos 4x) = \frac{\mathrm{d}}{\mathrm{d}x}(\sin 3x) - \frac{\mathrm{d}}{\mathrm{d}x}(\cos 4x) = 3\cos 3x - (-4\sin 4x)$$
$$= 3\cos 3x + 4\sin 4x$$

である．

関数の積の微分

積 $f(x)g(x)$ についての微分規則は

$$\frac{\mathrm{d}}{\mathrm{d}x}(f(x)g(x)) = g(x)\frac{\mathrm{d}f(x)}{\mathrm{d}x} + f(x)\frac{\mathrm{d}g(x)}{\mathrm{d}x}$$

である．これは"1個目を微分して2個目を掛け，2個目を微分して1個目を掛け，足し合わせよ"と覚えるのがよい．たとえば

$$\begin{aligned}
\frac{\mathrm{d}}{\mathrm{d}x}(x^2 \ln x) &= \ln x \frac{\mathrm{d}}{\mathrm{d}x}(x^2) + x^2 \frac{\mathrm{d}}{\mathrm{d}x}(\ln x) \\
&= \ln x \times 2x + x^2 \times \frac{1}{x} \\
&= 2x \ln x + \frac{x^2}{x} \\
&= 2x \ln x + x
\end{aligned}$$

もう一つ例をあげておこう．

$$\begin{aligned}
\frac{\mathrm{d}}{\mathrm{d}x}(\sin 2x \cos 2x) &= \cos 2x \frac{\mathrm{d}}{\mathrm{d}x}(\sin 2x) + \sin 2x \frac{\mathrm{d}}{\mathrm{d}x}(\cos 2x) \\
&= \cos 2x \times 2\cos 2x + \sin 2x \times (-2\sin 2x) \\
&= 2\cos^2 2x - 2\sin^2 2x
\end{aligned}$$

関数の商の微分

商 $f(x)/g(x)$ についての微分規則は

$$\frac{\mathrm{d}}{\mathrm{d}x}\left(\frac{f(x)}{g(x)}\right) = \frac{g(x)\dfrac{\mathrm{d}f(x)}{\mathrm{d}x} - f(x)\dfrac{\mathrm{d}g(x)}{\mathrm{d}x}}{[g(x)]^2}$$

である．これは"上を微分して下を掛け，下を微分して上を掛け，引いてから，全体を下の2乗で割れ"と覚えるのがよい．たとえば

35. 関数の結合形の微分

$$\frac{\mathrm{d}}{\mathrm{d}x}\left(\frac{x^2}{\ln x}\right) = \frac{\ln x \frac{\mathrm{d}}{\mathrm{d}x}(x^2) - x^2 \frac{\mathrm{d}}{\mathrm{d}x}(\ln x)}{(\ln x)^2}$$

$$= \frac{\ln x \times 2x - x^2 \times \frac{1}{x}}{(\ln x)^2}$$

$$= \frac{2x \ln x - \frac{x^2}{x}}{(\ln x)^2}$$

$$= \frac{2x \ln x - x}{(\ln x)^2}$$

この解にはほかにも表現方法があるが，どれが特にエレガントということはない．幸い，化学では商の微分が必要になることはあまりない．

エンタルピーの温度変化

化学反応におけるエンタルピー変化 ΔH は化学者が何の気なしに使う量であるが，厳密にいうとエンタルピー H の定義に基づいて反応の最初と最後に H を測って決められる量である．エンタルピーの定義は

$$H = U + pV$$

である．U は内部エネルギー，p は圧力，V は体積である．よって，エンタルピーの温度変化は

$$\frac{\mathrm{d}H}{\mathrm{d}T} = \frac{\mathrm{d}}{\mathrm{d}T}(U+pV) = \frac{\mathrm{d}U}{\mathrm{d}T} + \frac{\mathrm{d}}{\mathrm{d}T}(pV)$$

積 pV を T について微分するには，積についての微分公式を用いる．

$$\frac{\mathrm{d}}{\mathrm{d}T}(pV) = V\frac{\mathrm{d}p}{\mathrm{d}T} + p\frac{\mathrm{d}V}{\mathrm{d}T}$$

よって

$$\frac{\mathrm{d}H}{\mathrm{d}T} = \frac{\mathrm{d}U}{\mathrm{d}T} + V\frac{\mathrm{d}p}{\mathrm{d}T} + p\frac{\mathrm{d}V}{\mathrm{d}T}$$

このような手法は熱力学の関係式を導くのによく利用される．

ギブズ-ヘルムホルツの式

ギブズ-ヘルムホルツの式によって，ギブズ自由エネルギー変化 ΔG が温度 T とともにどう変化するかを調べることができる．それを導出する上で一つ重要な作業があって，それは $\Delta G/T$ を微分することである．ΔG は T に依存するので，こ

の作業は商の微分の一例である．もし ΔG が温度に依存しなければ，変数分の定数の微分なので随分と簡単になる．また，Δ 記号のついた量を微分するので奇異な感じがするかもしれないが，この場合，ΔG はとにかく T の関数である．

$\Delta G/T$ を微分するには商の微分規則を適用して

$$\frac{d}{dT}\left(\frac{\Delta G}{T}\right) = \frac{T\frac{d\Delta G}{dT} - \Delta G\frac{d}{dT}(T)}{T^2}$$

$$= \frac{T\frac{d\Delta G}{dT} - \Delta G \times 1}{T^2}$$

$$= \frac{T\frac{d\Delta G}{dT}}{T^2} - \frac{\Delta G}{T^2}$$

$$= \frac{T}{T^2}\frac{d\Delta G}{dT} - \frac{\Delta G}{T^2}$$

$$= \frac{1}{T}\frac{d\Delta G}{dT} - \frac{\Delta G}{T^2}$$

ギブズ-ヘルムホルツの式の導出までには，まだいくつかの作業が残っているが，多分ここのステップが最も厄介であろう．

問　題

1. つぎの関数を x について微分せよ．
  (a) $4x^5$
  (b) $x^3 - x^2 + x - 9$
  (c) $3\ln x - 4\sin 2x$
  (d) $6x - e^{-3x} + \ln 5x$
  (e) $5/x^3 - 2x + \ln 8x$

2. つぎの関数を x について微分せよ．
  (a) $x \ln x$
  (b) $x^2 e^{-2x}$
  (c) $3x \sin 2x$
  (d) $4xe^x + x$
  (e) $7x^2 \cos 4x + xe^x$

3. つぎの関数を x について微分せよ．
  (a) $x/\ln x$

(b) $\sin x / x^2$

(c) $e^x / \ln 2x$

(d) $\sin x / \cos 3x$

(e) $x \ln x / \sin x$

4. オストワルドの希釈律によって，解離反応の平衡定数 K と濃度 c の溶液のモル伝導率 Λ とが次式によって関係づけられる．
$$K = \frac{c\left(\frac{\Lambda}{\Lambda_0}\right)}{1 - \left(\frac{\Lambda}{\Lambda_0}\right)}$$
ここで Λ_0 は無限希釈のモル伝導率である．K を Λ/Λ_0 について微分せよ．

5. ボルツマン分布を統計力学的に扱うとつぎの微分が現れる．
$$\frac{d}{dn_i}(n_i \ln n_i - n_i)$$
この微分を計算せよ．

36 高次の微分

　前章で，関数を微分すると同じ変数についての第2の関数が得られることを知った．この第2の関数の微分は可能なはずであり，微分を多数回繰返すことのできる場合がある．
　つぎの多項式関数を考えよう．

$$f(x) = 2x^3 - 4x^2 + 3x + 1$$

通常の微分規則を用いて微分すると

$$\frac{\mathrm{d}f(x)}{\mathrm{d}x} = 6x^2 - 8x + 3$$

が得られる．もう一度微分すると

$$12x - 8$$

が得られ，これを $f(x)$ の**2次の導関数**といい，$\frac{\mathrm{d}^2 f(x)}{\mathrm{d}x^2}$ と書いて"ディー2(乗)エフエックスディーエックス2(乗)"と読む．

$\frac{\mathrm{d}f(x)}{\mathrm{d}x}$ と $\frac{\mathrm{d}^2 f(x)}{\mathrm{d}x^2}$ との間の関係はつぎのようなものである．

$$\frac{\mathrm{d}^2 f(x)}{\mathrm{d}x^2} = \frac{\mathrm{d}}{\mathrm{d}x}\left(\frac{\mathrm{d}f(x)}{\mathrm{d}x}\right)$$

さらに微分すれば $\frac{\mathrm{d}^3 f(x)}{\mathrm{d}x^3}$ などが得られる．

$$f(x) = \ln 3x$$

を例にとって考えよう．微分すると

$$\frac{\mathrm{d}f(x)}{\mathrm{d}x} = \frac{\mathrm{d}}{\mathrm{d}x}(\ln 3x) = \frac{1}{x}$$

であり，x^{-1} と書くこともできる．よって

$$\frac{\mathrm{d}^2 f(x)}{\mathrm{d}x^2} = \frac{\mathrm{d}}{\mathrm{d}x}(x^{-1}) = -1 \times x^{-2} = -\frac{1}{x^2}$$

$f(x) = 3\,\mathrm{e}^{2x}$ の場合，導関数は

$$\frac{\mathrm{d}f(x)}{\mathrm{d}x} = 6\,\mathrm{e}^{2x} \quad \text{だから} \quad \frac{\mathrm{d}^2 f(x)}{\mathrm{d}x^2} = 12\,\mathrm{e}^{2x}$$

1次元の箱の中の粒子

長さ a の1次元の箱の中の粒子の波動関数 Ψ はつぎのシュレーディンガー方程式を解いて得られる.

$$-\frac{h^2}{8\pi^2 m}\frac{\mathrm{d}^2\Psi}{\mathrm{d}x^2} = E\Psi$$

m は粒子の質量, E はエネルギー, h はプランク定数である. 粒子は x 軸方向にのみ動くことができる.

両辺に $-8\pi^2 m/h^2$ を掛ければ2次の微分 $\frac{\mathrm{d}^2\Psi}{\mathrm{d}x^2}$ を取出すことができて

$$\frac{\mathrm{d}^2\Psi}{\mathrm{d}x^2} = -\frac{8\pi^2 mE}{h^2}\Psi$$

このような系の波動関数を求めるには, どのような関数形になるかをうまく予想し, 境界条件の情報を使って未知定数の値を決める.

今の場合, しかるべき関数形は

$$\Psi = \left(\frac{2}{a}\right)^{1/2}\sin\left(\frac{n\pi x}{a}\right)$$

であり, n は $1, 2, 3, \cdots$ という値を取る. n, π, a は定数であることに注意すると

$$\frac{\mathrm{d}\Psi}{\mathrm{d}x} = \left(\frac{2}{a}\right)^{1/2}\left(\frac{n\pi}{a}\right)\cos\left(\frac{n\pi x}{a}\right)$$

および

$$\frac{\mathrm{d}^2\Psi}{\mathrm{d}x^2} = \left(\frac{2}{a}\right)^{1/2}\times\left\{-\left(\frac{n\pi}{a}\right)^2\sin\left(\frac{n\pi x}{a}\right)\right\}$$

$$= -\left(\frac{2}{a}\right)^{1/2}\times\left(\frac{n\pi}{a}\right)^2\sin\left(\frac{n\pi x}{a}\right)$$

シュレーディンガー方程式に代入して

$$-\left(\frac{2}{a}\right)^{1/2}\times\left(\frac{n\pi}{a}\right)^2\sin\left(\frac{n\pi x}{a}\right) = -\frac{8\pi^2 mE}{h^2}\left(\frac{2}{a}\right)^{1/2}\sin\left(\frac{n\pi x}{a}\right)$$

Ψ の定義式

$$\Psi = \left(\frac{2}{a}\right)^{1/2}\sin\left(\frac{n\pi x}{a}\right)$$

に含まれる因子を打ち消しあうと

$$\left(\frac{n\pi}{a}\right)^2 = \frac{8\pi^2 mE}{h^2} \quad \text{つまり} \quad \frac{n^2\pi^2}{a^2} = \frac{8\pi^2 mE}{h^2}$$

が残る．両辺の π^2 を打ち消して

$$\frac{n^2}{a^2} = \frac{8mE}{h^2}$$

が得られる．最後に $h^2/8m$ を両辺に掛けて

$$E = \frac{n^2 h^2}{8ma^2}$$

が粒子のエネルギーである．

水素原子の量子力学

　変数 θ についての方程式を解く必要があると，第28章の水素原子のところで述べた．その解には l 次のルジャンドル関数が含まれている．その定義式は

$$P_l(z) = \frac{1}{2^l l!} \frac{\mathrm{d}^l}{\mathrm{d}z^l}(z^2-1)^l$$

である．$P_2(z)$ の場合，$l=2$ であるから

$$l! = 2 \times 1 = 2, \quad 2^l = 2^2 = 4, \quad \frac{\mathrm{d}^l}{\mathrm{d}z^l} = \frac{\mathrm{d}^2}{\mathrm{d}z^2}$$

および

$$(z^2-1)^2 = (z^2-1)(z^2-1) = z^4 - 2z^2 + 1$$

この式から

$$\frac{\mathrm{d}}{\mathrm{d}z}(z^4 - 2z^2 + 1) = 4z^3 - 4z, \quad \frac{\mathrm{d}^2}{\mathrm{d}z^2}(z^4 - 2z^2 + 1) = 12z^2 - 4$$

が得られる．これらの式を組合わせて

$$P_2(z) = \frac{1}{4 \times 2}(12z^2 - 4)$$

$$= \frac{1}{8}(12z^2 - 4)$$

$$= \frac{12}{8}z^2 - \frac{4}{8}$$

$$= \frac{3}{2}z^2 - \frac{1}{2}$$

問題

1. $d^2 f(x)/dx^2$ を求めよ．
  (a) $f(x) = 4x^3 - 3x^2 + x - 5$
  (b) $f(x) = 6x^4 - 3x^2$
  (c) $f(x) = 9x^2 + 3x - 1$

2. $d^2 g(y)/dy^2$ を求めよ．
  (a) $g(y) = \ln 4y$
  (b) $g(y) = 2e^{-4y}$
  (c) $g(y) = \ln 3y + e^{2y}$

3. $d^2 h(z)/dz^2$ を求めよ．
  (a) $h(z) = \sin 3z$
  (b) $h(z) = \cos(4z + 1)$
  (c) $h(z) = \sin 2z + \cos 2z$

4. 水素原子の 1s 軌道は

$$\Psi_{1s} = \left(\frac{1}{\pi}\right)^{1/2} \left(\frac{1}{a_0}\right)^{3/2} e^{-r/a_0}$$

である．a_0 はボーア半径，r は原子核からの電子までの距離である．$\dfrac{d^2 \Psi_{1s}}{dr^2}$ を計算せよ．

5. 水溶液の体積 V を水 1 kg に含まれる塩の物質量 n で表すことができて

$$V = a + bn + cn^{3/2} + en^2$$

塩化ナトリウムの場合，$a = 1002.96$ cm^3，$b = 16.6253$ cm^3 mol^{-1}，$c = 1.7738$ cm^3 mol$^{-3/2}$，$e = 0.1194$ cm^3 mol^{-2} である．$n = 0.25$ mol における $\dfrac{d^2 V}{dn^2}$ の値を計算せよ．

37 　停　留　点

　これまでに，導関数によって曲線の任意の点の接線の傾きが求められることを学んできた．曲線の**停留点**，たとえば曲線が**極大**・**極小**となる点では接線の傾きが 0 になる．したがって，導関数が 0 となる点が決められれば曲線の停留点がわかる．

　たとえば

$$f(x) = 3x^2 - 9x + 2$$

については，導関数は

$$\frac{df(x)}{dx} = 6x - 9$$

である．

$$\frac{df(x)}{dx} = 0$$

とおいて

$$6x - 9 = 0$$

が得られる．両辺に 9 を加えて

$$6x = 9$$

とし，6 で割って

$$x = \frac{9}{6} = \frac{3}{2}$$

停留点の性質を決めること

　$\frac{d^2 f(x)}{dx^2}$ の値を見れば停留点の性質がわかる．それが負であれば極大であり，正であれば極小である．もし 0 であれば，極大，極小，あるいは図 37.1 にあるような**変曲点**のどれかである．これらを区別するには，停留点の前後で傾きの符号を考える必要がある．

37. 停　留　点

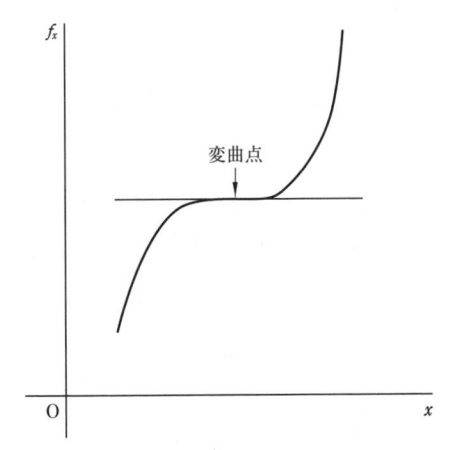

図 37.1　変　曲　点

上の例では 2 次の導関数は

$$\frac{d^2 f(x)}{dx^2} = \frac{d}{dx}(6x - 9) = 6$$

この値は正であるから $x=3/2$ における停留点は極小である．

つぎに

$$f(x) = 2x^3 - 3x + 3$$

を考えよう．微分して

$$\frac{df(x)}{dx} = 6x^2 - 3$$

これを 0 とおいて

$$6x^2 - 3 = 0$$

公約数 3 をくくり出して

$$3(2x^2 - 1) = 0$$

よって

$$2x^2 = 1 \quad \text{よって} \quad x^2 = \frac{1}{2}$$

この式には二つの解が存在することに注意しよう．

$$x = -\frac{1}{\sqrt{2}} \quad \text{または} \quad x = \frac{1}{\sqrt{2}}$$

2次導関数を計算すると

$$\frac{\mathrm{d}^2 f(x)}{\mathrm{d}x^2} = 12x$$

である．$x=-\frac{1}{\sqrt{2}}$ の場合

$$\frac{\mathrm{d}^2 f(x)}{\mathrm{d}x^2} = 12 \times \left(-\frac{1}{\sqrt{2}}\right) = -\frac{12}{\sqrt{2}}$$

であるから $f(x)$ は極大である．

$x=\frac{1}{\sqrt{2}}$ の場合

$$\frac{\mathrm{d}^2 f(x)}{\mathrm{d}x^2} = 12 \times \frac{1}{\sqrt{2}} = \frac{12}{\sqrt{2}}$$

であるから $f(x)$ は極小である．

$\frac{\mathrm{d}^2 f(x)}{\mathrm{d}x^2}$ の正負を決めるには，いつも数値を計算しなければならないとは限らないことに注意しよう．

最後の例は

$$f(x) = x^3 - 4$$

である．導関数は

$$\frac{\mathrm{d}f(x)}{\mathrm{d}x} = 3x^2$$

である．これが 0 になるのは $x=0$ のみであり，そこが停留点である．

2次の導関数は

$$\frac{\mathrm{d}^2 f(x)}{\mathrm{d}x^2} = 6x$$

$x=0$ でこの値は 0 であるから，もっと詳しく調べねばならない．

$x=-1$ では

$$\frac{\mathrm{d}f(x)}{\mathrm{d}x} = 3 \times (-1)^2 = 3 \times 1 = 3$$

$x=1$ では

$$\frac{\mathrm{d}f(x)}{\mathrm{d}x} = 3 \times 1^2 = 3 \times 1 = 3$$

停留点の前後で傾きが正であるからこの点は変曲点である．停留点の前後で傾きが負であっても同様である．

37. 停留点

レナード-ジョーンズポテンシャル

電荷をもたない分子間の相互作用を記述するのに広く用いられているのがこのポテンシャルであり，r だけ離れていれば相互作用のポテンシャルエネルギー V は

$$V(r) = -\frac{A}{r^6} + \frac{B}{r^{12}}$$

ここで A と B は正の定数である．これを微分するにはこの式を書き直して

$$V(r) = -Ar^{-6} + Br^{-12}$$

とするとよい．すると導関数は

$$\frac{dV(r)}{dr} = -A(-6r^{-7}) + B(-12r^{-13})$$

$$= 6Ar^{-7} - 12Br^{-13}$$

$$= \frac{6A}{r^7} - \frac{12B}{r^{13}}$$

停留点を決めるには共通因子 $1/r^7$ を括弧の外にくくり出して

$$\frac{dV(r)}{dr} = \frac{1}{r^7}\left(6A - \frac{12B}{r^6}\right)$$

とする．この式が 0 であるためには

$$6A - \frac{12B}{r^6} = 0$$

これを整理して

$$6A = \frac{12B}{r^6}$$

両辺に r^6 を掛けて

$$6Ar^6 = 12B$$

$6A$ で割って

$$r^6 = \frac{12B}{6A} = \frac{2B}{A}$$

$\dfrac{dV(r)}{dr}$ の式に戻ってもう一度微分すると

$$\frac{d^2V(r)}{dr^2} = \frac{d}{dr}(6Ar^{-7} - 12Br^{-13})$$

$$= 6A(-7r^{-8}) - 12B(-13r^{-14})$$

$$= -42Ar^{-8} + 156Br^{-14}$$

$$= -\frac{42A}{r^8} + \frac{156B}{r^{14}}$$

$$= \frac{1}{r^8}\left(\frac{156B}{r^6} - 42A\right)$$

r^6 に上の値を代入して

$$\frac{\mathrm{d}^2V(r)}{\mathrm{d}r^2} = \frac{1}{r^8}\left(156B \times \frac{A}{2B} - 42A\right)$$

$$= \frac{1}{r^8}(78A - 42A)$$

$$= \frac{36A}{r^8}$$

r も A も正であるから $\frac{\mathrm{d}^2V(r)}{\mathrm{d}r^2}$ も正である．よってこの停留点は極小である．

ヘリウム原子

変分原理を用いて，ヘリウム原子のエネルギー $\bar{E}$ を求めることができる．このエネルギーは電子が感ずる有効核電荷 Z' によってつぎのように表される．

$$\bar{E} = -\left[-2(Z')^2 + \frac{27}{4}Z'\right]E_\mathrm{h}$$

E_h はハートリーエネルギー(付録4)である．エネルギーを極小にする Z' の値をみつけるためには $\frac{\mathrm{d}\bar{E}}{\mathrm{d}Z'}$ を0とする必要がある．$\bar{E}$ の式が多項式なので導関数は容易に計算できて

$$\frac{\mathrm{d}\bar{E}}{\mathrm{d}Z'} = -\left[-4Z' + \frac{27}{4}\right]E_\mathrm{h} = 0$$

E_h が0でないので [ ] の中が0でなければならない．それを0とおき，整理して

$$4Z' = \frac{27}{4}$$

両辺を4で割って

$$Z' = \frac{27}{16}$$

$\frac{\mathrm{d}\bar{E}}{\mathrm{d}Z'}$ に戻ってもう一度微分して

$$\frac{d^2\bar{E}}{dZ'^2} = -\frac{d}{dZ'}\left(-4Z' + \frac{27}{4}\right)E_h = 4E_h$$

E_h が正なので $\frac{d^2\bar{E}}{dZ'^2}$ は正である．よって $Z'=27/16$ で $\bar{E}$ は極小値をとる．

問　題

1. $f(x)=3x^2-6x+7$ の停留点はどこかを答えよ．
2. $g(y)=\ln 2y-2y^2$ の停留点はどこかを答えよ．
3. $f(x)=4x^3-6x^2+1$ の停留点がどこか，そしてその性質が何かを答えよ．
4. $f(x)=\sin(3x-5)$ の停留点を $0\leq x\leq 2\pi$ の範囲で求めよ．
5. 距離 r 離れたイオン間のポテンシャルエネルギーは

$$V(r) = -\frac{A}{r} + \frac{B}{r^6}$$

である．ここで A, B は正の定数である．この関数の停留点を求めよ．そしてその点が極小であることを示せ．

6. ヘリウムの1s軌道のエネルギーは

$$E = \frac{e^2}{a_0}\left(Z^2 - \frac{27}{8}Z\right)$$

である．e は電気素量，a_0 はボーア半径，Z は電子が感ずる有効核電荷である．極小エネルギーを e と a_0 を含む式で求めよ．

38　偏微分

　これまで変数が一つの関数を微分してきたが，化学では多くの関数が二つないし三つの変数をもっている．その場合，各変数について変化率を調べる必要がある．
　これを実行するには他の因子を固定しておけばよい．たとえば
$$f(x, y) = 2x + 3y - 4xy$$
の場合，$f(x, y)$ が x についてどう変化するかを調べるには y を固定しておく．それが 4 であれば x で微分する式は
$$f(x, 4) = 2x + 3 \times 4 - 4x \times 4$$
つまり
$$f(x, 4) = 2x + 12 - 16x = 12 - 14x$$
である．x についての $f(x, y)$ の**偏導関数**を求めるということは，実はここでの作業と同じようなことを実行してから導関数を求めている．このプロセスを**偏微分**といい，偏導関数を
$$\left(\frac{\partial f(x, y)}{\partial x}\right)_y$$
と書き表す．（　）の外の添え字は固定しておく変数を示している．y に数値を代入することはしないが，とりあえず y はある一定の値を取っていると理解しておこう．元の式を書き直して一定となっている因子を（　）でくくっておくと都合のよいことがあって，
$$f(x, y) = (2)x + (3y) - (4y)x$$
とすることができる．いつもの微分規則を適用すると
$$\left(\frac{\partial f(x, y)}{\partial x}\right)_y = 2 - 4y$$
y を固定したので，$(3y)$ の導関数は今の場合 0 である．同様にして，y についての $f(x, y)$ の偏導関数を求めることができ，式を書き直して
$$f(x, y) = (2x) + (3)y - (4x)y$$
とし，結局
$$\left(\frac{\partial f(x, y)}{\partial y}\right)_x = 3 - 4x$$

今の場合, x を固定したので, $(2x)$ の導関数が 0 である.

もっと手ごたえのある問題として $f(x, y) = 3x^2y + \ln(xy)$ を考えよう. y が一定であるとして書き直すと

$$f(x, y) = (3y)x^2 + \ln((y)x)$$

となり,

$$\left(\frac{\partial f(x, y)}{\partial x}\right)_y = (3y)2x + \frac{1}{x} = 6xy + \frac{1}{x}$$

が得られる. つぎに x が一定であるとして書き直すと

$$f(x, y) = (3x^2)y + \ln((x)y)$$

となり,

$$\left(\frac{\partial f(x, y)}{\partial y}\right)_x = 3x^2 + \frac{1}{y}$$

が得られる.

完全微分

各変数についての偏導関数が決まったので, それらを結合して全体としての変化量を求めることができる. そのような量を**完全微分**(あるいは**全微分**)といい, 関数が $f(x, y)$ であれば df と書き表す. 完全微分の一般的な形は

$$df = \left(\frac{\partial f}{\partial x}\right)_y dx + \left(\frac{\partial f}{\partial y}\right)_x dy$$

であり, "x が dx, y が dy 変化したときの f の変化量は df である" とこの式を読み解くことができる. 簡潔な表現とするために $f(x, y)$ を f としたことに注意しよう. また, 誤解が生じるおそれがなければ, 添え字の x や y は省略することが多い.

上の例では

$$df = \left(6xy + \frac{1}{x}\right)dx + \left(3x^2 + \frac{1}{y}\right)dy$$

$x=1$, $y=2$ でこの式は

$$df = \left(6 \times 1 \times 2 + \frac{1}{1}\right)dx + \left(3 \times 1^2 + \frac{1}{2}\right)dy = 13\,dx + \frac{7}{2}\,dy$$

となる. この式によって, $x=1$, $y=2$ のまわりでの $f(x, y)$ の微小変化を調べることができる.

高次の偏微分

たとえば $\left(\frac{\partial f}{\partial x}\right)_y$ が得られたら，変数が一つの関数の微分の場合のようにさらに微分することができる．この2次の偏微分は $\left(\frac{\partial^2 f}{\partial x^2}\right)_y$ と書き表すが，固定しておく変数が明らかであれば簡潔に $\frac{\partial^2 f}{\partial x^2}$ とすることも多い．上例では

$$f(x,y) = 3x^2y + \ln(xy)$$

および

$$\left(\frac{\partial f(x,y)}{\partial x}\right)_y = 6xy + \frac{1}{x} \qquad \left(\frac{\partial f(x,y)}{\partial y}\right)_x = 3x^2 + \frac{1}{y}$$

であるから

$$\begin{aligned}
\left(\frac{\partial^2 f(x,y)}{\partial x^2}\right)_y &= \left[\frac{\partial}{\partial x}\left(6xy + \frac{1}{x}\right)\right]_y \\
&= \left[\frac{\partial}{\partial x}(6xy + x^{-1})\right]_y \\
&= 6y - x^{-2} \\
&= 6y - \frac{1}{x^2}
\end{aligned}$$

および

$$\begin{aligned}
\left(\frac{\partial f(x,y)}{\partial y}\right)_x &= \left[\frac{\partial}{\partial y}\left(3x^2 + \frac{1}{y}\right)\right]_x \\
&= \left[\frac{\partial}{\partial y}(3x^2 + y^{-1})\right]_x \\
&= -y^{-2} \\
&= -\frac{1}{y^2}
\end{aligned}$$

もう二つの2次の偏導関数を計算することも可能である．一つが $\frac{\partial^2 f}{\partial y \partial x}$ であり，$\frac{\partial f}{\partial x}$ をさらに y で偏微分して得られる．今の例では

$$\frac{\partial^2 f(x,y)}{\partial y \partial x} = \left[\frac{\partial}{\partial y}\left(6xy + \frac{1}{x}\right)\right]_x = 6x$$

である．最後に $\frac{\partial^2 f}{\partial x \partial y}$ であり，$\frac{\partial f}{\partial y}$ をさらに x で偏微分して得られる．今の例では

$$\frac{\partial f(x,y)}{\partial x \partial y} = \left[\frac{\partial}{\partial x}\left(3x^2 + \frac{1}{y}\right)\right]_y$$

$$= \left[\frac{\partial}{\partial x}(3x^2 + y^{-1})\right]_y = 6x$$

ここで $\frac{\partial^2 f}{\partial x \partial y} = \frac{\partial^2 f}{\partial y \partial x}$ に注意しよう．多くの関数でそのような関係が成り立つ．

オイラーの連鎖則

z が x と y の関数であればつぎの関係が成り立つ．

$$\left(\frac{\partial x}{\partial y}\right)_z \left(\frac{\partial y}{\partial z}\right)_x \left(\frac{\partial z}{\partial x}\right)_y = -1$$

簡単な例として

$$z(x,y) = 3xy$$

を考えよう．並べ替えを行うと

$$x = \frac{z}{3y} \quad \text{および} \quad y = \frac{z}{3x}$$

であるから，

$$\left(\frac{\partial x}{\partial y}\right)_z = \frac{z}{3}(-y^{-2})$$

$$= -\frac{z}{3y^2}$$

$$\left(\frac{\partial y}{\partial z}\right)_x = \frac{1}{3x}$$

$$\left(\frac{\partial z}{\partial x}\right)_y = 3y$$

$z=3xy$ であるから

$$\left(\frac{\partial x}{\partial y}\right)_z = -\frac{3xy}{3y^2} = -\frac{x}{y}$$

と書き直すことができる．**オイラーの連鎖則**に代入すると，予想通り

$$-\frac{x}{y} \times \frac{1}{3x} \times 3y = -\frac{3xy}{3xy} = -1$$

が得られる．

ファンデルワールス方程式

圧力 p, 体積 V, 絶対温度 T がわかっていれば，気体のふるまいをつぎのファンデルワールス方程式で記述することができる．

$$\left(p + \frac{an^2}{V^2}\right)(V - nb) = nRT$$

n は気体の物質量，a と b は定数である．

圧力の完全微分 $\mathrm{d}p$ を得るために，この式の両辺を $(V-nb)$ で割って

$$\left(p + \frac{an^2}{V^2}\right) = \frac{nRT}{V - nb}$$

とし，$\frac{an^2}{V^2}$ を両辺から引いて

$$p = \frac{nRT}{V - nb} - \frac{an^2}{V^2}$$

とする．T についての偏微分は，T が第1項の分子に現れているだけだからすぐに計算できて

$$\left(\frac{\partial p}{\partial T}\right)_V = \frac{nR}{V - nb}$$

V についての偏微分はやや複雑である．第1項については商の微分規則(第35章)を用い，第2項については $1/V^2$ を V^{-2} とする．そうすれば偏微分は

$$\left(\frac{\partial p}{\partial V}\right)_T = \frac{0 \times (V - nb) - 1 \times nRT}{(V - nb)^2} - an^2(-2V^{-3})$$

$$= -\frac{nRT}{(V - nb)^2} + \frac{2an^2}{V^3}$$

よって $\mathrm{d}p$ の完全微分は

$$\mathrm{d}p = \left(\frac{nR}{V - nb}\right)\mathrm{d}T + \left(\frac{2an^2}{V^3} - \frac{nRT}{(V - nb)^2}\right)\mathrm{d}V$$

となる．

ひもを伝わる進行波

量子論的な系の話に入る前に，古典論の世界で波のふるまいをこのモデルで学ぶことが多い．1次元波動の一般的な微分方程式は

38. 偏微分

$$\frac{\partial^2 y}{\partial x^2} = \frac{1}{u^2}\left(\frac{\partial^2 y}{\partial t^2}\right)$$

y はひもの横方向の変位，x はひもに沿った距離，u は定数，t は時間である．解の**試行関数**としてつぎの形を考えよう．

$$y = A\sin(ax + bt + c)$$

A, a, b, c は定数である．x と t の両方について 1 次と 2 次の偏導関数を計算して

$$\frac{\partial y}{\partial x} = Aa\cos(ax + bt + c)$$

$$\frac{\partial^2 y}{\partial x^2} = -Aa^2\sin(ax + bt + c)$$

$$\frac{\partial y}{\partial t} = Ab\cos(ax + bt + c)$$

$$\frac{\partial^2 y}{\partial t^2} = -Ab^2\sin(ax + bt + c)$$

2 次の偏導関数を波動方程式に代入して

$$-Aa^2\sin(ax + bt + c) = \frac{1}{u^2}(-Ab^2\sin(ax + bt + c))$$

$-A\sin(ax+bt+c)$ は打ち消すことができて

$$a^2 = \frac{1}{u^2} \times b^2 = \frac{b^2}{u^2}$$

よって

$$u^2 = \frac{b^2}{a^2} \quad \text{つまり} \quad u = \pm\frac{b}{a}$$

問題

1. $f(x, y) = 5x^2y - 3xy - 4xy^2$ について $\frac{\partial f}{\partial x}$ と $\frac{\partial f}{\partial y}$ を計算せよ．

2. つぎの関数について $\frac{\partial g}{\partial x}$ と $\frac{\partial g}{\partial y}$ を計算せよ．

$$g(x, y) = x^2 + \ln\left(\frac{x}{y}\right)$$

3. $h(r, s) = e^{-r} + \sin(r + 2s)$ について $\frac{\partial h}{\partial r}$ と $\frac{\partial h}{\partial s}$ を計算せよ．

4. 理想気体の方程式は

$$p = \frac{nRT}{V}$$

である．p は圧力，V は体積，T は絶対温度，n は気体の物質量，R は気体定数である．$\left(\frac{\partial p}{\partial T}\right)_V$, $\left(\frac{\partial p}{\partial V}\right)_T$, 完全微分 $\mathrm{d}p$ をそれぞれ計算せよ．

5. 2種類の気体を混合するとエントロピー変化は

$$\Delta S = -R(x_1 \ln x_1 + x_2 \ln x_2)$$

となる．x_1 と x_2 はどれぞれのモル分率，R は気体定数である．$\frac{\partial \Delta S}{\partial x_1}$, $\frac{\partial \Delta S}{\partial x_2}$, および完全微分をそれぞれ計算せよ．

39　積　　分

積分とは，要するに微分の逆プロセスである．もし
$$f(x) = x^2 - 3$$
を微分すれば導関数 $2x$ が得られる．これを逆にすると，もし
$$f(x) = 2x$$
を積分すれば x^2-3 が得られる．この関数を $2x$ の積分という．

ところが実際はこれほど単純ではない．定数の導関数は 0 なので，以下のような関数を微分するとすべて導関数が $2x$ になる．
$$f(x) = x^2 - 7$$
$$f(x) = x^2 + 2$$
$$f(x) = x^2 + 10$$
一般的にいうと，記号 C でもって定数を表すことにすると
$$f(x) = x^2 + C$$
の導関数は $2x$ であり，だから $2x$ の積分は $f(x)=x^2+C$ である．この "x についての $2x$ の積分" を数学記号で表すと
$$\int 2x \, \mathrm{d}x = x^2 + C$$
となる．定数 C は**積分定数**という．

定　積　分

積分すると未定定数 C が生ずるという事実は，ふつうは問題にならない．化学ではいわゆる**定積分**を扱うのがふつうである．一つの例は，上で得られた結果を用いて
$$\int_1^2 2x \, \mathrm{d}x$$
を決めることである．これを "$x=1$ から $x=2$ の範囲にわたる，x についての $2x$ の積分" とよぼう．積分記号の上下の数は**積分範囲**という．下にあるのが積分の下限，上にあるのが積分の上限である．この定積分の値を決めるために，まず上限で積分を計算すると

$$x^2 + C = 2^2 + C = 4 + C$$

つぎに下限で積分を計算して

$$x^2 + C = 1^2 + C = 1 + C$$

上限での値から下限での値を差し引いて

$$(4+C) - (1+C) = 3$$

積分定数 C が打ち消しあって，数値が答えとして得られることに注意しよう．このことはいつも成り立つ．

このことをもっと簡潔に表すためにつぎのようにしよう．

$$\int_1^2 2x \, dx = [x^2]_1^2$$

$$= [2^2] - [1^2] = 4 - 1 = 3$$

[ ] を使うこと，そして積分範囲を扱う際には積分定数を省略することに注意しよう．

2 次反応

2 次反応を解析する際には

$$\int_{c_0}^c \frac{1}{c^2} dc \quad \text{および} \quad \int_0^t dt$$

を決定する必要がある．積分範囲に記号が使われていることに注意しよう．これは，有用な一般公式を導くのによく使われる手法であり，積分範囲に相当する数値はあとになって代入するのである．積分上限の c は変数 c の特別な値であると解釈する．同様に，積分上限の t は変数 t の特別な値である．積分下限の c_0 は $t=0$ における変数 c の初期値である．

$$\int \frac{1}{x^2} dx = -\frac{1}{x} + C$$

であるから上の定積分は

$$\int_{c_0}^c \frac{1}{c^2} dc = \left[-\frac{1}{c}\right]_{c_0}^c$$

$$= \left[-\frac{1}{c}\right] - \left[-\frac{1}{c_0}\right]$$

$$= \frac{1}{c_0} - \frac{1}{c}$$

ここでマイナス記号の取扱いに注意しよう.

$\int_0^t dt$ を決定するには,

$$\int dx = x + C$$

に気づく必要がある. そうすれば

$$\int_0^t dt = [t]_0^t = t - 0 = t$$

が得られる. 各積分を組合せて2次反応の速度式が得られるが, その式にはすでに第23章の問題4の(b)で登場している.

クラウジウス–クラペイロンの式

クラウジウス–クラペイロンの式によって, 液体の蒸気圧 p が絶対温度 T とともにどう変化するかがわかる. この方程式を導出するには

$$\int_{p_1}^{p_2} \frac{1}{p} dp$$

の計算が必要である.

$$\int \frac{1}{x} dx = \ln x + C$$

であるから

$$\int_{p_1}^{p_2} \frac{1}{p} dp = [\ln p]_{p_1}^{p_2} = \ln p_2 - \ln p_1$$

$$= \ln\left(\frac{p_2}{p_1}\right)$$

が得られる. ここで, 第19章の対数計算の規則 $(\ln a - \ln b) = \ln(a/b)$ を用いた.

この型の積分は化学でよく登場する.

問　題

1. $\int x^3 dx = \frac{x^4}{4} + C$ であれば, $\int_1^4 x^3 dx$ がいくつになるかを計算せよ.

2. $\int \frac{1}{x^2} dx = -\frac{1}{x} + C$ であれば, $\int_{-2}^{2} \frac{1}{x^2} dx$ がいくつになるかを計算せよ.

3. $\int \sin 2x \, \mathrm{d}x = -\frac{1}{2}\cos 2x + C$ であれば，$\int_0^{2\pi} \sin 2x \, \mathrm{d}x$ がいくつになるかを計算せよ．

4. 0次反応の濃度 c と時間 t とを関係づける方程式が

$$\int_{c_0}^{c} \mathrm{d}c = -k \int_0^t \mathrm{d}t$$

を計算することによって得られる．c_0 は初期濃度である．$\int \mathrm{d}x = x + C$ を用いてこの式を積分せよ．

5. 高度 z における大気圧 p が次式によって得られる．

$$\int_{p_0}^{p} \frac{\mathrm{d}p}{p} = -\frac{mg}{RT} \int_0^z \mathrm{d}z$$

p_0 は高度 0 での大気圧，m は流体(空気)のモル質量，g は重力加速度，R は気体定数，T は絶対温度である．つぎの関係を用いてこの式を積分せよ．

$$\int \frac{1}{x} \mathrm{d}x = \ln x + C \quad \text{および} \quad \int \mathrm{d}x = x + C$$

40 関数の積分

この章では,通常の関数をどう積分したらよいかを考える.積分規則を述べたあと,いくつかの例を考える.

多 項 式

$$\int x^n \, dx = \frac{x^{n+1}}{n+1} + C$$

言葉でいうと"x^n の積分は,累乗の指数を 1 増やし,その累乗の指数で割る"である.たとえば

$$\int x^3 \, dx = \frac{x^{3+1}}{3+1} + C = \frac{x^4}{4} + C$$

$$\int x^{-2} \, dx = \frac{x^{-2+1}}{-2+1} + C = \frac{x^{-1}}{-1} + C = -\frac{1}{x} + C$$

$n = -1$ の場合,0 で割ることになるからこの公式が適用できないことに注意しよう.この場合は次ページで扱う.

もし被積分関数(積分すべき関数)に定数が掛けてあれば,結果にも同じ定数を掛ければよい.たとえば

$$\int 3x^5 \, dx = 3 \int x^5 \, dx$$

$$= 3\left(\frac{x^{5+1}}{5+1} + C\right)$$

$$= 3\left(\frac{x^6}{6} + C\right)$$

$$= \frac{3x^6}{6} + 3C$$

$$= \frac{x^6}{2} + C'$$

ここで $C' = 3C$ である.実際は,定数 C は他の箇所を処理し終えてから最後に定数 C を付け加えればよい.

定数もこのようにして積分できる．どんな数でも0乗すれば1であるから
$$a = a \times 1 = ax^0$$
である．ここでの規則を適用して
$$\int a\,dx = \int ax^0\,dx = a\int x^0\,dx = a\left(\frac{x^{0+1}}{0+1}\right) + C = ax^1 + C = ax + C$$
たとえば
$$\int dx = x + C$$

$$\int 4\,dx = 4\int dx + C = 4x + C$$

いくつかの項の和や差については各項ごとに積分すればよい．たとえば
$$\int(5x^3 - 3x + 4)\,dx = \frac{5x^4}{4} - \frac{3x^2}{2} + 4x + C$$

逆数 $(1/x)$

上の公式で $n=-1$ が例外であった．これについては
$$\int x^{-1}\,dx = \int \frac{1}{x}\,dx = \ln x + C$$
である．たとえば
$$\int \frac{1}{2x}\,dx = \frac{1}{2}\int \frac{1}{x}\,dx = \frac{1}{2}\ln x + C$$

指数関数

指数関数の積分規則は
$$\int e^{ax}\,dx = \frac{e^{ax}}{a} + C$$
である．たとえば
$$\int 3\,e^{-4x}\,dx = 3\int e^{-4x}\,dx = 3\left(\frac{e^{-4x}}{-4}\right) + C = -\frac{3}{4}e^{-4x} + C$$
指数規則を使って
$$-\frac{3}{4\,e^{4x}} + C$$

としても構わない．

三角関数

サイン関数とコサイン関数の積分規則は

$$\int \cos ax \, dx = \frac{1}{a} \sin ax + C$$

$$\int \sin ax \, dx = -\frac{1}{a} \cos ax + C$$

2番目の公式にマイナス記号がつくことに注意しよう．例は

$$\int 3 \cos 2x \, dx = 3 \int \cos 2x \, dx = 3 \times \frac{1}{2} \sin 2x + C = \frac{3}{2} \sin 2x + C$$

$$\int 2 \sin 5x \, dx = 2 \int \sin 5x \, dx = 2 \times \left(-\frac{1}{5}\right) \cos 5x + C = -\frac{2}{5} \cos 5x + C$$

1次反応速度

1次反応の速度式の積分形を得るには次式を積分する．

$$-\frac{dc}{dt} = kc$$

t は時間，c は濃度，k は速度定数である．両辺に $-dt$ を掛け，c で割れば，二つの変数 c と t を片側ずつにまとめることができて

$$-\frac{dc}{c} = k \, dt$$

積分範囲を決めれば，この式を積分することができる．時間 t が経過したあとの濃度 c を見いだしたければ，これらを積分の上限とすべきである．c_0 が初期濃度であれば，これが $t=0$ とともに下限となる．これらの範囲で積分して

$$\int_{c_0}^{c} \frac{dc}{c} = -k \int_{0}^{t} dt$$

$\int \frac{1}{x} dx = \ln x + C$, $\int dx = x + C$ であるから

$$[\ln c]_{c_0}^{c} = -k [t]_{0}^{t}$$

となる(第39章の問題4を参照)．これらの積分範囲を代入して

$$\ln c - \ln c_0 = -k(t-0)$$

よって

$$\ln c - \ln c_0 = -kt$$

あるいは，第19章の対数計算の規則を用いて

$$\ln \frac{c_0}{c} = kt$$

としてもよい．

波動関数の規格化

いままで箱の中の粒子モデルを何回も取上げた．このモデルの第1励起状態の解の候補となる波動関数一つが

$$\Psi = x(2x - a)(x - a)$$

である．a は x 方向の箱の長さである．粒子を見いだす確率は $\Psi^*\Psi$ であるが，今の場合 Ψ が実数であるから Ψ^2 の積分となる（第31章）．もし積分範囲が箱の領域に等しければ，この確率は1になる．つまり

$$\int_0^a \Psi^* \Psi \, \mathrm{d}x = 1$$

である．今の場合（ ）をはずせば

$$\Psi = 2x^3 - 3ax^2 + a^2 x$$

であり，容易に2乗できる．$(2x^3 - 3ax^2 + a^2x)$ に $(2x^3 - 3ax^2 + a^2x)$ を掛け，同類項をまとめて

$$\Psi^2 = 4x^6 - 12ax^5 + 13a^2x^4 - 6a^3x^3 + a^4x^2$$

とでき，結局

$$\int_0^a \Psi^* \Psi \, \mathrm{d}x = \int_0^a (4x^6 - 12ax^5 + 13a^2x^4 - 6a^3x^3 + a^4x^2) \, \mathrm{d}x$$

$$= \left[\frac{4x^7}{7} - \frac{12ax^6}{6} + \frac{13a^2x^5}{5} - \frac{6a^3x^4}{4} + \frac{a^4x^3}{3} \right]_0^a$$

$$= \left[\frac{4a^7}{7} - \frac{12aa^6}{6} + \frac{13a^2a^5}{5} - \frac{6a^3a^4}{4} + \frac{a^4a^3}{3} \right] - [0]$$

$$= \left[\frac{4a^7}{7} - \frac{12a^7}{6} + \frac{13a^7}{5} - \frac{6a^7}{4} + \frac{a^7}{3} \right]$$

これらの各項は共通分母210で整理できて

40. 関数の積分

$$\int_0^a \Psi^* \Psi \, dx = \frac{(120 - 420 + 546 - 315 + 70)\, a^7}{210}$$

$$= \frac{a^7}{210}$$

波動関数を規格化するには，波動関数に $\sqrt{\dfrac{210}{a^7}}$ を掛ければよい．それによって $\int_0^a \Psi^2 \, dx = 1$ が保障される．この因子が**規格化定数**である．

問　題

1．つぎの積分を計算せよ．

(a) $\int x^9 \, dx$

(b) $\int 3x^{-6} \, dx$

(c) $\int \dfrac{2}{3x} \, dx$

(d) $\int 2\,e^{-5x} \, dx$

(e) $\int \cos 3x \, dx$

2．次式を計算せよ．

(a) $\int_0^6 (5x^3 - 2x^2 + x + 6) \, dx$

(b) $\int_{-1}^3 (x^2 - 2x + 1) \, dx$

(c) $\int_{-4}^0 (3x^4 - 4x^2 - 7) \, dx$

3．次式を計算せよ．

(a) $\int_1^5 \dfrac{1}{2x} \, dx$

(b) $\int_0^1 e^{3x} \, dx$

(c) $\displaystyle\int_0^\pi \sin 4x \, dx$

4. 温度が T_1 から T_2 に変わるとエンタルピーの変化量 ΔH がどのような値を取るかが次式で計算できる．

$$\Delta H = \int_{T_1}^{T_2} C_p \, dT$$

熱容量 C_p はつぎの形で表すことができる．

$$C_p = a + bT + cT^{-2}$$

窒素ガスについて，$a=28.58 \text{ J K}^{-1}\text{mol}^{-1}$, $b=3.76\times10^{-3}\text{ J K}^{-2}\text{mol}^{-1}$, $c=-5.0\times10^4 \text{ J K mol}^{-1}$ である．温度が 298 K から 318 K に上昇した場合の ΔH を計算せよ．

5. 温度 T とともに平衡定数 K がどのように変わるかは次式で計算できる．

$$\int_{K_1}^{K_2} \frac{dK}{K} = \frac{\Delta H^\ominus}{R} \int_{T_1}^{T_2} \frac{dT}{T^2}$$

この積分を計算して，T_1, T_2 を含む式で K_1 と K_2 を表せ．なお，$\Delta H^\ominus$ は標準エンタルピー変化，R は気体定数である．

41　積 分 技 法

　微分の場合，関数の結合様式に応じた微分規則がある（第35章）．これは積分には当てはまらない．積分がそれほど簡単なプロセスではないからである．本章では，化学の複雑な関数の積分に活用される三つの技法を考える．一般的にいって，どの技法を用いるべきかはすでに確立されていることなので，あらためて決める必要はない．

部 分 積 分

　二つの関数の積の微分規則が第35章で登場した．もし関数が u と v ならば

$$\frac{d}{dx}(uv) = v\frac{du}{dx} + u\frac{dv}{dx}$$

両辺から $v\dfrac{du}{dx}$ を引いて

$$u\frac{dv}{dx} = \frac{d}{dx}(uv) - v\frac{du}{dx}$$

各項を x について積分して

$$\int u\frac{dv}{dx}dx = \int \frac{d}{dx}(uv)dx - \int v\frac{du}{dx}dx$$

導関数を積分すれば元の関数に戻るから

$$\int u\frac{dv}{dx}dx = uv - \int v\frac{du}{dx}dx$$

となる．これが部分積分の公式である．
　つぎの積分を考えよう．

$$\int x \cos x\, dx$$

これを $\int u\dfrac{dv}{dx}dx$ と比較する．ただし，u は微分し，$\dfrac{dv}{dx}$ は積分することを念頭に入れておかねばならない．今の場合，$u=x$，$\dfrac{dv}{dx}=\cos x$ とするのがよい．というのは，後者を積分しても複雑な関数にならないからである．$u=x$ からは $\dfrac{du}{dx}=1$，

$\frac{dv}{dx} = \cos x$ からは $v = \sin x$ が導かれる．積分定数は問題の最後に追加すればよい．

これらを公式に代入して

$$\int x \cos x \, dx = x \sin x - \int \sin x \times 1 \, dx$$
$$= x \sin x - \int \sin x \, dx$$
$$= x \sin x + \cos x + C$$

この結果が正しいことは微分してみればわかる．定積分の場合には，x に上限と下限の値を代入したあと，差を取ればよい．

置換積分

例として $\int_1^2 (2x+3)^5 \, dx$ を要領よく計算するにはどうすればよいか考えよう．変数をうまく置換するとできる．今の場合，$u = 2x+3$ とする．これを微分すると $du/dx = 2$ であるから $dx = du/2$ である．また，$x=1$ で $u = 2 \times 1 + 3 = 5$，$x=2$ で $u = 2 \times 2 + 3 = 7$ である．これらを元の式に代入して

$$\int_5^7 u^5 \frac{du}{2} = \frac{1}{2} \int_5^7 u^5 \, du$$
$$= \frac{1}{2} \left[\frac{u^6}{6} \right]_5^7 = \frac{1}{12} [7^6 - 5^6]$$
$$= \frac{1}{12} [117\,649 - 15\,625] = \frac{102\,024}{12}$$
$$= 8502$$

被積分関数も最後の dx も新しい変数で完全に書き直さなければならないし，積分範囲も新しい変数に対応するものでなければならない．これらの点に注意が必要である．

部分分数分解

実際には積分法とはいえないが，ある種の式は部分分数に分解することによって積分が容易になる．つぎの式で考えよう．

41. 積分技法

$$\frac{3}{(x+1)(x-2)}$$

これを

$$\frac{A}{x+1} + \frac{B}{x-2}$$

と書き直そう．定数 A と B の値はこれから決める．両式を比較して

$$\frac{3}{(x+1)(x-2)} = \frac{A(x-2) + B(x+1)}{(x+1)(x-2)}$$

とできる．両辺の分母は同じになっている．また，右辺の分子と分母を打ち消しあえば最初の式と同じになる．分子が等しいとして

$$3 = A(x-2) + B(x+1)$$

$x=2$ を代入して

$$3 = A(2-2) + B(2+1) \quad つまり \quad 3 = 3B$$

よって $B=1$ である．

$x=-1$ を代入して

$$3 = A(-1-2) + B(-1+1) \quad つまり \quad 3 = -3A$$

よって $A=-1$ である．

結局

$$\frac{3}{(x+1)(x-2)} = \frac{-1}{(x+1)} + \frac{1}{(x-2)}$$

であり，元の式よりも容易に積分ができる．

期待値の計算

すでにみたとおり，長さ a の箱の中の粒子の波動関数は

$$\Psi = \left(\frac{2}{a}\right)^{1/2} \sin\left(\frac{n\pi x}{a}\right)$$

粒子の位置の期待値 $\langle x \rangle$ は

$$\langle x \rangle = \frac{2}{a} \int_0^a \frac{x}{2} \left[1 - \cos\left(\frac{2n\pi x}{a}\right)\right] dx$$

で計算できる．この式を展開して

$$\langle x \rangle = \frac{1}{a} \int_0^a x \, dx - \frac{1}{a} \int_0^a x \cos\left(\frac{2n\pi x}{a}\right) dx$$

最初の積分は容易に計算できて

$$\frac{1}{a}\int_0^a x\,\mathrm{d}x = \frac{1}{a}\left[\frac{x^2}{2}\right]_0^a$$

$$= \frac{1}{2a}[a^2-0^2] = \frac{a^2}{2a} = \frac{a}{2}$$

第2番目の積分には部分積分法を適用しよう．

$$\int u\frac{\mathrm{d}v}{\mathrm{d}x}\mathrm{d}x = uv - \int v\frac{\mathrm{d}u}{\mathrm{d}x}\mathrm{d}x$$

において $u=x$, $\mathrm{d}v/\mathrm{d}x=\cos(2n\pi x/a)$ とおこう．そうすれば $\mathrm{d}u/\mathrm{d}x=1$ であり，

$$v = \frac{a}{2n\pi}\sin\left(\frac{2n\pi x}{a}\right)$$

である．よって

$$\int_0^a x\cos\left(\frac{2n\pi x}{a}\right)\mathrm{d}x = \left[x\frac{a}{2n\pi}\sin\left(\frac{2n\pi x}{a}\right)\right]_0^a - \frac{a}{2n\pi}\int_0^a \sin\left(\frac{2n\pi x}{a}\right)\times 1\,\mathrm{d}x$$

$$= \left[x\frac{a}{2n\pi}\sin\left(\frac{2n\pi x}{a}\right) - \frac{a}{2n\pi}\left(-\frac{a}{2n\pi}\right)\cos\left(\frac{2n\pi x}{a}\right)\right]_0^a$$

$$= \left[x\frac{a}{2n\pi}\sin\left(\frac{2n\pi x}{a}\right) + \frac{a^2}{4n^2\pi^2}\cos\left(\frac{2n\pi x}{a}\right)\right]_0^a$$

$$= \left[\frac{a^2}{2n\pi}\sin\left(\frac{2n\pi a}{a}\right) + \frac{a^2}{4n^2\pi^2}\cos\left(\frac{2n\pi a}{a}\right)\right]$$

$$\quad - \left[\frac{a^2}{4n^2\pi^2}\cos 0\right]$$

$$= 0 + \frac{a^2}{4n^2\pi^2}\times 1 - \frac{a^2}{4n^2\pi^2}\times 1 = 0$$

ここで $\sin 2n\pi=0$, $\cos 2n\pi=1$, $\cos 0=1$ を用いた．したがって，積分の第1項のみが残るが，この値は $a/2$ であるから $\langle x\rangle = a/2$ である．

2 次反応速度

　反応物が 1：1 以外で反応すれば解析は少し面倒になる．つぎの反応を考えよう．

$$a\mathrm{A} + b\mathrm{B} \longrightarrow 生成物$$

a と b は化学量論上の係数である．これが 2 次反応であれば反応速度はつぎのように定義される．

41. 積 分 技 法

$$\text{反応速度} = -\frac{1}{a}\frac{d[A]}{dt} = -\frac{1}{b}\frac{d[B]}{dt} = k[A][B]$$

初期濃度 $[A]_0, [B]_0$ と反応物の消費量 x によって濃度 $[A], [B]$ を表すと

$$[A] = [A]_0 - ax \quad \text{および} \quad [B] = [B]_0 - bx$$

であるから

$$\frac{d[A]}{dt} = -a\frac{dx}{dt} \quad \text{および} \quad \frac{d[B]}{dt} = -b\frac{dx}{dt}$$

であり

$$\text{反応速度} = -\frac{1}{a}\left(-a\frac{dx}{dt}\right) = \frac{dx}{dt}$$

$$\text{反応速度} = -\frac{1}{b}\left(-b\frac{dx}{dt}\right) = \frac{dx}{dt}$$

となる.したがって速度方程式はつぎのように書き表すことができる.

$$\frac{dx}{dt} = k([A]_0 - ax)([B]_0 - bx)$$

両辺を $([A]_0 - ax)([B]_0 - bx)$ で割り,dt を掛けて

$$\int_0^x \frac{dx}{([A]_0 - ax)([B]_0 - bx)} = k\int_0^t dt$$

左辺は部分分数に分解して積分できる.そこで

$$\frac{1}{([A]_0 - ax)([B]_0 - bx)} = \frac{X}{([A]_0 - ax)} + \frac{Y}{([B]_0 - bx)}$$

$$= \frac{X([B]_0 - bx) + Y([A]_0 - ax)}{([A]_0 - ax)([B]_0 - bx)}$$

とおき,初めの行の左辺の分子とつぎの行の分子を等しいと置いて

$$1 = X([B]_0 - bx) + Y([A]_0 - ax)$$

が得られる.$x = [B]_0/b$ を代入すると $1 = Y([A]_0 - a[B]_0/b)$ となるから

$$Y = \frac{1}{[A]_0 - \dfrac{a[B]_0}{b}}$$

$$= \frac{1}{\dfrac{b[A]_0 - a[B]_0}{b}}$$

$$= \frac{b}{b[A]_0 - a[B]_0}$$

同様に, $x = [A]_0/a$ を代入すると $1 = X([B]_0 - b[A]_0/a)$ となるから

$$X = \frac{1}{[B]_0 - \dfrac{b[A]_0}{a}}$$

$$= \frac{1}{\dfrac{a[B]_0 - b[A]_0}{a}}$$

$$= \frac{a}{a[B]_0 - b[A]_0}$$

したがって, つぎの方程式を積分することになる.

$$\frac{a}{a[B]_0 - b[A]_0}\int_0^x \frac{dx}{([A]_0 - ax)} + \frac{b}{b[A]_0 - a[B]_0}\int_0^x \frac{dx}{([B]_0 - bx)} = k\int_0^t dt$$

左辺の積分は置換法で計算できる. $u = [A]_0 - ax$ とおくと $du/dx = -a$, よって $dx = -du/a$ であるから

$$\int \frac{dx}{([A]_0 - ax)} = \int \frac{1}{u}\left(-\frac{du}{a}\right)$$

$$= -\frac{1}{a}\int \frac{du}{u} = -\frac{1}{a}\ln u$$

$$= -\frac{1}{a}\ln([A]_0 - ax)$$

が得られる. 同様にして

$$\int \frac{dx}{([B]_0 - bx)} = -\frac{1}{b}\ln([B]_0 - bx)$$

が得られる. これらの式を部分分数分解で求めた式に代入して

$$\frac{a}{a[B]_0 - b[A]_0}\left[-\frac{1}{a}\ln([A]_0 - ax)\right]_0^x + \frac{b}{b[A]_0 - a[B]_0}\left[-\frac{1}{b}\ln([B]_0 - bx)\right]_0^x$$

$$= k\int_0^t dt$$

分母と分子が打ち消しあうので簡単にできて

$$\frac{1}{a[B]_0 - b[A]_0}[-\{\ln([A]_0 - ax) - \ln[A]_0\}] +$$

$$\frac{1}{b[A]_0 - a[B]_0}[-\{\ln([B]_0 - bx) - \ln[B]_0\}]$$

$$= kt$$

左辺第 2 項の分母と分子に -1 を掛け，係数をくくりだして

$$\frac{1}{a[\mathrm{B}]_0 - b[\mathrm{A}]_0}\left\{\ln\frac{[\mathrm{B}]_0 - bx}{[\mathrm{B}]_0} - \ln\frac{[\mathrm{A}]_0 - ax}{[\mathrm{A}]_0}\right\} = kt$$

変数 x を元に戻して

$$\frac{1}{a[\mathrm{B}]_0 - b[\mathrm{A}]_0}\left\{\ln\frac{[\mathrm{B}]}{[\mathrm{B}]_0} - \ln\frac{[\mathrm{A}]}{[\mathrm{A}]_0}\right\} = kt$$

第 19 章で学んだ対数計算の規則を用いて

$$\frac{1}{a[\mathrm{B}]_0 - b[\mathrm{A}]_0}\ln\frac{[\mathrm{A}]_0[\mathrm{B}]}{[\mathrm{A}][\mathrm{B}]_0} = kt$$

問　題

1. 部分積分法によってつぎの積分を計算せよ．

(a) $\int x \sin x \, \mathrm{d}x$

(b) $\int x \, \mathrm{e}^x \, \mathrm{d}x$

(c) $\int x \ln x \, \mathrm{d}x$

(d) $\int_1^3 x \, \mathrm{e}^{3x} \, \mathrm{d}x$

(e) $\int_0^{\pi/2} 3x \cos 2x \, \mathrm{d}x$

2. 置換法によってつぎの積分を計算せよ．

(a) $\int_{-1}^{4} (x-2)^6 \, \mathrm{d}x$

(b) $\int_{-\pi}^{\pi/2} \sin(4x + 1) \, \mathrm{d}x$

(c) $\int_0^2 3x\mathrm{e}^{x^2} \, \mathrm{d}x$

3. 部分分数分解によってつぎの積分を計算せよ．適宜置換法を採用すること．

(a) $\int_5^7 \frac{3x}{(x+1)(x-4)} \, \mathrm{d}x$

(b) $\int \dfrac{2}{x(x+1)} \mathrm{d}x$

(c) $\int_5^{10} \dfrac{2x-3}{(x+5)(x-2)} \mathrm{d}x$

4. 水素原子の電子が存在する全確率を計算するにはつぎの積分が必要である．

$$\int r^2 \mathrm{e}^{-2r/a_0} \mathrm{d}r$$

r は原子核からの電子の距離，a_0 はボーア半径である．部分積分法によってこの積分を計算せよ．

5. 分子の回転分配関数 q_r はつぎの方程式で与えられる．

$$q_\mathrm{r} = \int_0^\infty (2J+1) \exp\left(\dfrac{-J(J+1)h^2}{8\pi^2 IkT}\right) \mathrm{d}J$$

J は回転の量子数，h はプランク定数，I は慣性モーメント，k はボルツマン定数，T は絶対温度である．$u=J(J+1)$ と置換してこの積分を計算せよ．

G. 付　　録

付録 1 SI 接頭語

掛ける量	SI 接頭語の名称	記号
10^{-18}	アト	a
10^{-15}	フェムト	f
10^{-12}	ピコ	p
10^{-9}	ナノ	n
10^{-6}	マイクロ	μ
10^{-3}	ミリ	m
10^{-2}	センチ	c
10^{-1}	デシ	d
10^{3}	キロ	k
10^{6}	メガ	M
10^{9}	ギガ	G
10^{12}	テラ	T

付録 2 SI 組立単位の変換

SI 組立単位	等価な変換	SI 基本単位での表現
N		$kg\,m\,s^{-2}$
Pa	$N\,m^{-2}$	$kg\,m^{-1}\,s^{-2}$
J	$N\,m$	$kg\,m^2\,s^{-2}$
V	$J\,C^{-1}$	$kg\,m^2\,s^{-3}\,A^{-1}$
Hz		s^{-1}
T	$V\,s\,m^{-2}$	$kg\,s^{-2}\,A^{-1}$

付録 3 非 SI 単位

非 SI 単位	等価な SI
atm	101 325 Pa
bar	10^5 Pa
eV	1.60×10^{-19} J
Å	10^{-10} m
cal	4.184 J

付録 4 物理定数

物理定数	記号	値
アボガドロ定数	L, N_A	6.022×10^{23} mol^{-1}
電気素量	e	1.602×10^{-19} C
気体定数	R	8.314 J K^{-1} mol^{-1}
ボルツマン定数	k	1.381×10^{-23} J K^{-1}
プランク定数	h	6.626×10^{-34} J s
真空中の光速度	c_0	2.998×10^8 m s^{-1}
ファラデー定数	F	9.649×10^4 C mol^{-1}
真空の誘電率	ε_0	8.854×10^{-12} F m^{-1}
真空の透磁率	μ_0	1.257×10^{-6} N A^{-2}
電子の静止質量	m_e	9.109×10^{-31} kg
リュードベリ定数	R_∞	1.097×10^7 m^{-1}
ハートリーエネルギー	E_h	4.360×10^{-18} J
ボーア半径	a_0	5.292×10^{-11} m
自由落下の標準加速度[†]	g	9.807 m s^{-2}
円周率(パイ)	π	3.142

[†] 単に重力加速度と略すことが多い.

付録 5 t 値 の 表

自由度	信頼水準			
	90%	95%	97.5%	99%
2	2.92	4.30	6.21	9.93
3	2.35	3.18	4.18	5.84
4	2.13	2.78	3.50	4.60
5	2.02	2.57	3.16	4.03
6	1.94	2.45	2.97	3.71
7	1.89	2.36	2.84	3.50
8	1.86	2.31	2.75	3.36
9	1.83	2.26	2.69	3.25
10	1.81	2.23	2.63	3.17
11	1.80	2.20	2.59	3.11
12	1.78	2.18	2.56	3.05
13	1.77	2.16	2.53	3.01
14	1.76	2.14	2.51	2.98
15	1.75	2.13	2.49	2.95
16	1.75	2.12	2.47	2.92
17	1.74	2.11	2.46	2.90
18	1.73	2.10	2.45	2.88
19	1.73	2.09	2.43	2.86
20	1.72	2.09	2.42	2.85
21	1.72	2.08	2.41	2.83
22	1.72	2.07	2.41	2.82
23	1.71	2.07	2.40	2.81
24	1.71	2.06	2.39	2.80
25	1.71	2.06	2.38	2.79

H. 問題の解答

第 1 章

1. (a) $a^3 \times a^5 = a^{3+5} = a^8$
   (b) $x^2 \times x^6 = x^{2+6} = x^8$
   (c) $y^4 \times y^3 = y^{4+3} = y^7$
   (d) $b^6/b^3 = b^{6-3} = b^3$
   (e) $x^{10}/x^2 = x^{10-2} = x^8$
2. (a) $(c^4)^3 = c^{4\times 3} = c^{12}$
   (b) $z^0 = 1$
   (c) $1/y^4 = y^{-4}$
   (d) $x^5 \times x^{-5} = x^{5-5} = x^0 = 1$
   (e) $x^{-2}/x^{-3} = x^{-2-(-3)} = x^{-2+3} = x^1 = x$
3. (a) CH_3CHO の次数は 3/2, 全体の次数は 3/2.
   (b) BrO_3^- の次数は 1, Br^- の次数は 1, H^+ の次数は 2, 全体の次数は 1+1+2=4.
   (c) NO の次数は 2, Cl_2 の次数は 1, 全体の次数は 2+1=3.
4. 反応速度 $= k[H_2O_2][H^+][Br^-] = k[H_2O_2][Br^-][Br^-] = k[H_2O_2][Br^-]^2$
   $= k[H_2O_2][H^+][H^+] = k[H_2O_2][H^+]^2$
5. $[H^+] = [HCO_3^-]$ だから, $K_a = [H^+]^2/[H_2CO_3] = [HCO_3^-]^2/[H_2CO_3]$

第 2 章

1. (a) $F = 9.649\times 10^4$ C mol^{-1} $=$ 96 490 C mol^{-1}
   (b) $R_\infty = 1.097\times 10^7$ m^{-1} $=$ 10 970 000 m^{-1}
   (c) $\mu_0 = 12.57\times 10^{-7}$ N A^{-2} $=$ 0.000 001 257 N A^{-2}
   (d) $a_0 = 5.292\times 10^{-11}$ m $=$ 0.000 000 000 052 92 m
   (e) $h = 6.626\times 10^{-34}$ J s $=$ 0.000 000 000 000 000 000 000 000 000 000 000 662 6 J s
2. (a) $e = 0.1602\times 10^{-18}$ C $= 1.602\times 10^{-19}$ C
   (b) $E_h = 4360\times 10^{-21}$ J $= 4.360\times 10^{-18}$ J
   (c) $m_e = 0.009\,109\times 10^{-28}$ kg $= 9.109\times 10^{-31}$ kg
   (d) $N_A = 602.2\times 10^{21}$ mol^{-1} $= 6.022\times 10^{23}$ mol^{-1}
   (e) $R = 0.000\,831\,4\times 10^4$ J K^{-1} mol^{-1} $= 8.314$ J K^{-1} mol^{-1}
3. (a) 9.4×10^{-5} bar $=$ 0.000 094 bar
   (b) 3.72×10^{-2} cm $=$ 0.0372 cm
   (c) 1.8×10^{-4} MHz $= 1.8\times 10^{-4}\times 10^6$ Hz $= 1.8\times 10^2$ Hz $=$ 180 Hz
       $=$ 0.18 kHz
   (d) 1.95×10^{-3} kJ mol^{-1} $= 1.95$ J mol^{-1}

(e) $7.19\times 10^4\,\text{s}^{-1} = 71\,900\,\text{s}^{-1}$

4. (a) $0.0417\,\text{nm} = 0.0417\times 10^{-9}\,\text{m} = 4.17\times 10^{-11}\,\text{m}$
  (b) $352\,\text{s} = 3.52\times 10^2\,\text{s}$
  (c) $2519\,\text{m s}^{-1} = 2.519\times 10^3\,\text{m s}^{-1}$
  (d) $0.076\,\text{kJ mol}^{-1} = 7.6\times 10^{-2}\times 10^3\,\text{J mol}^{-1} = 7.6\times 10\,\text{J mol}^{-1}$
  (e) $579\,\text{eV} = 5.79\times 10^2\,\text{eV}$

第 3 章

1. (a) $54.2\,\text{mg} = 54.2\times 10^{-3}\,\text{g} = 5.42\times 10^{-2}\,\text{g}$
  (b) $1.47\,\text{aJ} = 1.47\times 10^{-18}\,\text{J}$
  (c) $3.62\,\text{MW} = 3.62\times 10^6\,\text{W}$
  (d) $4.18\,\text{kJ mol}^{-1} = 4.18\times 10^3\,\text{J mol}^{-1}$
  (e) $589\,\text{nm} = 589\times 10^{-9}\,\text{m} = 5.89\times 10^{-7}\,\text{m}$

2. (a) $3.0\times 10^8\,\text{m s}^{-1} = 0.30\times 10^9\,\text{m s}^{-1} = 0.30\,\text{Gm s}^{-1} = 300\,\text{Mm s}^{-1}$
  (b) $101\,325\,\text{Pa} = 101.325\times 10^3\,\text{Pa} = 101.325\,\text{kPa}$
  (c) $1.543\times 10^{-10}\,\text{m} = 0.1543\times 10^{-9}\,\text{m} = 0.1543\,\text{nm}$
  (d) $1.68\times 10^2\,\text{kg m}^{-3} = 1.68\times 10^5\,\text{g m}^{-3} = 0.168\times 10^6\,\text{g m}^{-3}$
    $= 0.168\,\text{Mg m}^{-3}$
  (e) $7.216\times 10^{-4}\,\text{mol dm}^{-3} = 0.7216\times 10^{-3}\,\text{mol dm}^{-3}$
    $= 0.7216\,\text{mmol dm}^{-3}$

3. (a) $1.082\,\text{g cm}^{-3} = 1.082(10^{-3}\,\text{kg})(10^{-2}\,\text{m})^{-3}$
    $= 1.082\times 10^{-3}\,\text{kg}\times 10^6\,\text{m}^{-3} = 1.082\times 10^3\,\text{kg m}^{-3}$
  (b) $135\,\text{kPa} = 135\times 10^3\,\text{N m}^{-2} = 135\times 10^3\,\text{N}(10^2\,\text{cm})^{-2}$
    $= 135\times 10^3\,\text{N}\times 10^{-4}\,\text{cm}^{-2} = 135\times 10^{-1}\,\text{N cm}^{-2} = 13.5\,\text{N cm}^{-2}$
  (c) $5.03\,\text{mmol dm}^{-3} = 5.03\times 10^{-3}\,\text{mol}(10^{-1}\,\text{m})^{-3}$
    $= 5.03\times 10^{-3}\,\text{mol}\times 10^3\,\text{m}^{-3} = 5.03\,\text{mol m}^{-3}$
  (d) $9.81\,\text{m s}^{-2} = 9.81(10^2\,\text{cm})(10^3\,\text{ms})^{-2} = 9.81\times 10^2\,\text{cm}\times 10^{-6}\,\text{ms}^{-2}$
    $= 9.81\times 10^{-4}\,\text{cm ms}^{-2}$
  (e) $1.47\,\text{kJ mol}^{-1} = 1.47\times 10^3\,\text{J}(10^3\,\text{mmol})^{-1} = 1.47\,\text{J mmol}^{-1}$

4. (a) $4.28\,\text{Å} = 4.28\times 10^{-10}\,\text{m} = 428\times 10^{-12}\,\text{m} = 428\,\text{pm}$
  (b) $54.71\,\text{kcal} = 54.71\times 4.184\,\text{kJ} = 228.9\,\text{kJ}$
  (c) $3.6\,\text{atm} = 3.6\times 101.325\,\text{kPa} = 360\,\text{kPa}$
  (d) $2.91\,E_\text{h} = 2.91\times 4.360\times 10^{-18}\,\text{J} = 1.27\times 10^{-17}\,\text{J}$
  (e) $3.21\,a_0 = 3.21\times 5.292\times 10^{-11}\,\text{m} = 1.70\times 10^{-10}\,\text{m} = 0.170\times 10^{-9}\,\text{m}$
    $= 0.170\,\text{nm}$

5. (a) $5.62 \text{ g} \times 4.19 \text{ m s}^{-2} = 23.5 \text{ g m s}^{-2} = 23.5 \times 10^{-3} \text{ kg m s}^{-2}$
    $= 2.35 \times 10^{-2} \text{ kg m s}^{-2} = 2.35 \times 10^{-2} \text{ N}$
  (b) $4.31 \text{ kN}/10.46 \text{ m}^2 = 0.412 \text{ kN m}^{-2} = 412 \text{ N m}^{-2} = 412 \text{ Pa}$
  (c) $2.118 \times 10^{-3} \text{ J}/3.119 \times 10^{-8} \text{ C} = 6.791 \times 10^4 \text{ J C}^{-1} = 6.791 \times 10^4 \text{ V}$
    $= 67.91 \times 10^3 \text{ V} = 67.91 \text{ kV}$
  (d) $6.63 \times 10^{-34} \text{ J s} \times 3 \times 10^8 \text{ m s}^{-1}/909 \text{ nm}$
    $= 6.63 \times 10^{-34} \text{ J s} \times 3 \times 10^8 \text{ m s}^{-1}/(909 \times 10^{-9} \text{ m}) = 2 \times 10^{-19} \text{ J}$
  (e) $4.16 \times 10^3 \text{ Pa} \times 2.14 \times 10^{-2} \text{ m}^3 = 8.90 \times 10 \text{ N m}^{-2} \text{ m}^3 = 89.0 \text{ N m}$
    $= 89.0 \text{ J}$

6. (a) $p(\text{Pa})$ は p/Pa に，また $T(\text{K})$ は T/K に直す．
  (b) t/sec は t/s に直す．$c/\text{mol dm}^{-3}$ は正しい．
  (c) $c/\text{mol per dm}^3$ は $c/\text{mol dm}^{-3}$ に直す．$\rho/\text{g cm}^{-3}$ は正しい．
  (d) $\dfrac{1}{c/\text{mol dm}^{-3}}$ は $\text{mol dm}^{-3}/c$ に直す．t/s は正しい．
  (e) n_i/n_j は正しいが，$T/\text{K}(\times 10^3)$ はあいまいな表現であるが，意味に応じて $T/10^{-3} \text{ K}$ または $T/10^3 \text{ K}$ に直す．

第 4 章

1. (a) (i) 41.6　　(ii) 41.62
  (b) (i) 3.96　　(ii) 3.96
  (c) (i) 1 と 4 に挟まれた 0 は有効数字だから 10 000　　(ii) 10 004.91
  (d) (i) 7 より前の 0 は有効数字ではないので 0.007 16　　(ii) 0.01
  (e) (i) 1.00　　(ii) 1.00
2. (a) (i) 589.9 nm　　(ii) 589.9 nm
  (b) (i) 103.1 kJ　　(ii) 103.1 kJ
  (c) (i) 0.1005 mol dm^{-3}　　(ii) 0.1 mol dm^{-3}
  (d) (i) 32.85 ms　　(ii) 32.8 ms
  (e) (i) 101 300 Pa　　(ii) 101 325.0 Pa
3. (a) 4 桁
  (b) 5 桁；途中の 0 も有効数字
  (c) 5 桁；前に並んだ 0 は有効数字ではない
  (d) 4 桁；小数点以下の末尾に並んだ 0 は有効数字
  (e) 6 桁；途中の 0 も小数点以下の末尾の 0 もともに有効数字
4. (a) 4 桁
  (b) 4 桁；途中の 0 も有効数字

(c) 3桁；前に並んだ0は有効数字ではない
(d) 4桁；小数点以下の末尾の0は有効数字
(e) 4桁；前に並んだ0は有効数字ではないが，途中の0は有効数字

第 5 章

1. (a) $1.092 + 2.43 = 3.52$　　2.43が小数点以下2桁だから
(b) $6.2468 - 1.3 = 4.9$　　1.3が小数点以下1桁だから
(c) $100 + 9.1 = 109$　　100が小数点以下に数字をもたないから
(d) $42.8 \times 36.194 = 1550$　　42.8が有効数字3桁だから
(e) $2.107/32 = 0.066$　　32が有効数字2桁だから

2. (a) $9.021\,\text{g}/10.7\,\text{cm}^3 = 0.843\,\text{g cm}^{-3}$　　10.7 cm³が有効数字3桁だから
(b) $104.6\,\text{kJ mol}^{-1} + 98.14\,\text{kJ mol}^{-1} = 202.7\,\text{kJ mol}^{-1}$
104.6 kJ mol⁻¹が小数点以下1桁だから
(c) $1.46\,\text{mol}/12.2994\,\text{dm}^3 = 0.119\,\text{mol dm}^{-3}$
1.46 molが有効数字3桁だから
(d) $3.61\,\text{kg} \times 2.1472\,\text{m s}^{-1} = 7.75\,\text{kg m s}^{-1}$
3.61 kgが有効数字3桁だから
(e) $3.2976\,\text{g} - 0.004\,\text{g} = 3.294\,\text{g}$　　0.004 gが小数点以下3桁だから

3. (a) $\dfrac{2.42\,\text{mol} \times 8.314\,\text{J K}^{-1}\,\text{mol}^{-1} \times 295\,\text{K}}{52.47 \times 10^3\,\text{N m}^{-2}} = 0.113\,\text{m}^3$
$V = 0.11\,\text{m}^3$　　Rが有効数字2桁だから最後の桁をまるめた
(b) $V = 0.113\,\text{m}^3$　　Rが有効数字3桁だから
(c) $V = 0.113\,\text{m}^3$　　nとTの有効数字が3桁だから

4. (a) $m(\text{Al}) = 2 \times 26.981\,153\,9\,\text{g} = 53.963\,078\,\text{g}$　　2が整数だから
$m(\text{HCl}) = 6 \times (1.007\,94 + 35.4527)\,\text{g} = 6 \times 36.4606\,\text{g} = 218.764\,\text{g}$
35.4527 gが小数点以下4桁で，36.4606 gが有効数字6桁だから
(b) 未反応のHClの質量 $= 300\,\text{g} - 218.764\,\text{g} = 81\,\text{g}$
300 gに小数点以下の数字がないから
(c) 未反応のAlの質量 $= 100\,\text{g} - 53.963\,078\,\text{g} = 46\,\text{g}$
100 gに小数点以下の数字がないから

第 6 章

1. (a) 絶対誤差 $= 16.72 - 16.87 = -0.15$
(b) 相対誤差 $= -0.15/16.87 = -8.9 \times 10^{-3}$
(c) パーセント誤差 $= -8.9 \times 10^{-3} \times 100 = -0.89\%$

2. (a) 絶対誤差 ＝ 482 nm − 472 nm ＝ 10 nm
   (b) 相対誤差 ＝ 10 nm/472 nm ＝ 0.021
   (c) パーセント誤差 ＝ 0.021×100 ＝ 2.1%
3. (a) 絶対誤差 ＝ ±0.05 V
   (b) 相対誤差 ＝ ±0.05 V/6.45 V ＝ ±8×10⁻³
   (c) パーセント誤差＝ ±8×10⁻³ × 100 ＝±0.8%
4. (a) 2.3° − (−0.1°) ＝ 2.4°
   (b) 4.6° − (−0.1°) ＝ 4.7°
   (c) 9.8° − (−0.1°) ＝ 9.9°
5. (a) 真の時間 ＝ 37.0 s − 0.5 s ＝ 36.5 s
   (b) 絶対誤差 ＝ ±0.5 s
   (c) 相対誤差 ＝ ±0.5 s/36.5 s ＝ ±0.01
   (d) パーセント誤差 ＝ ±0.01×100 ＝ ±1%

第 7 章

1. $\Delta_{sub}H$ の最大値 ＝ (8.3+0.1) kJ mol⁻¹ + (16.9+0.2) kJ mol⁻¹
   ＝ (8.4+17.1) kJ mol⁻¹ ＝ 25.5 kJ mol⁻¹
   $\Delta_{sub}H$ の最小値 ＝ (8.3−0.1) kJ mol⁻¹ + (16.9−0.2) kJ mol⁻¹
   ＝ (8.2+16.7) kJ mol⁻¹ ＝ 24.9 kJ mol⁻¹
   $\Delta_{sub}H$ の誤差の上限 ＝ ±(25.5−24.9) kJ mol⁻¹/2 ＝ ±0.3 kJ mol⁻¹
2. EMF の最大値 ＝ (0.76+0.01) V + (0.34+0.01) V ＝ 0.77 V + 0.35 V
   ＝ 1.12 V
   EMF の最小値 ＝ (0.76−0.01) V + (0.34−0.01) V ＝ 0.75 V + 0.33 V
   ＝ 1.08 V
   EMF の誤差の上限 ＝ ±(1.12−1.08) V/2 ＝ ±0.02 V
3. K_s の最大値 ＝ 4 × [(1.62+0.02)×10⁻² mol dm⁻³]³
   ＝ 4 × (1.64×10⁻² mol dm⁻³)³ ＝ 4 × 4.41×10⁻⁶ mol³ dm⁻⁹
   ＝ 1.76×10⁻⁵ mol³ dm⁻⁹
   K_s の最小値 ＝ 4×[(1.62−0.02)×10⁻² mol dm⁻³]³
   ＝ 4 × (1.60×10⁻² mol dm⁻³)³ ＝ 4 × 4.10×10⁻⁶ mol³ dm⁻⁹
   ＝ 1.64×10⁻⁵ mol³ dm⁻⁹
   K_s の誤差の上限は ＝ ±(1.76−1.64)×10⁻⁵ mol³ dm⁻⁹/2
   ＝ ±6×10⁻⁷ mol³ dm⁻⁹
4. ρ の最大値 ＝ (521+5) g/(27−1) cm³ ＝ 526 g/26 cm³ ＝ 20 g cm⁻³
   ρ の最小値 ＝ (521−5) g/(27+1) cm³ ＝ 516 g/28 cm³ ＝ 18 g cm⁻³

ρ の誤差の上限 $= \pm(20-18)\,\text{g cm}^{-3}/2 = \pm 1\,\text{g cm}^{-3}$

5. $\Delta G^\ominus$ 最大値
  $= (-58.0+0.5)\times 10^3\,\text{J mol}^{-1} - (298+1)\,\text{K} \times (-177-1)\,\text{J K}^{-1}\,\text{mol}^{-1}$
  $= -57.5\,\text{kJ mol}^{-1} + 53.2\,\text{kJ mol}^{-1} = -4.3\,\text{kJ mol}^{-1}$

  $\Delta G^\ominus$ の最小値
  $= (-58.0-0.5)\times 10^3\,\text{J mol}^{-1} - (298-1)\,\text{K} \times (-177+1)\,\text{J K}^{-1}\,\text{mol}^{-1}$
  $= -58.5\,\text{kJ mol}^{-1} + 52.3\,\text{kJ mol}^{-1} = -6.2\,\text{kJ mol}^{-1}$

  $\Delta G^\ominus$ の誤差の上限 $= \pm(-4.3-(-6.2))\,\text{kJ mol}^{-1}/2 = \pm 1.0\,\text{kJ mol}^{-1}$

第 8 章

1. ΔS の最大確率誤差
  $= \sqrt{(0.004\,\text{J K}^{-1}\,\text{mol}^{-1})^2 + (0.1\,\text{J K}^{-1}\,\text{mol}^{-1})^2 + (0.2\,\text{J K}^{-1}\,\text{mol}^{-1})^2}$
  $= \sqrt{1.6\times 10^{-5} + 0.01 + 0.04}\,\text{J K}^{-1}\,\text{mol}^{-1} = \sqrt{0.05}\,\text{J K}^{-1}\,\text{mol}^{-1}$
  $= 0.2\,\text{J K}^{-1}\,\text{mol}^{-1}$

2. 波長の最大確率誤差
  $= \sqrt{(0.007\,\text{nm})^2 + (0.005\,\text{nm})^2} = \sqrt{4.9\times 10^{-5}\,\text{nm}^2 + 2.5\times 10^{-5}\,\text{nm}^2}$
  $= \sqrt{7.4\times 10^{-5}\,\text{nm}^2} = 8.6\times 10^{-3}\,\text{nm} = 0.009\,\text{nm}$

3. 反応速度 $= 9.3\times 10^{-5}\,\text{s}^{-1} \times 0.105\,\text{mol dm}^{-3} = 9.8\times 10^{-6}\,\text{mol dm}^{-3}\,\text{s}^{-1}$ だから
  $$\frac{\text{反応速度の最大確率誤差}}{9.8\times 10^{-6}\,\text{mol dm}^{-3}\,\text{s}^{-1}} = \sqrt{\left(\frac{0.1}{9.3}\right)^2 + \left(\frac{0.003}{0.105}\right)^2}$$
  $= \sqrt{1.16\times 10^{-4} + 8.16\times 10^{-4}} = \sqrt{9.32\times 10^{-4}} = 0.0305$
  したがって,
  反応速度の最大確率誤差 $= 9.8\times 10^{-6}\,\text{mol dm}^{-3}\,\text{s}^{-1} \times 0.0305$
  $= 3\times 10^{-7}\,\text{mol dm}^{-3}\,\text{s}^{-1}$

4. $\Delta_{\text{vap}}S = 29.4\times 10^3\,\text{J mol}^{-1}/334\,\text{K} = 88.0\,\text{J K}^{-1}\,\text{mol}^{-1}$ だから,
  $$\frac{\Delta_{\text{vap}}S\text{ の最大確率誤差}}{88.0\,\text{J K}^{-1}\,\text{mol}^{-1}} = \sqrt{\left(\frac{0.1}{29.4}\right)^2 + \left(\frac{1}{334}\right)^2}$$
  $= \sqrt{1.16\times 10^{-5} + 8.96\times 10^{-6}} = \sqrt{2.06\times 10^{-5}} = 4.54\times 10^{-3}$
  したがって,
  $\Delta_{\text{vap}}S$ の最大確率誤差 $= 4.54\times 10^{-3} \times 88.0\,\text{J K}^{-1}\,\text{mol}^{-1} = 0.4\,\text{J K}^{-1}\,\text{mol}^{-1}$

5. $RT\Delta n = 8.31\,\text{J K}^{-1}\,\text{mol}^{-1} \times 298\,\text{K} \times (-1\,\text{mol}) = -2476\,\text{J}$ だから,
  $\Delta n = 1\,\text{mol}$ は厳密な値であることに注意して
  $$\frac{RT\Delta n\text{ の最大確率誤差}}{2476\,\text{J}} = \sqrt{\left(\frac{0.05}{8.31}\right)^2 + \left(\frac{1}{298}\right)^2}$$
  $= \sqrt{3.62\times 10^{-5} + 1.13\times 10^{-5}} = \sqrt{4.75\times 10^{-5}} = 6.89\times 10^{-3}$

したがって，$RT\Delta n$ の最大確率誤差 $= 6.89\times 10^{-3} \times 2476$ J $= 17.1$ J
ΔH の最大確率誤差 $= \sqrt{(100 \text{ J mol}^{-1}\times(-1\text{ mol}))^2 + (17 \text{ J})^2}$
$= \sqrt{10\,000 \text{ J}^2 + 290 \text{ J}^2} = \sqrt{10\,290 \text{ J}^2} = 101$ J*

第 9 章

1. $\bar{c} = 1.934\ \mu\text{g m}^{-3}/6 = 0.322\ \mu\text{g m}^{-3}$,
$s^2 = 1.42\times 10^{-2}\ \mu\text{g}^2\ \text{m}^{-6}/(6-1) = 2.84\times 10^{-3}\ \mu\text{g}^2\ \text{m}^{-6}$,
$s = 0.053\ \mu\text{g m}^{-3}$

2. $\bar{c} = 7.276\ \text{mg dm}^{-3}/8 = 0.910\ \text{mg dm}^{-3}$,
$s^2 = 0.893\ \text{mg}^2\ \text{dm}^{-6}/(8-1) = 0.128\ \text{mg}^2\ \text{dm}^{-6}$, $s = 0.358\ \text{mg dm}^{-3}$

3. $\bar{p} = 5075.85\ \text{kPa}/5 = 1015.17\ \text{kPa}$,
$s^2 = 1.7404\ \text{kPa}^2/(5-1) = 0.44\ \text{kPa}^2$, $s = 0.66\ \text{kPa}$

4. $\bar{l} = 14.342\ \text{Å}/7 = 2.049\ \text{Å}$, $s^2 = 0.0695\ \text{Å}^2/(7-1) = 0.0116\ \text{Å}^2$,
$s = 0.108\ \text{Å}$

第 10 章

1. $s=0.032$ Å, $n=7$, $n-1=6$, $t=1.94$ だから，
$\dfrac{ts}{\sqrt{n}} = \dfrac{1.94 \times 0.032\ \text{Å}}{\sqrt{7}} = 0.023$ Å

2. $s=0.88$ ppb, $n=5$, $n-1=4$, $t=2.78$ だから，
$\dfrac{ts}{\sqrt{n}} = \dfrac{2.78 \times 0.88\ \text{ppb}}{\sqrt{5}} = 1.1$ ppb

3. $s=0.22$, $n=8$, $n-1=7$, $t=2.36$ だから，
$\dfrac{ts}{\sqrt{n}} = \dfrac{2.36 \times 0.22}{\sqrt{8}} = 0.18$

4. $s=0.008\ \text{mg dm}^{-3}$, $n=6$, $n-1=5$, $t=3.16$ だから，
$\dfrac{ts}{\sqrt{n}} = \dfrac{3.16\times 0.008\ \text{mg dm}^{-3}}{\sqrt{6}} = 0.010\ \text{mg dm}^{-3}$

5. $s=0.56$ kPa, $n=5$, $n-1=4$, $t=4.60$ だから，
$\dfrac{ts}{\sqrt{n}} = \dfrac{4.60\times 0.56\ \text{kPa}}{\sqrt{5}} = 1.2$ kPa

---

* 訳注：ΔH は示量性で通常 J mol^{-1} を単位とするが，この問題では $\Delta n=1$ mol に対するエンタルピー H の変化量を扱っていることから，途中の計算では単位が J となっていることに注意しよう．

第 11 章

1. $K = \dfrac{16 \times 0.15^2 (1-0.15)}{(1-3\times 0.15)^3 \left(\dfrac{2.5 \text{ atm}}{1 \text{ atm}}\right)^2} = \dfrac{16 \times 0.0225 \times 0.85}{(1-0.45)^3 \times 2.5^2}$

$= \dfrac{0.306}{0.55^3 \times 2.5^2} = \dfrac{0.306}{0.1664 \times 6.25} = \dfrac{0.306}{1.040} = 0.29$

2. $\dfrac{\Delta H^{\ominus}}{R}\left(\dfrac{1}{T_1} - \dfrac{1}{T_2}\right) = \dfrac{38\,400 \text{ J mol}^{-1}}{8.314 \text{ J K}^{-1}\text{mol}^{-1}}\left(\dfrac{1}{298 \text{ K}} - \dfrac{1}{300 \text{ K}}\right)$

$= 4619 \text{ K} (3.356 \times 10^{-3} \text{ K}^{-1} - 3.333 \times 10^{-3} \text{ K}^{-1})$

$= 4619 \text{ K} \times 0.023 \times 10^{-3} \text{ K}^{-1} = 0.106$

3. $p = \dfrac{3125 \text{ Pa} \times 2967 \text{ Pa}}{3125 \text{ Pa} + (2967 \text{ Pa} - 3125 \text{ Pa}) \times 0.365}$

$= \dfrac{9\,271\,875 \text{ Pa}^2}{3125 \text{ Pa} + (-158 \text{ Pa}) \times 0.365} = \dfrac{9\,271\,875 \text{ Pa}^2}{3125 \text{ Pa} - 57.67 \text{ Pa}} = \dfrac{9\,271\,875 \text{ Pa}^2}{3067 \text{ Pa}}$

$= 3023 \text{ Pa}$

4. $V/\text{cm}^3 = 18.023 + 53.57 \times 0.27 + 1.45 \times 0.27^2$

$= 18.023 + 53.57 \times 0.27 + 1.45 \times 0.0729 = 18.023 + 14 + 0.106 = 32$

第 12 章

1. (a) $\dfrac{1}{3} + \dfrac{1}{6} = \dfrac{2}{6} + \dfrac{1}{6} = \dfrac{3}{6} = \dfrac{1}{2}$

(b) $\dfrac{3}{4} + \dfrac{2}{3} = \dfrac{9+8}{12} = \dfrac{17}{12}$

(c) $\dfrac{2}{3} + \dfrac{1}{8} = \dfrac{16+3}{24} = \dfrac{19}{24}$

(d) $\dfrac{2}{3} - \dfrac{1}{4} = \dfrac{8-3}{12} = \dfrac{5}{12}$

(e) $\dfrac{4}{3} - \dfrac{3}{16} = \dfrac{64-9}{48} = \dfrac{55}{48}$

2. (a) $\dfrac{1}{2} \times \dfrac{3}{4} = \dfrac{3}{8}$

(b) $\dfrac{3}{8} \times \dfrac{3}{4} = \dfrac{9}{32}$

(c) $\dfrac{1}{4} \times \dfrac{22}{7} = \dfrac{22}{28} = \dfrac{11}{14}$

(d) $\dfrac{2}{3} \div \dfrac{3}{16} = \dfrac{2}{3} \times \dfrac{16}{3} = \dfrac{32}{9}$

(e) $\dfrac{1}{2} \div \dfrac{3}{4} = \dfrac{1}{2} \times \dfrac{4}{3} = \dfrac{4}{6} = \dfrac{2}{3}$

3. $n_S = \dfrac{33.4\,\text{g}}{32.1\,\text{g mol}^{-1}} = 1.04\,\text{mol}, \quad n_O = \dfrac{50.1\,\text{g}}{16.0\,\text{g mol}^{-1}} = 3.13\,\text{mol},$

したがって，

$\dfrac{n_O}{n_S} = \dfrac{3.13\,\text{mol}}{1.04\,\text{mol}} = 3.0$

これより，実験式は SO_3

4. $\tilde{\nu} = R_\infty\left(\dfrac{1}{m^2} - \dfrac{1}{n^2}\right) = R_\infty\left(\dfrac{1}{1^2} - \dfrac{1}{3^2}\right) = R_\infty\left(1 - \dfrac{1}{9}\right) = \dfrac{R_\infty}{9}(9-1)$

$= \dfrac{8R_\infty}{9} = \dfrac{8}{9} \times 1.097 \times 10^7\,\text{m}^{-1} = 9.75 \times 10^4\,\text{cm}^{-1}$

5. $\tilde{\nu} = R_\infty\left(\dfrac{1}{m^2} - \dfrac{1}{n^2}\right) = R_\infty\left(\dfrac{1}{1} - \dfrac{1}{\infty^2}\right) = R_\infty(1-0) = R_\infty$

$= 1.097 \times 10^5\,\text{cm}^{-1}$

第 13 章

1. (a) $x + 4 > 13, \quad x + 4 - 4 > 13 - 4, \quad x > 9$
(b) $y + 7 > 25, \quad y + 7 - 7 > 25 - 7, \quad y > 18$
(c) $x - 3 < 10, \quad x - 3 + 3 < 10 + 3, \quad x < 13$
(d) $x - 10 \leq 16, \quad x - 10 + 10 \leq 16 + 10, \quad x \leq 26$
(e) $5 + y \geq 17, \quad 5 + y - 5 \geq 17 - 5, \quad y \geq 12$

2. (a) $9 - x > 2, \quad 9 - x - 9 > 2 - 9, \quad -x > -7, \quad x < 7$
(b) $4 - x < 3, \quad 4 - x - 4 < 3 - 4, \quad -x < -1, \quad x > 1$
(c) $2 - y < -6, \quad 2 - y - 2 < -6 - 2, \quad -y < -8, \quad y > 8$
(d) $14 - x \geq 7, \quad 14 - x - 14 \geq 7 - 14, \quad -x \geq -7, \quad x \leq 7$
(e) $6 - y \leq 1, \quad 6 - y - 6 \leq 1 - 6, \quad -y \leq -5, \quad y \geq 5$

3. (a) $3x > 18, \quad x > 18/3, \quad x > 6$
(b) $4x + 2 < 18, \quad 4x + 2 - 2 < 18 - 2, \quad 4x < 16, \quad x < 16/4,$
$x < 4$
(c) $9 - 3x \geq 72, \quad 9 - 3x - 9 \geq 72 - 9, \quad -3x \geq 63, \quad 3x \leq -63,$
$x \leq -63/3, \quad x \leq -21$
(d) $3y - 7 \leq 28, \quad 3y - 7 + 7 \leq 28 + 7, \quad 3y \leq 35, \quad y \leq 35/3$

(e) $5 - 4x \le 29$, $5 - 4x - 5 \le 29 - 5$, $-4x \le 24$, $4x \ge -24$, $x \ge -24/4$, $x \ge -6$

4. $E_1 > E_2$ だから，変分原理により Ψ_2 が妥当な波動関数となる．

5. $\Delta G = \Delta H - T\Delta S = -91\,800\,\text{J mol}^{-1} - 298\,\text{K} \times (-197\,\text{J K}^{-1}\,\text{mol}^{-1})$
$= -91\,800\,\text{J mol}^{-1} + 58\,706\,\text{J mol}^{-1} = -33\,094\,\text{J mol}^{-1}$
したがって $\Delta G < 0$ となり，反応は自発的に進む．

第 14 章

1. (a) $x + y = 4$, $x + y - x = 4 - x$, $y = 4 - x$
(b) $3x + 2y = 17$, $3x + 2y - 3x = 17 - 3x$, $2y = 17 - 3x$,
$\dfrac{2y}{2} = \dfrac{17-3x}{2}$, $y = \dfrac{17-3x}{2}$
(c) $x^2 - y^2 = 5$, $x^2 - y^2 + y^2 = 5 + y^2$, $x^2 = 5 + y^2$,
$x^2 - 5 = 5 + y^2 - 5$, $y^2 = x^2 - 5$, $y = \pm\sqrt{x^2-5}$
(d) $4x^2y = 20$, $\dfrac{4x^2y}{4x^2} = \dfrac{20}{4x^2}$, $y = \dfrac{5}{x^2}$
(e) $3x^2y^2 + 2 = 19$, $3x^2y^2 + 2 - 2 = 19 - 2$, $3x^2y^2 = 17$,
$\dfrac{3x^2y^2}{3x^2} = \dfrac{17}{3x^2}$, $y^2 = \dfrac{17}{3x^2}$, $y = \pm\sqrt{\dfrac{17}{3x^2}} = \pm\dfrac{1}{x}\sqrt{\dfrac{17}{3}}$

2. $\dfrac{pV}{V} = \dfrac{nRT}{V}$, $p = \dfrac{nRT}{V}$; $\dfrac{pV}{p} = \dfrac{nRT}{p}$, $V = \dfrac{nRT}{p}$;

$\dfrac{pV}{RT} = \dfrac{nRT}{RT}$, $n = \dfrac{pV}{RT}$; $\dfrac{pV}{nR} = \dfrac{nRT}{nR}$, $T = \dfrac{pV}{nR}$

3. $P + F = C - 2$, $P + F - P = C - 2 - P$, $F = C - P - 2$

4. $\Delta G = \Delta H - T\Delta S$, $\Delta G + T\Delta S = \Delta H - T\Delta S + T\Delta S$,
$\Delta G + T\Delta S = \Delta H$, $\Delta G + T\Delta S - \Delta G = \Delta H - \Delta G$,
$T\Delta S = \Delta H - \Delta G$, $\dfrac{T\Delta S}{T} = \dfrac{\Delta H - \Delta G}{T}$,
$\Delta S = \dfrac{\Delta H - \Delta G}{T}$ また，$\Delta G = 0$ のときは $\Delta S = \dfrac{\Delta H}{T}$

5. $k_1[\text{C}_2\text{H}_6] - k_2[\text{CH}_3][\text{C}_2\text{H}_6] = 0$
$k_1[\text{C}_2\text{H}_6] - k_2[\text{CH}_3][\text{C}_2\text{H}_6] + k_2[\text{CH}_3][\text{C}_2\text{H}_6] = 0 + k_2[\text{CH}_3][\text{C}_2\text{H}_6]$
$k_1[\text{C}_2\text{H}_6] = k_2[\text{CH}_3][\text{C}_2\text{H}_6]$
$\dfrac{k_1[\text{C}_2\text{H}_6]}{k_2[\text{C}_2\text{H}_6]} = \dfrac{k_2[\text{CH}_3][\text{C}_2\text{H}_6]}{k_2[\text{C}_2\text{H}_6]}$ $[\text{CH}_3] = \dfrac{k_1}{k_2}$

6. $\tilde{\nu} = R_\infty \left(\dfrac{1}{n_1^2} - \dfrac{1}{n_2^2} \right), \quad \dfrac{\tilde{\nu}}{R_\infty} = \dfrac{R_\infty}{R_\infty}\left(\dfrac{1}{n_1^2} - \dfrac{1}{n_2^2} \right),$

$\dfrac{\tilde{\nu}}{R_\infty} = \dfrac{1}{n_1^2} - \dfrac{1}{n_2^2}, \quad \dfrac{\tilde{\nu}}{R_\infty} + \dfrac{1}{n_2^2} = \dfrac{1}{n_1^2} - \dfrac{1}{n_2^2} + \dfrac{1}{n_2^2}, \quad \dfrac{\tilde{\nu}}{R_\infty} + \dfrac{1}{n_2^2} = \dfrac{1}{n_1^2},$

$\dfrac{\tilde{\nu}}{R_\infty} + \dfrac{1}{n_2^2} - \dfrac{\tilde{\nu}}{R_\infty} = \dfrac{1}{n_1^2} - \dfrac{\tilde{\nu}}{R_\infty}, \quad \dfrac{1}{n_2^2} = \dfrac{1}{n_1^2} - \dfrac{\nu}{R_\infty}$

$\dfrac{1}{n_2^2} = \dfrac{R_\infty - \tilde{\nu} n_1^2}{R_\infty n_1^2}, \quad n_2^2 = \dfrac{R_\infty n_1^2}{R_\infty - \tilde{\nu} n_1^2}$

$n_2 = \sqrt{\dfrac{R_\infty n_1^2}{R_\infty - \tilde{\nu} n_1^2}} = n_1 \sqrt{\dfrac{R_\infty}{R_\infty - \tilde{\nu} n_1^2}}$

第 15 章

1. $y/x = 4, \; y = 4x$ したがって正比例

2. $xy = 5, \; y = 5/x$ したがって反比例

3. 積 xy の値は変化している．$xz=1, \; z=1/x$ だから x と z は反比例．$yz=3$, $z=3/z$ だから y と z も反比例．一方，$y/x=3, \; y=3x$ だから y と x は正比例．x/z および y/z はさまざまな値を取りうる．

4. $F = kx$ だから，1.6×10^{-9} N $= k \times 5 \times 10^{-12}$ m. したがって，

$$k = \dfrac{1.6 \times 10^{-9} \text{ N}}{5 \times 10^{-12} \text{ m}} = 320 \text{ N m}^{-1}$$

5. $\lambda = \dfrac{k}{\nu}$ だから，510 nm $= \dfrac{k}{5.88 \times 10^{14} \text{ Hz}}$. したがって，

$k = 510 \text{ nm} \times 5.88 \times 10^{14} \text{ Hz} = 510 \times 10^{-9} \text{ m} \times 5.88 \times 10^{14} \text{ s}^{-1}$
$= 3.00 \times 10^8 \text{ m s}^{-1}$

6. 反応速度 $= kc$ だから，$k = $ 反応速度$/c$. したがって，

$$k = \dfrac{0.92 \text{ mol dm}^{-3} \text{ s}^{-1}}{0.1 \text{ mol dm}^{-3}} = \dfrac{0.46 \text{ mol dm}^{-3} \text{ s}^{-1}}{0.05 \text{ mol dm}^{-3}} = 9.2 \text{ s}^{-1}$$

第 16 章

1. (a) $3! = 3 \times 2 \times 1 = 6$
 (b) $4! = 4 \times 3 \times 2 \times 1 = 4 \times 3! = 4 \times 6 = 24$
 (c) $5! = 5 \times 4 \times 3 \times 2 \times 1 = 5 \times 4! = 5 \times 24 = 120$
 (d) $6! = 6 \times 5 \times 4 \times 3 \times 2 \times 1 = 6 \times 5! = 6 \times 120 = 720$
 (e) $7! = 7 \times 6 \times 5 \times 4 \times 3 \times 2 \times 1 = 7 \times 6! = 7 \times 720 = 5040$

2. (a) $10! = 3\,628\,800$

(b) $12! = 479\,001\,600$

(c) $15! = 1.308 \times 10^{12}$

(d) $25! = 1.551 \times 10^{25}$

(e) $36! = 3.720 \times 10^{41}$

3. (a) $\dfrac{8!}{6!} = \dfrac{8 \times 7 \times 6!}{6!} = 8 \times 7 = 56$

(b) $\dfrac{5!}{4!} = \dfrac{5 \times 4!}{4!} = 5$

(c) $\dfrac{20!}{17!} = \dfrac{20 \times 19 \times 18 \times 17!}{17!} = 20 \times 19 \times 18 = 6840$

(d) $\dfrac{10!}{8!} \times \dfrac{5!}{7!} = \dfrac{10 \times 9 \times 8!}{8!} \times \dfrac{5!}{7 \times 6 \times 5!} = \dfrac{10 \times 9}{7 \times 6} = \dfrac{90}{42} = \dfrac{15}{7}$

(e) $\dfrac{36!}{30!} = \dfrac{36 \times 35 \times 34 \times 33 \times 32 \times 31 \times 30!}{30!}$
$= 36 \times 35 \times 34 \times 33 \times 32 \times 31 = 1.402 \times 10^9$

4. (a) ${}_4C_2 = \dfrac{4!}{(4-2)!\,2!} = \dfrac{4!}{2!\,2!} = \dfrac{4 \times 3 \times 2!}{2!\,2!} = \dfrac{4 \times 3}{2 \times 1} = \dfrac{12}{2} = 6$

(b) ${}_5C_3 = \dfrac{5!}{(5-3)!\,3!} = \dfrac{5!}{2!\,3!} = \dfrac{5 \times 4 \times 3!}{2!\,3!} = \dfrac{5 \times 4}{2!} = \dfrac{5 \times 4}{2 \times 1} = \dfrac{20}{2}$
$= 10$

(c) ${}_5C_4 = \dfrac{5!}{(5-4)!\,4!} = \dfrac{5!}{1!\,4!} = \dfrac{5 \times 4!}{1!\,4!} = \dfrac{5}{1!} = \dfrac{5}{1} = 5$

(d) ${}_8C_6 = \dfrac{8!}{(8-6)!\,6!} = \dfrac{8!}{2!\,6!} = \dfrac{8 \times 7 \times 6!}{2!\,6!} = \dfrac{8 \times 7}{2!} = \dfrac{8 \times 7}{2 \times 1} = \dfrac{56}{2}$
$= 28$

(e) ${}_8C_7 = \dfrac{8!}{(8-7)!\,7!} = \dfrac{8!}{1!\,7!} = \dfrac{8 \times 7!}{1!\,7!} = \dfrac{8}{1!} = \dfrac{8}{1} = 8$

5. CH_3 のピークは CH_2 基によって $(2+1)$ 本に分裂する．それら 3 本のピークの相対強度は，${}_2C_0, {}_2C_1, {}_2C_2$ となる．

${}_2C_0 = \dfrac{2!}{(2-0)!\,0!} = \dfrac{1}{0!} = \dfrac{1}{1} = 1$

${}_2C_1 = \dfrac{2!}{(2-1)!\,1!} = \dfrac{2!}{1!\,1!} = \dfrac{2 \times 1}{1 \times 1} = 2$

${}_2C_2 = \dfrac{2!}{(2-2)!\,2!} = \dfrac{2!}{0!\,2!} = \dfrac{1}{0!} = \dfrac{1}{1} = 1$

CH$_2$のピークは二つのCH$_3$基によって(6+1)本に分裂する．それら7本のピークの相対強度は，$_6C_0, _6C_1, _6C_2, _6C_3, _6C_4, _6C_5, _6C_6$ となる．

$$_6C_0 = \frac{6!}{(6-0)!\,0!} = \frac{6!}{6!\,0!} = \frac{1}{0!} = \frac{1}{1} = 1$$

$$_6C_1 = \frac{6!}{(6-1)!\,1!} = \frac{6!}{5!\,1!} = \frac{6\times 5!}{5!\,1!} = \frac{6}{1!} = \frac{6}{1!} = 6$$

$$_6C_2 = \frac{6!}{(6-2)!\,2!} = \frac{6!}{4!\,2!} = \frac{6\times 5\times 4!}{4!\,2!} = \frac{6\times 5}{2!} = \frac{6\times 5}{2\times 1} = \frac{30}{2} = 15$$

$$_6C_3 = \frac{6!}{(6-3)!\,3!} = \frac{6!}{3!\,3!} = \frac{6\times 5\times 4\times 3!}{3!\,3!} = \frac{6\times 5\times 4}{3!} = \frac{6\times 5\times 4}{3\times 2\times 1}$$

$$= \frac{120}{6} = 20$$

$$_6C_4 = \frac{6!}{(6-4)!\,4!} = \frac{6!}{2!\,4!} = 15$$

$$_6C_5 = \frac{6!}{(6-5)!\,5!} = \frac{6!}{1!\,5!} = 6$$

$$_6C_6 = \frac{6!}{(6-6)!\,6!} = \frac{6!}{0!\,6!} = 1$$

6. $\Omega = \dfrac{10!}{4!\,3!\,2!\,1!} = \dfrac{10\times 9\times 8\times 7\times 6\times 5\times 4!}{4!\times (3\times 2\times 1)\times (2\times 1)\times 1} = \dfrac{151\,200}{12} = 12\,600$

第 17 章

1. (a) $f(-2) = 3\times(-2) - 4 = -6 - 4 = -10$
   (b) $f(0) = 3\times 0 - 4 = -4$
   (c) $f(3) = 3\times 3 - 4 = 9 - 4 = 5$
2. (a) $f(-3) = 4\times(-3)^2 - 2\times(-3) - 6 = 4\times 9 + 6 - 6 = 36$
   (b) $f(0) = 4\times 0^2 - 2\times 0 - 6 = -6$
   (c) $f(2) = 4\times 2^2 - 2\times 2 - 6 = 4\times 4 - 4 - 6 = 16 - 4 - 6 = 6$
   (d) $f(1/2) = 4\times(1/2)^2 - 2\times(1/2) - 6 = 4\times(1/4) - 2\times(1/2) - 6$
       $= 1 - 1 - 6 = -6$
3. (a) $g(-2) = \dfrac{1}{-2} + \dfrac{2}{(-2)^2} + \dfrac{3}{(-2)^3} = -\dfrac{1}{2} + \dfrac{2}{4} - \dfrac{3}{8}$
       $= \dfrac{-4 + 4 - 3}{8} = -\dfrac{3}{8}$

(b) $g\left(\dfrac{1}{4}\right) = \dfrac{1}{(1/4)} + \dfrac{2}{(1/4)^2} + \dfrac{3}{(1/4)^3} = 4 + \dfrac{2}{(1/16)} + \dfrac{3}{(1/64)}$

$= 4 + 2\times\dfrac{16}{1} + 3\times\dfrac{64}{1} = 4 + 32 + 192 = 228$

(c) $g(4) = \dfrac{1}{4} + \dfrac{2}{4^2} + \dfrac{3}{4^3} = \dfrac{1}{4} + \dfrac{2}{16} + \dfrac{3}{64} = \dfrac{16+8+3}{64} = \dfrac{27}{64}$

また，$g(y)$ が値をもたないのは，$y=0$ のとき．

4. $\rho(0.15) = 0.987 - 0.269\times0.15 + 0.304\times0.15^2 - 0.598\times0.15^3$

$= 0.987 - 0.269\times0.15 + 0.304\times0.0225 - 0.598\times0.003\,375$

$= 0.987 - 0.040\,35 + 0.006\,84 - 0.002\,018$

$= 0.95$

5. $V(350\,\mathrm{pm}) = 4\times1.63\times10^{-21}\,\mathrm{J}\times\left[\left(\dfrac{358\,\mathrm{pm}}{350\,\mathrm{pm}}\right)^{12} - \left(\dfrac{358\,\mathrm{pm}}{350\,\mathrm{pm}}\right)^{6}\right]$

$= 6.52\times10^{-21}\,\mathrm{J}\times(1.0229^{12} - 1.0229^{6})$

$= 6.52\times10^{-21}\,\mathrm{J}\times(1.3122 - 1.1455)$

$= 6.52\times10^{-21}\,\mathrm{J}\times0.1667$

$= 1.09\times10^{-21}\,\mathrm{J}$

6. $p(0.300) = 0.300\times1.800\times10^5\,\mathrm{Pa} + (1-0.300)\times0.742\times10^5\,\mathrm{Pa}$

$= 5.40\times10^4\,\mathrm{Pa} + 0.700\times0.742\times10^5\,\mathrm{Pa} = 5.40\times10^4\,\mathrm{Pa} + 5.19\times10^4\,\mathrm{Pa}$

$= 10.59\times10^4\,\mathrm{Pa} = 1.059\times10^5\,\mathrm{Pa}$

第 18 章

1. (a) $f(1,1) = 1 + 2\times1 - 3\times1 = 1 + 2 - 3 = 0$
 (b) $f(0,0) = 1 + 2\times0 - 3\times0 = 1 + 0 - 0 = 1$
 (c) $f(-2,0) = 1 + 2\times(-2) - 3\times0 = 1 - 4 - 0 = -3$
 (d) $f(-3,-2) = 1 + 2\times(-3) - 3\times(-2) = 1 - 6 + 6 = 1$
 (e) $f(0,3) = 1 + 2\times0 - 3\times3 = 1 + 0 - 9 = -8$

2. (a) $g(1,0,-1) = 3\times1^2 - 4\times0 + (-1) = 3 - 0 - 1 = 2$
 (b) $g(2,2,0) = 3\times2^2 - 4\times2 + 0 = 3\times4 - 4\times2 + 0 = 12 - 8 = 4$
 (c) $g(-3,-2,1) = 3\times(-3)^2 - 4\times(-2) + 1 = 3\times9 + 8 + 1$
  $= 27 + 8 + 1 = 36$
 (d) $g(-2,0,3) = 3\times(-2)^2 - 4\times0 + 3 = 3\times4 - 0 + 3 = 12 - 0 + 3$
  $= 15$
 (e) $g(-3,4,-2) = 3\times(-3)^2 - 4\times4 + (-2) = 3\times9 - 4\times4 - 2$
  $= 27 - 16 - 2 = 9$

3. (a) $f(2,1) = 2 \times 2^2 \times 1 - 3 \times 2 \times 1^2 = 2 \times 4 \times 1 - 3 \times 2 \times 1 = 8 - 6 = 2$
   (b) $f(0,3) = 2 \times 0^2 \times 3 - 3 \times 0 \times 3^2 = 0$
   (c) $f(-2,1) = 2 \times (-2)^2 \times 1 - 3 \times (-2) \times 1^2 = 2 \times 4 \times 1 + 3 \times 2 \times 1$
   $= 8 + 6 = 14$
   (d) $f(1,-2) = 2 \times 1^2 \times (-2) - 3 \times 1 \times (-2)^2$
   $= -2 \times 1 \times 2 - 3 \times 1 \times 4 = -4 - 12 = -16$
   (e) $f(-1,-2) = 2 \times (-1)^2 \times (-2) - 3 \times (-1) \times (-2)^2$
   $= -2 \times 1 \times 2 + 3 \times 1 \times 4 = -4 + 12 = 8$

4. $p(298\,\text{K}, 1.5\,\text{m}^3) = \dfrac{2.5\,\text{mol} \times 8.314\,\text{J K}^{-1}\text{mol}^{-1} \times 298\,\text{K}}{1.5\,\text{m}^3}$
   $= 4129\,\text{N m m}^{-3} = 4129\,\text{N m}^{-2} = 4.1 \times 10^3\,\text{Pa}$

5. $E(1,2,1) = \dfrac{(6.63 \times 10^{-34}\,\text{J s})^2}{8 \times 9.11 \times 10^{-31}\,\text{kg}} \left(\dfrac{1^2}{(200\,\text{pm})^2} + \dfrac{2^2}{(200\,\text{pm})^2} + \dfrac{1^2}{(200\,\text{pm})^2} \right)$
   $= \dfrac{(6.63 \times 10^{-34}\,\text{J s})^2}{8 \times 9.11 \times 10^{-31}\,\text{kg} \times (200 \times 10^{-12}\,\text{m})^2}(1^2 + 2^2 + 1^2)$
   $= \dfrac{43.9569 \times 10^{-68}\,\text{J}^2\,\text{s}^2}{72.88 \times 10^{-31}\,\text{kg} \times 4 \times 10^4 \times 10^{-24}\,\text{m}^2} \times (1 + 4 + 1)$
   $= \dfrac{0.1508 \times 10^{-17}\,(\text{kg m}^2\,\text{s}^{-2})^2\,\text{s}^2}{\text{kg m}^2} \times 6$
   $= 9.048 \times 10^{-18}\,\dfrac{\text{kg}^2\,\text{m}^4\,\text{s}^{-4}\,\text{s}^2}{\text{kg m}^2}$
   $= 9.048 \times 10^{-18}\,\text{kg m}^2\,\text{s}^{-2} = 9.05 \times 10^{-18}\,\text{J}$
   $= 9.05\,\text{aJ}$

第 19 章

1. (a) $2 = \log_3 9$
   (b) $2 = \log_4 16$
   (c) $4 = \log_2 16$
   (d) $3 = \log_3 27$
   (e) $3 = \log_5 125$

2. (a) $\ln 2.5 = 0.916$
   (b) $\ln 6.37 = 1.852$
   (c) $\ln 1.0 = 0.0$
   (d) $\ln 0.256 = -1.363$
   (e) $\ln 0.001 = -6.908$

3. (a) $\ln 4 + \ln 5 = 1.386 + 1.609 = 2.995 = \ln 20$
   (b) $\ln 2 + \ln 5 = 0.693 + 1.609 = 2.302 = \ln 10$
   (c) $\ln 30 - \ln 3 = 3.401 - 1.099 = 2.302 = \ln 10$
   (d) $\ln 18 - \ln 3 = 2.890 - 1.099 = 1.791 = \ln 6$
   (e) $2\ln 3 = 2 \times 1.099 = 2.198 = \ln 9$
4. $S = k \ln W = 1.381 \times 10^{-23}\,\mathrm{J\,K^{-1}} \times \ln 6 = 1.381 \times 10^{-23}\,\mathrm{J\,K^{-1}} \times 1.792$
   $= 2.475 \times 10^{-23}\,\mathrm{J\,K^{-1}}$
5. $\Delta G^{\ominus} = -8.314\,\mathrm{J\,K^{-1}\,mol^{-1}} \times 298\,\mathrm{K} \times \ln(1.8 \times 10^{-5})$
   $= -8.314\,\mathrm{J\,K^{-1}\,mol^{-1}} \times 298\,\mathrm{K} \times (-10.925) = 27\,067\,\mathrm{J\,mol^{-1}}$
   $= 27.1\,\mathrm{kJ\,mol^{-1}}$

第 20 章

1. (a) $\log 10 = 1$
   (b) $\log 10^4 = 4$
   (c) $\log 10^8 = 8$
   (d) $\log 10^{-3} = -3$
   (e) $\log 10^{-6} = -6$
2. (a) $\ln 10^2 = 2.303 \log 10^2 = 2.303 \times 2 = 4.606$
   (b) $\ln 10^5 = 2.303 \log 10^5 = 2.303 \times 5 = 11.52$
   (c) $\ln 10^{10} = 2.303 \log 10^{10} = 2.303 \times 10 = 23.03$
   (d) $\ln 10^{-7} = 2.303 \log 10^{-7} = 2.303 \times (-7) = -16.12$
   (e) $\ln 0.01 = \ln 10^{-2} = 2.303 \log 10^{-2} = 2.303 \times (-2) = -4.606$
3. (a) $\log 4.18 = 0.621$
   (b) $\log(3.16 \times 10^4) = 4.50$
   (c) $\log(7.91 \times 10^{-4}) = -3.10$
   (d) $\log 0.003\,27 = -2.49$
   (e) $\log 3028 = 3.481$
4. (a) $\mathrm{pH} = -\log 0.01 = -\log 10^{-2} = -(-2.0) = 2$
   (b) $\mathrm{pH} = -\log 0.002 = -(-2.699) = 3$
   (c) $\mathrm{pH} = -\log 5.0 = -0.70$
   (d) $\mathrm{pH} = -\log 0.1014 = -(-0.994) = 0.994$
   (e) $\mathrm{pH} = -\log 1.072 = -0.0302$
5. $\log \gamma_{\pm} = -(0.509\,\mathrm{kg^{1/2}\,mol^{-1/2}})|z_+ z_-|\sqrt{I}$
   $\ln \gamma_{\pm} = 2.303 \times (-0.509\,\mathrm{kg^{1/2}\,mol^{-1/2}})|z_+ z_-|\sqrt{I}$
   $= -1.172\,\mathrm{kg^{1/2}\,mol^{-1/2}}|z_+ z_-|\sqrt{I}$

6. $T = \dfrac{100-60}{100} = \dfrac{40}{100} = 0.40$

$A = -\log T = -\log 0.40 = -(-0.398) = 0.40$

第 21 章

1. (a) $e^2 = 7.39$
   (b) $e^{10} = 2.20 \times 10^4$
   (c) $e^{1.73} = 5.64$
   (d) $e^{2.65} = 14.2$
   (e) $e^{9.9} = 1.99 \times 10^4$

2. (a) $e^{-3} = 0.0498$
   (b) $e^{-7} = 9.12 \times 10^{-4}$
   (c) $e^{-2.19} = 0.112$
   (d) $e^{-3.83} = 0.0217$
   (e) $e^{-4.7} = 9.10 \times 10^{-3}$

3. $\Psi = \left(\dfrac{1}{3.142}\right)^{1/2} \left(\dfrac{1}{5.292 \times 10^{-11}\,\text{m}}\right)^{3/2} e^{-2.43/5.292}$

   $= 0.318^{1/2} \times (1.890 \times 10^{10}\,\text{m}^{-1})^{3/2} \times e^{-0.459}$

   $= 0.564 \times 2.60 \times 10^{15}\,\text{m}^{-3/2} \times 0.632 = 9.26 \times 10^{14}\,\text{m}^{-3/2}$

4. $n = n_0 \exp(-1.54 \times 10^{-10}\,\text{年}^{-1} \times 4.51 \times 10^9\,\text{年}) = n_0\,e^{-0.695} = 0.499\,n_0$, したがって $n/n_0 = 0.50$

第 22 章

1. $\text{arc}\,f(x) = (x-7)/4$
2. $\text{arc}\,f(x) = (e^x - 1)/3$
3. $\text{arc}\,g(y) = \dfrac{1}{3} \ln\left(\dfrac{y}{2}\right)$
4. $\ln c - \ln c_0 = -kt$, $\ln c/c_0 = -kt$, $c/c_0 = e^{-kt}$ したがって, $c = c_0\,e^{-kt}$
5. $E - E^{\ominus} = -\dfrac{RT}{nF} \ln Q$

   $\ln Q = -\dfrac{nF}{RT}(E - E^{\ominus})$

   $= -\dfrac{2 \times 96\,485\,\text{C mol}^{-1}}{8.314\,\text{J K}^{-1}\,\text{mol}^{-1} \times 298\,\text{K}}(-0.029\,\text{V} - 0.021\,\text{V})$

$\qquad = -77.89 \text{ C J}^{-1} \times (-0.050 \text{ V})$
$\qquad = -77.89 \text{ V}^{-1} \times (-0.050 \text{ V}) = 3.895$
$Q = e^{3.895} = 49.2$

6. $\log \gamma_\pm = -0.51 \times |2 \times (-1)| \times \sqrt{0.125} = -0.51 \times 2 \times 0.354 = -0.361$
   $\gamma_\pm = 10^{-0.361} = 0.44$

第 23 章

1. (a) $y = 5x + 2$, $m = 5$, $c = 2$ （グラフは省略．以下同様）
   (b) $y = 3x - 7$, $m = 3$, $c = -7$
   (c) $2y = 4x - 9$, $y = (4x-9)/2 = 2x - 9/2$, $m = 2$, $c = -9/2$
   (d) $x + y = 2$, $y = -x + 2$, $m = -1$, $c = 2$
   (e) $2x + 3y = 8$, $3y = -2x + 8$, $y = -2x/3 + 8/3$,
   $m = -2/3$, $c = 8/3$

2. (a) y 対 x^2 $\quad m = 3$, $c = -8$
   (b) y^2 対 x $\quad m = 5$, $c = -4$
   (c) y 対 $1/x$ $\quad m = 2$, $c = -3$
   (d) y^2 対 $1/x$ $\quad m = 3$, $c = 6$
   (e) y^2 対 $1/x^2$ $\quad m = 2$, $c = 0$

3. (a) $y^2 = -x^2 + 9$, したがってプロットは y^2 対 x^2 $m = -1$, $c = 9$
   (b) $y^2 = 2x^2 - 5$, したがってプロットは y^2 対 x^2 $m = 2$, $c = -5$
   (c) $y = 10/x$, したがってプロットは y 対 $1/x$ $m = 10$, $c = 0$
   (d) $y = 4/x^2$, したがってプロットは y 対 $1/x^2$ $m = 4$, $c = 0$
   (e) $y^2 = 14/x$, したがってプロットは y^2 対 $1/x$ $m = 14$, $c = 0$

4. (a) $c_0 - c = kt$, $c = -kt + c_0$ したがってプロットは c 対 t
   傾き $= -k$, 切片 $= c_0$
   (b) $1/c = kt + 1/c_0$ したがってプロットは $1/c$ 対 t 傾き $= k$
   切片 $= 1/c_0$

5. $\ln p/p^\ominus$ 対 $1/T$ のプロットを利用すると，傾き $= -\Delta_{\text{vap}}H/R$

6. $\ln k$ 対 $1/T$ のプロットを利用すると，傾き $= -E_{\text{a}}/R$

第 24 章

1. (a) $x^2 + 3x - 10 = 0$, $(x+5)(x-2) = 0$, $x = 2$ または $x = -5$
   (b) $x^2 - 3x = 0$, $x(x-3) = 0$, $x = 0$ または $x = 3$
   (c) $3x^2 - 2x - 1 = 0$, $(3x+1)(x-1) = 0$, $x = 1$ または $x = -1/3$

2. (a) $2x^2 - 9x + 2 = 0$, $a = 2$, $b = -9$, $c = 2$

$$x = \frac{9 \pm \sqrt{81 - 4 \times 2 \times 2}}{2 \times 2} = \frac{9 \pm \sqrt{81 - 16}}{4} = \frac{9 \pm \sqrt{65}}{4} = \frac{9 \pm 8.062}{4}$$

$$= \left(\frac{17.062}{4} = 4.266 \quad \text{または} \quad \frac{0.938}{4} = 0.235\right)$$

(b) $4x^2 + 4x + 1 = 0$, $a = 4$, $b = 4$, $c = 1$

$$x = \frac{-4 \pm \sqrt{16 - 4 \times 4 \times 1}}{2 \times 4} = \frac{-4 \pm \sqrt{16 - 16}}{8} = \frac{-4}{8} = -\frac{1}{2}$$

(根は重根)

(c) $3.6x^2 + 1.2x - 0.8 = 0$, $a = 3.6$, $b = 1.2$, $c = -0.8$

$$x = \frac{-1.2 \pm \sqrt{1.2^2 - 4 \times 3.6 \times (-0.8)}}{2 \times 3.6} = \frac{-1.2 \pm \sqrt{1.44 + 11.52}}{7.2}$$

$$= \frac{-1.2 \pm \sqrt{12.96}}{7.2}$$

$$= \frac{-1.2 \pm 3.6}{7.2} = \left(\frac{2.4}{7.2} = 0.333 \quad \text{または} \quad -\frac{4.8}{7.2} = -0.667\right)$$

3. $a = 0.04$, $b = 1.715 \times 10^{-3}$, $c = -1.715 \times 10^{-3}$

$$a = \frac{-1.715 \times 10^{-3} \pm \sqrt{(1.715 \times 10^{-3})^2 - 4 \times 0.04 \times (-1.715 \times 10^{-3})}}{2 \times 0.04}$$

$$= \frac{-1.715 \times 10^{-3} \pm \sqrt{2.941 \times 10^{-6} + 2.744 \times 10^{-4}}}{0.08}$$

$$= \frac{-1.715 \times 10^{-3} \pm \sqrt{2.773 \times 10^{-4}}}{0.08} = \frac{-1.715 \times 10^{-3} \pm 1.665 \times 10^{-2}}{0.08}$$

$$= \left(\frac{1.494 \times 10^{-2}}{0.08} = 0.187 \quad \text{または} \quad \frac{-1.837 \times 10^{-2}}{0.08} = -0.230\right)$$

a は正だから，答えとしては，$a = 0.187$

4. $a = 1$, $b = 1.75 \times 10^{-5}$, $c = -1.75 \times 10^{-6}$

$$m = \frac{-1.75 \times 10^{-5} \pm \sqrt{(1.75 \times 10^{-5})^2 - 4 \times 1 \times (-1.75 \times 10^{-6})}}{2 \times 1}$$

$$= \frac{-1.75 \times 10^{-5} \pm \sqrt{3.063 \times 10^{-10} + 7 \times 10^{-6}}}{2}$$

$$= \frac{-1.75 \times 10^{-5} \pm \sqrt{7.00 \times 10^{-6}}}{2}$$

$$= \frac{-1.75 \times 10^{-5} \pm 2.646 \times 10^{-3}}{2}$$

$$= \left(\frac{2.629\times 10^{-3}}{2}=1.315\times 10^{-3} \quad \text{または} \quad \frac{-2.664\times 10^{-3}}{2}=-1.332\times 10^{-3}\right)$$

m は正だから，答えとしては，$m = 1.32 \times 10^{-3}$

5. $a = 4.0540,\ b = 2.1750,\ c = 0.1054$

$$a = \frac{-2.1750 \pm \sqrt{2.1750^2-4\times 4.0540\times 0.1054}}{2\times 4.0540}$$

$$= \frac{-2.1750 \pm \sqrt{4.7306-1.7092}}{8.108}$$

$$= \frac{-2.1750 \pm \sqrt{3.0214}}{8.108} = \frac{-2.1750 \pm 1.7382}{8.108}$$

$$= \left(\frac{-0.4368}{8.108} = -0.0539 \quad \text{または} \quad \frac{-3.9132}{8.108} = -0.483\right)$$

a が負となるのは，平衡が左にずれることを意味する．しかし，本問の与えられた条件だけではどちらの値が正しいかはいえない．

第 25 章*

1. (a) $x=0.5$ を代入すると，

$$1 + x + 2x^2 +3x^3 + 4x^4 + 5x^5 + \cdots$$
$$= 1 + 0.5 + 2\times 0.5^2 + 3\times 0.5^3 + 4\times 0.5^4 + 5\times 0.5^5 + \cdots$$
$$= 1 + 0.5 + 2\times 0.25 + 3\times 0.125 + 4\times 0.0625 + 5\times 0.03125 + \cdots$$
$$= 1 + 0.5 + 0.5 + 0.375 + 0.25 + 0.15625 + \cdots$$

各項が順に小さくなるので収束する．

(b) $x=2$ を代入すると，

$$1 + \frac{1}{x!} + \frac{2}{(2x)!} + \frac{3}{(3x)!} + \frac{4}{(4x)!} + \cdots$$

$$= 1 + \frac{1}{2!} + \frac{2}{(2\times 2)!} + \frac{3}{(3\times 2)!} + \frac{4}{(4\times 2)!} + \cdots$$

$$= 1 + \frac{1}{2!} + \frac{2}{4!} + \frac{3}{6!} + \frac{4}{8!} + \cdots$$

$$= 1 + \frac{1}{2} + \frac{2}{24} + \frac{3}{720} + \frac{4}{40320} + \cdots$$

$$= 1 + 0.5 + 0.083 + 0.0042 + 0.0001 + \cdots$$

各項が順に小さくなるので収束する．

---

* 訳注：収束，発散の判断については，p.99 の注を参照のこと．ここでの証明は不十分であるが，厳密な証明は本書のレベルを超える．

(c) $x=0.5$ を代入すると,

$1 + \ln x + 2\ln 2x + 3\ln 3x + 4\ln 4x + \cdots$
$= 1 + \ln 0.5 + 2\ln 1 + 3\ln 1.5 + 4\ln 2 + \cdots$
$= 1 + (-0.693) + 2\times 0 + 3\times 0.405 + 4\times 0.693 + \cdots$
$= 1 + (-0.693) + 0 + 1.215 + 2.772 + \cdots$

各項が順に大きくなるので発散する.

2. (a) $1 + e^{-4} + e^{-2\times 4} + e^{-3\times 4} + \cdots$
$= 1 + e^{-4} + e^{-8} + e^{-12} + \cdots$
$= 1 + 0.0183 + 3.35\times 10^{-4} + 6.18\times 10^{-6} + \cdots$

順番に和を取ると, $1, 1.0183, 1.0186, 1.0186, \cdots$ となるので, 収束値は 1.019

(b) $\dfrac{1}{4} + \dfrac{1}{2\times 4^2} + \dfrac{1}{3\times 4^3} + \dfrac{1}{4\times 4^4} + \dfrac{1}{5\times 4^5} + \cdots$

$= \dfrac{1}{4} + \dfrac{1}{2\times 16} + \dfrac{1}{3\times 64} + \dfrac{1}{4\times 256} + \dfrac{1}{5\times 1024} + \cdots$

$= \dfrac{1}{4} + \dfrac{1}{32} + \dfrac{1}{192} + \dfrac{1}{1024} + \dfrac{1}{5120} + \cdots$

$= 0.25 + 0.031 + 5.21\times 10^{-3} + 9.77\times 10^{-4} + 1.95\times 10^{-4} + \cdots$

順番に和を取ると, $0.281, 0.286, 0.287, 0.287, \cdots$ となるので, 収束値は 0.287

(c) $\dfrac{1}{\ln 4} + \dfrac{1}{(\ln 8)^2} + \dfrac{1}{(\ln 12)^3} + \dfrac{1}{(\ln 16)^4} + \dfrac{1}{(\ln 20)^5} + \dfrac{1}{(\ln 24)^6} + \dfrac{1}{(\ln 28)^7} + \cdots$

$= \dfrac{1}{1.386} + \dfrac{1}{2.079^2} + \dfrac{1}{2.485^3} + \dfrac{1}{2.773^4} + \dfrac{1}{2.996^5} + \dfrac{1}{3.178^6} + \dfrac{1}{3.332^7} + \cdots$

$= \dfrac{1}{1.386} + \dfrac{1}{4.322} + \dfrac{1}{15.345} + \dfrac{1}{59.13} + \dfrac{1}{241} + \dfrac{1}{1030} + \dfrac{1}{4560} + \cdots$

$= 0.722 + 0.231 + 0.065 + 0.017 + 0.004 + 9.71\times 10^{-4} + 2.19\times 10^{-4} + \cdots$

順番に和を取ると, $0.953, 1.018, 1.035, 1.039, 1.040, 1.040, \cdots$ となるので, 収束値は 1.040

3. $\dfrac{B}{V} = \dfrac{-4.5\times 10^{-6}\,\mathrm{m^3\,mol^{-1}}}{0.025\,\mathrm{m^3\,mol^{-1}}} = -1.8\times 10^{-4}$

$\dfrac{C}{V^2} = \dfrac{1.10\times 10^{-9}\,\mathrm{m^6\,mol^{-2}}}{(0.025\,\mathrm{m^3\,mol^{-1}})^2} = \dfrac{1.10\times 10^{-9}\,\mathrm{m^6\,mol^{-2}}}{6.25\times 10^{-4}\,\mathrm{m^6\,mol^{-2}}} = 1.76\times 10^{-6}$

$\dfrac{B/V}{C/V^2} = \dfrac{-1.8\times 10^{-4}}{1.76\times 10^{-6}} = -102$

4. $\dfrac{\varepsilon_1}{kT} = \dfrac{3.15 \times 10^{-21}\,\text{J}}{1.38 \times 10^{-23}\,\text{J K}^{-1} \times 298\,\text{K}} = 0.766$

   $\dfrac{\varepsilon_2}{kT} = \dfrac{4.5 \times 10^{-23}\,\text{J}}{1.38 \times 10^{-23}\,\text{J K}^{-1} \times 298\,\text{K}} = 0.0109$

   $q_e = 5\,e^{-0/kT} + 3\,e^{-\varepsilon_1/kT} + e^{-\varepsilon_2/kT} = 5\,e^0 + 3\,e^{-0.766} + e^{-0.0109}$
   $= 5 \times 1 + 3 \times 0.465 + 0.989 = 5 + 1.395 + 0.989 = 7.38$

5. $q_r = (2\times0+1)\,e^{-0(0+1)h^2/8\pi^2 IkT} + (2\times1+1)\,e^{-1(1+1)h^2/8\pi^2 IkT}$
   $\quad + (2\times2+1)\,e^{-2(2+1)h^2/8\pi^2 IkT}$
   $\quad + (2\times3+1)\,e^{-3(3+1)h^2/8\pi^2 IkT} + (2\times4+1)\,e^{-4(4+1)h^2/8\pi^2 IkT}$
   $= e^0 + 3\,e^{-2h^2/8\pi^2 IkT} + 5\,e^{-6h^2/8\pi^2 IkT} + 7\,e^{-12h^2/8\pi^2 IkT} + 9\,e^{-20h^2/8\pi^2 IkT}$
   $= 1 + 3\,e^{-h^2/4\pi^2 IkT} + 5\,e^{-3h^2/4\pi^2 IkT} + 7\,e^{-3h^2/2\pi^2 IkT} + 9\,e^{-5h^2/2\pi^2 IkT}$

第 26 章

1. (a) $\sin 48° = 0.7431$
   (b) $\cos 63° = 0.4540$
   (c) $\tan 57° = 1.5399$
   (d) $\sin(-32°) = -0.5299$
   (e) $\cos 171° = -0.9877$

2. (a) $\sin(\pi/3) = 0.8661$
   (b) $\cos(3/2) = 0.0707$
   (c) $\tan 2 = -2.1850$
   (d) $\sin(-\pi/7) = -0.4339$
   (e) $\cos(5\pi/4) = -0.7067$

3. $d = \dfrac{n\lambda}{2\sin\theta} = \dfrac{1 \times 154\,\text{pm}}{2 \times \sin 12°} = \dfrac{154\,\text{pm}}{2 \times 0.2079} = \dfrac{154\,\text{pm}}{0.4158} = 370\,\text{pm}$

4. $n=1$ については $\Psi(0) = \Psi(a) = 0$, $\Psi(a/2) = B$(図 26.5 を参照)

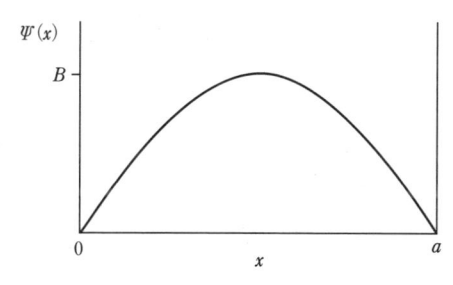

図 26.5 箱の中の粒子の波動関数 Ψ. $n=1$ の場合

$n=2$ については $\Psi(a/4) = B$, $\Psi(a/2) = 0$,
$\Psi(3a/4) = -B$(図 26.6 を参照)

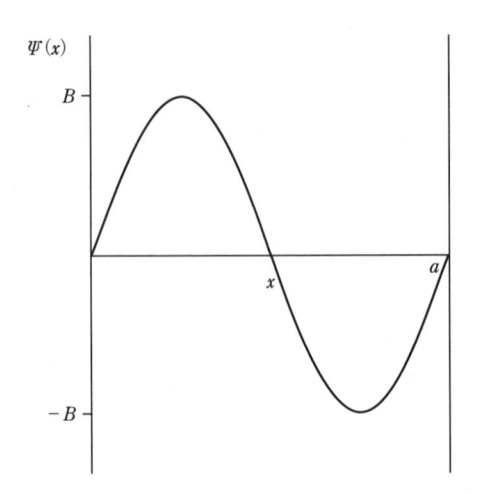

図 26.6 箱の中の粒子の波動関数 Ψ. $n=2$ の場合

$n=3$ については $\Psi(a/6) = \Psi(5a/6) = B$, $\Psi(a/3) = \Psi(2a/3) = 0$,
$\Psi(a/2) = -B$(図 26.7 を参照)

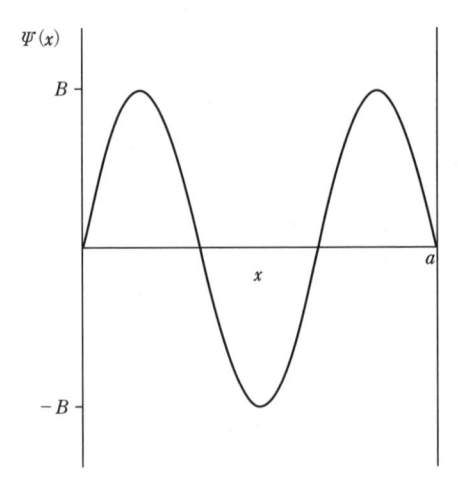

図 26.7 箱の中の粒子の波動関数 Ψ. $n=3$ の場合

5. $x' = 4\cos 35° - 7\sin 35°$
   $= 4\times 0.8192 - 7\times 0.5736 = 3.2768 - 4.0152 = -0.7384$
   $y' = 4\sin 35° + 7\cos 35°$
   $= 4\times 0.5736 + 7\times 0.8192 = 2.2944 + 5.7344 = 8.0288$

6. $r^2 = 5\times 10^3 \times (154 \text{ pm})^2 \left(\dfrac{1-\cos 109.5°}{1+\cos 109.5°}\right)$

   $= 5\times 10^3 \times (154\times 10^{-12}\text{ m})^2 \left(\dfrac{1-(-0.3338)}{1+(-0.3338)}\right)$

   $= 5\times 10^3 \times 2.372\times 10^{-20}\text{ m}^2 \left(\dfrac{1+0.3338}{1-0.3338}\right)$

   $= 1.186\times 10^{-16}\text{ m}^2 \times \dfrac{1.3338}{0.6662}$

   $= 2.374\times 10^{-16}\text{ m}^2$
   $r = \sqrt{2.374\times 10^{-16}\text{ m}^2} = 1.541\times 10^{-8}\text{ m}$

第 27 章

1. (a) $\theta = \sin^{-1}\sin 0.734 = 47.2°$
   (b) $\theta = \cos^{-1}(-0.214) = 102°$
   (c) $\theta = \tan^{-1} 4.78 = 78.2°$
   (d) $\theta = \sin^{-1}(-0.200) = -11.5°$
   (e) $\theta = \tan^{-1}(-2.79) = -70.3°$

2. (a) $x = \sin^{-1} 0.457 = 0.475\text{ rad}$
   (b) $x = \cos^{-1} 0.281 = 1.29\text{ rad}$
   (c) $x = \tan^{-1} 10.71 = 1.48\text{ rad}$
   (d) $x = \sin^{-1}(-0.842) = -1.00\text{ rad}$
   (e) $x = \cos^{-1}(-0.821) = 2.53\text{ rad}$

3. (a) $\sin x = 0.104 + 0.815 = 0.919$
   $x = \sin^{-1} 0.919 = 66.8° = 1.17\text{ rad}$
   (b) $\cos x = 0.817 - 0.421 = 0.396$
   $x = \cos^{-1} 0.396 = 66.7° = 1.16\text{ rad}$
   (c) $3x = \tan^{-1} 5.929 = 80.43°$ または 1.404 rad
   $x = 80.43°/3 = 26.81°$ または $1.404\text{ rad}/3 = 0.468\text{ rad}$
   (d) $\sin 2x = 0.520 + 0.318 = 0.838$
   $2x = \sin^{-1} 0.838 = 56.9°$ または 0.994 rad
   $x = 56.9°/2 = 28.5°$ または $0.994\text{ rad}/2 = 0.497\text{ rad}$

(e) $\cos 4x = 0.957 - 0.212 = 0.745$

$4x = \cos^{-1} 0.745 = 41.8° \quad \text{または} \quad 0.730 \text{ rad}$

$x = 41.8°/4 = 10.5° \quad \text{または} \quad 0.730 \text{ rad}/4 = 0.183 \text{ rad}$

4. $\sin \theta = \dfrac{132 \text{ pm}}{2 \times 220 \text{ pm}} = \dfrac{132 \text{ pm}}{440 \text{ pm}} = 0.300$

$\theta = \sin^{-1} 0.300 = 17.5° = 0.305 \text{ rad}$

5. $\sin^2 \theta = \dfrac{(136 \text{ pm})^2}{4 \times (313 \text{ pm})^2}(1^2+1^2+2^2) = \dfrac{18\,496}{4 \times 97\,969}(1+1+4) = \dfrac{18\,496 \times 6}{4 \times 97\,969}$

$= \dfrac{110\,976}{391\,876} = 0.283$

$\sin \theta = \sqrt{0.283} = 0.532$

$\theta = \sin^{-1} 0.532 = 32.1° = 0.561 \text{ rad}$

6. $\cos \theta = -\dfrac{4\pi\varepsilon_0\varepsilon_r r^2 E}{z_A e \mu} =$

$-\dfrac{4\times 3.142 \times 8.85 \times 10^{-12} \text{ C}^2 \text{ N}^{-1} \text{ m}^{-2} \times 1.5 \times (250 \text{ pm})^2 \times (-0.014 \times 10^{-18} \text{ J})}{2 \times 1.60 \times 10^{-19} \text{ C} \times 2.50 \times 10^{-30} \text{ C m}} =$

$\dfrac{4\times 3.142 \times 8.85 \times 10^{-12} \text{ C}^2 \text{ N}^{-1} \text{ m}^{-2} \times 1.5 \times 6.25 \times 10^{-20} \text{ m}^2 \times 0.014 \times 10^{-18} \text{ N m}}{2 \times 1.60 \times 10^{-19} \text{ C} \times 2.50 \times 10^{-30} \text{ C m}}$

$= \dfrac{1.460 \times 10^{-49}}{8.00 \times 10^{-49}} = 0.1825$

$\theta = \cos^{-1}(0.1825) = 79.5° \quad \text{または} \quad 1.39 \text{ rad}$

第 28 章

1. (a) $d = \sqrt{(1-4)^2+(2-0)^2+(3-7)^2} = \sqrt{(-3)^2+2^2+(-4)^2}$
$= \sqrt{9+4+16} = \sqrt{29} = 5.4$

(b) $d = \sqrt{(2-(-4))^2+(0-3)^2+(4-(-2))^2} = \sqrt{6^2+3^2+6^2}$
$= \sqrt{36+9+36} = \sqrt{81} = 9$

(c) $d = \sqrt{(8-7)^2+(-2-(-2))^2+(-5-(-7))^2} = \sqrt{1^2+0^2+(2)^2}$
$= \sqrt{1+0+4} = \sqrt{5} = 2.2$

2. (a) $r = \sqrt{1^2+2^2+3^2} = \sqrt{1+4+9} = \sqrt{14} = 3.74$

$\theta = \cos^{-1}\left(\dfrac{3}{3.74}\right) = \cos^{-1} 0.802 = 36.7°$

$\phi = \tan^{-1}\left(\dfrac{2}{1}\right) = \tan^{-1} 2 = 63.4°$

(b) $r = \sqrt{8^2+7^2+4^2} = \sqrt{64+49+16} = \sqrt{129} = 11.4$

$$\theta = \cos^{-1}\left(\frac{4}{11.4}\right) = \cos^{-1} 0.351 = 69.5°$$

$$\phi = \tan^{-1}\left(\frac{7}{8}\right) = \tan^{-1} 0.875 = 41.2°$$

(c) $r = \sqrt{(-1)^2 + 0^2 + (-9)^2} = \sqrt{1+81} = \sqrt{82} = 9.06$

$$\theta = \cos^{-1}\left(\frac{-9}{9.06}\right) = \cos^{-1}(-0.993) = 173°$$

$$\phi = \tan^{-1}\left(\frac{0}{-1}\right) = \tan^{-1} 0 = 0.00°$$

3. (a) $x = r \sin\theta \cos\phi = 6 \times \sin(\pi/2) \times \cos\pi = 6 \times 1 \times (-1) = -6$

  $y = r \sin\theta \sin\phi = 6 \times \sin(\pi/2) \times \sin\pi = 6 \times 1 \times 0 = 0$

  $z = r \cos\theta = 6 \cos\pi/2 = 6 \times 0 = 0$

(b) $x = r \sin\theta \cos\phi = 10 \sin(-\pi/3) \cos 2\pi$
  $= 10 \times (-0.8660) \times 1 = -8.66$

  $y = r \sin\theta \sin\phi = 10 \sin(-\pi/3) \sin 2\pi = 10 \times (-0.8660) \times 0 = 0$

  $z = r \cos\theta = 10 \times \cos(-\pi/3) = 10 \times 0.5 = 5$

(c) $x = r \sin\theta \cos\phi = 7.14 \times \sin 35° \times \cos(-27°)$
  $= 7.14 \times 0.5736 \times 0.8910 = 3.65$

  $y = r \sin\theta \cos\phi = 7.14 \times \sin 35° \times \sin(-27°)$
  $= 7.14 \times 0.5736 \times (-0.4540) = -1.86$

  $z = r \cos\theta = 7.14 \cos 35° = 7.14 \times 0.8192 = 5.85$

4. 原子間隔

	C2	C3	C4	C5	C6	C7	C8
C1	3.57	2.52	3.57	2.52	2.52	1.55	3.57
C2	—	2.52	5.05	2.52	4.37	2.96	5.05
C3	—	—	2.52	2.52	2.52	1.55	4.37
C4	—	—	—	4.37	2.52	2.96	5.05
C5	—	—	—	—	2.52	1.55	2.52
C6	—	—	—	—	—	1.55	2.52
C7	—	—	—	—	—	—	2.96

C1-C7 間, C3-C7 間, C5-C7 間, C6-C7 間に結合がある.

5. $r = \dfrac{3a_0}{2} = \dfrac{3 \times 5.292 \times 10^{-11}\,\text{m}}{2} = 7.938 \times 10^{-11}\,\text{m}$

  $x = r \sin\theta \cos\phi = 7.938 \times 10^{-11} \times \sin 45° \times \cos 45°$
  $= 7.938 \times 10^{-11} \times 0.7071 \times 0.7071 = 3.969 \times 10^{-11}$

$$y = r \sin\theta \sin\phi = 7.938 \times 10^{-11} \times \sin 45° \times \sin 45°$$
$$= 7.938 \times 10^{-11} \times 0.7071 \times 0.7071 = 3.969 \times 10^{-11}$$
$$z = r \cos\theta = 7.938 \times 10^{-11} \times \cos 45°$$
$$= 7.938 \times 10^{-11} \times 0.7071 = 5.613 \times 10^{-11}$$

6. $r = a_0 = 5.292 \times 10^{-11}$ m
$$x = r \sin\theta \cos\phi = 5.292 \times 10^{-11} \times \sin 60° \times \cos(-30°)$$
$$= 5.292 \times 10^{-11} \times 0.8660 \times 0.8660 = 3.969 \times 10^{-11}$$
$$y = r \sin\theta \sin\phi = 5.292 \times 10^{-11} \times \sin 60° \times \sin(-30°)$$
$$= 5.292 \times 10^{-11} \times 0.8660 \times (-0.5000) = -2.291 \times 10^{-11}$$
$$z = r \cos\theta = 5.292 \times 10^{-11} \times \cos 60° = 5.292 \times 10^{-11} \times 0.5000$$
$$= 2.646 \times 10^{-11}$$

第 29 章

1. (a) $|3\boldsymbol{i} + 8\boldsymbol{j} + 9\boldsymbol{k}| = \sqrt{3^2 + 8^2 + 9^2} = \sqrt{9 + 64 + 81} = \sqrt{154} = 12.4$
   (b) $|5\boldsymbol{i} - 8\boldsymbol{j} + 8\boldsymbol{k}| = \sqrt{5^2 + 8^2 + 8^2} = \sqrt{25 + 64 + 64} = \sqrt{153} = 12.4$
   (c) $|-2\boldsymbol{i} + 9\boldsymbol{j} - 4\boldsymbol{k}| = \sqrt{2^2 + 9^2 + 4^2} = \sqrt{4 + 81 + 16} = \sqrt{101} = 10.0$

2. (a) $(5+3)\boldsymbol{i} + (6+6)\boldsymbol{j} + (9+2)\boldsymbol{k} = 8\boldsymbol{i} + 12\boldsymbol{j} + 11\boldsymbol{k}$
   (b) $(2+5)\boldsymbol{i} + (-6+0)\boldsymbol{j} + (9-8)\boldsymbol{k} = 7\boldsymbol{i} - 6\boldsymbol{j} + \boldsymbol{k}$
   (c) $(9+5)\boldsymbol{i} + (2-3)\boldsymbol{j} + (-2+8)\boldsymbol{k} = 14\boldsymbol{i} - \boldsymbol{j} + 6\boldsymbol{k}$

3. (a) $(5-3)\boldsymbol{i} + (6-6)\boldsymbol{j} + (9-2)\boldsymbol{k} = 2\boldsymbol{i} + 7\boldsymbol{k}$
   (b) $(2-5)\boldsymbol{i} + (-6-0)\boldsymbol{j} + (9-(-8))\boldsymbol{k} = -3\boldsymbol{i} - 6\boldsymbol{j} + 17\boldsymbol{k}$
   (c) $(9-5)\boldsymbol{i} + (2-(-3))\boldsymbol{j} + (-2-8)\boldsymbol{k} = 4\boldsymbol{i} + 5\boldsymbol{j} - 10\boldsymbol{k}$

4. (a) $|2\boldsymbol{i} + 6\boldsymbol{j} - 9\boldsymbol{k}| = \sqrt{2^2 + 6^2 + 9^2} = \sqrt{4 + 36 + 81} = \sqrt{121} = 11$
   $$\hat{\boldsymbol{n}} = \frac{1}{11}(2\boldsymbol{i} + 6\boldsymbol{j} - 9\boldsymbol{k}) = 0.18\boldsymbol{i} + 0.55\boldsymbol{j} - 0.82\boldsymbol{k}$$
   (b) $|5\boldsymbol{i} - 8\boldsymbol{j} + 7\boldsymbol{k}| = \sqrt{5^2 + 8^2 + 7^2} = \sqrt{25 + 64 + 49} = \sqrt{138} = 11.7$
   $$\hat{\boldsymbol{n}} = \frac{1}{11.7}(5\boldsymbol{i} - 8\boldsymbol{j} + 7\boldsymbol{k}) = 0.43\boldsymbol{i} - 0.68\boldsymbol{j} + 0.60\boldsymbol{k}$$
   (c) $|2\boldsymbol{i} + \boldsymbol{j} - 6\boldsymbol{k}| = \sqrt{2^2 + 1^2 + 6^2} = \sqrt{4 + 1 + 36} = \sqrt{41} = 6.4$
   $$\hat{\boldsymbol{n}} = \frac{1}{6.4}(2\boldsymbol{i} + \boldsymbol{j} - 6\boldsymbol{k}) = 0.31\boldsymbol{i} + 0.16\boldsymbol{j} - 0.94\boldsymbol{k}$$

5. $\boldsymbol{r}_2 - \boldsymbol{r}_1 = (x_2 - x_1)\boldsymbol{i} + (y_2 - y_1)\boldsymbol{j} + (z_2 - z_1)\boldsymbol{k}$
   $|\boldsymbol{r}_2 - \boldsymbol{r}_1| = \sqrt{(x_2 - x_1)^2 + (y_2 - y_1)^2 + (z_2 - z_1)^2}$

6. $\boldsymbol{a} = |\boldsymbol{a}|\boldsymbol{i}, \quad \boldsymbol{b} = |\boldsymbol{b}|\boldsymbol{j}, \quad \boldsymbol{c} = |\boldsymbol{c}|\boldsymbol{k};$
   $\boldsymbol{T} = n_1|\boldsymbol{a}|\boldsymbol{i} + n_2|\boldsymbol{b}|\boldsymbol{j} + n_3|\boldsymbol{c}|\boldsymbol{k}$

第 30 章

1. (a) $2a = 2(3i + j - 2k) = 6i + 2j - 4k$
   (b) $3b = 3(5i - 2j + 3k) = 15i - 6j + 9k$
   (c) $4.5c = 4.5(0.7i + 3.4j + 2.1k) = 3.2i + 15j + 9.5k$

2. (a) $a \cdot b = 3i \cdot (-i) + 2j \cdot (-2j) + 4k \cdot 3k = -3 - 4 + 12 = 5$
   (b) $a \cdot b = 3i \cdot (-8i) + (-4j) \cdot 6j + (-5k) \cdot 3k$
       $= -24 - 24 - 15 = -63$
   (c) $a \cdot b = 0i \cdot 6i + 8j \cdot 4j + (-7k) \cdot (-5k) = 0 + 32 + 35 = 67$

3. (a) $a \times b = 3i \times (-2j) + 3i \times 3k + 2j \times (-i) + 2j \times 3k +$
       $\quad 4k \times (-i) + 4k \times (-2j)$
       $= -6(i \times j) + 9(i \times k) - 2(j \times i) + 6(j \times k) - 4(k \times i)$
       $\quad -8(k \times j)$
       $= -6k + 9(-j) - 2(-k) + 6i - 4j - 8(-i)$
       $= 14i - 13j - 4k$
   (b) $a \times b = 3i \times 6j + 3i \times 3k - 4j \times (-8i) - 4j \times 3k$
       $\quad - 5k \times (-8i) - 5k \times 6j$
       $= 18(i \times j) + 9(i \times k) + 32(j \times i) - 12(j \times k) + 40(k \times i)$
       $\quad - 30(k \times j)$
       $= 18k - 9j - 32k - 12i + 40j + 30i$
       $= 18i + 31j - 14k$
   (c) $a \times b = 8j \times 6i + 8j \times (-5k) - 7k \times 6i - 7k \times 4j$
       $= 48(j \times i) - 40(j \times k) - 42(k \times i) - 28(k \times j)$
       $= -48k - 40i - 42j + 28i = -12i - 42j - 48k$

4. $\cos \theta = \dfrac{a \cdot b}{|a||b|} = \dfrac{3.62}{2.14 \times 5.19} = \dfrac{3.62}{11.11} = 0.326$,
   $\theta = \cos^{-1} 0.326 = 71.0°$

5. $E = -\mu \cdot B = -|\mu||B|\cos \theta = -9.274 \times 10^{-24}\,\text{J T}^{-1} \times 2.0\,\text{T} \times \cos 30°$
   $= -9.274 \times 10^{-24} \times 2.0 \times 0.8660\,\text{J} = -1.6 \times 10^{-23}\,\text{J}$

6. $L = m(r \times v) = 9.109 \times 10^{-31}\,\text{kg}(5.292 \times 10^{-11}\,\text{m}\,i \times 6 \times 10^{6}\,\text{m s}^{-1}\,j)$
   $= 9.109 \times 10^{-31}\,\text{kg} \times 5.292 \times 10^{-11}\,\text{m} \times 6 \times 10^{6}\,\text{m s}^{-1}(i \times j)$
   $= (2.892 \times 10^{-34}\,\text{kg m}^2\,\text{s}^{-1})k$

第 31 章

1. (a) $a = 2, \quad b = 3$
   (b) $a = 3, \quad b = -6$

(c) $a = 4$, $b = 7$
(d) $a = 5$, $b = -9$
(e) $a = x$, $b = y$

2. (a) $2 - 3i$
   (b) $3 + 6i$
   (c) $4 - 7i$
   (d) $5 + 9i$
   (e) $x - iy$

3. $F(hkl) = \sum_{j=1}^{3} f_j e^{i 2\pi (hx_j + ky_j + lz_j)}$
   $= f_1 e^{i 2\pi (hx_1 + ky_1 + lz_1)} + f_2 e^{i 2\pi (hx_2 + ky_2 + lz_2)} + f_3 e^{i 2\pi (hx_3 + ky_3 + lz_3)}$
   $= f_1 [\cos 2\pi (hx_1 + ky_1 + lz_1) + i \sin 2\pi (hx_1 + ky_1 + lz_1)]$
   $\quad + f_2 [\cos 2\pi (hx_2 + ky_2 + lz_2) + i \sin 2\pi (hx_2 + ky_2 + lz_2)]$
   $\quad + f_3 [\cos 2\pi (hx_3 + ky_3 + lz_3) + i \sin 2\pi (hx_3 + ky_3 + lz_3)]$
   $= [f_1 \cos 2\pi (hx_1 + ky_1 + lz_1) + f_2 \cos 2\pi (hx_2 + ky_2 + lz_2)$
   $\quad + f_3 \cos 2\pi (hx_3 + ky_3 + lz_3)]$
   $\quad + i [f_1 \sin 2\pi (hx_1 + ky_1 + lz_1) + f_2 \sin 2\pi (hx_2 + ky_2 + lz_2)$
   $\quad + f_3 \sin 2\pi (hx_3 + ky_3 + lz_3)]$

4. $\Psi = R + iI$, $\Psi^* = R - iI$,
   $\Psi^* \Psi = (R + iI)(R - iI)$
   $= R^2 - RiI + RiI - i^2 I^2 = R^2 - (-1)I^2 = R^2 + I^2$,
   i が現れないので虚数部分はない.

5. $\Psi_{2p_x} = Ae^{-r/2a_0} r \sin\theta (\cos\phi + i \sin\phi)$,
   $\Psi_{2p_y} = Ae^{-r/2a_0} r \sin\theta (\cos\phi - i \sin\phi)$
   $\Psi_{2p_x} + \Psi_{2p_y} = Ae^{-r/2a_0} r \sin\theta (\cos\phi + \cos\phi + i \sin\phi - i \sin\phi)$
   $= 2Ae^{-r/2a_0} r \sin\theta \cos\phi$

第 32 章

1. (a) $m = 6 \times (-4) = -24$
   (b) $m = 6 \times 0 = 0$
   (c) $m = 6 \times 2 = 12$
   (d) $m = 6 \times (-0.5) = -3.0$
   (e) $m = 6 \times 2.42 = 14.5$

2. (a) $m = 21 \times (-5)^2 - 6 \times (-5) = 21 \times 25 + 30 = 525 + 30 = 555$
   (b) $m = 21 \times 0^2 - 6 \times 0 = 0$

(c) $m = 21 \times 7^2 - 6 \times 7 = 21 \times 49 - 42 = 1029 - 42 = 987$

(d) $m = 21 \times (-3.6)^2 - 6 \times (-3.6) = 21 \times 12.96 + 21.6$
$= 272.2 + 21.6 = 294$

(e) $m = 21 \times 7.41^2 - 6 \times 7.41 = 21 \times 54.91 - 44.46$
$= 1153.11 - 44.46 = 1109$

3. $m = \dfrac{\mathrm{d}(\ln K)}{\mathrm{d}T} = -\dfrac{\Delta H^{\ominus}}{RT^2} = -\dfrac{(-119.7 \times 10^3 \text{ J mol}^{-1})}{8.314 \text{ J K}^{-1} \text{mol}^{-1} \times (298 \text{ K})^2}$
$= 0.162 \text{ K}^{-1}$

4. $m = \dfrac{\mathrm{d}V}{\mathrm{d}t} = \dfrac{25 \times 10^3 \text{ Pa} \times 3.142 \times (5 \times 10^{-3} \text{ m})^4}{8 \times 9.33 \times 10^{-6} \text{ kg m}^{-1} \text{ s}^{-1} \times 10 \times 10^{-2} \text{ m}}$

$= \dfrac{4.909 \times 10^{-5} \text{ kg m}^3 \text{ s}^{-2}}{7.464 \times 10^{-6} \text{ kg s}^{-1}} = 6.58 \text{ m}^3 \text{ s}^{-1}$

5. $m = \dfrac{\mathrm{d}c}{\mathrm{d}t} = -kc^2$
$= -0.775 \text{ dm}^3 \text{ mol}^{-1} \text{ s}^{-1} \times (0.05 \text{ mol dm}^{-3})^2$
$= -0.775 \text{ dm}^3 \text{ mol}^{-1} \text{ s}^{-1} \times 2.5 \times 10^{-3} \text{ mol}^2 \text{ dm}^{-6}$
$= -1.94 \times 10^{-3} \text{ mol dm}^{-3} \text{ s}^{-1}$

第 33 章

1. $\dfrac{\mathrm{d}f(x)}{\mathrm{d}x} = 3 \times 5x^{5-1} - 4 \times 3x^{3-1} + 2 \times 1 \times x^{1-1} = 3 \times 5x^4 - 4 \times 3x^2 + 2 \times x^0$
$= 15x^4 - 12x^2 + 2$

2. $\dfrac{\mathrm{d}g(y)}{\mathrm{d}y} = 2 \times 4y^{4-1} + 3 \times 3y^{3-1} - 5 \times 2y^{2-1} - 1 \times y^{1-1}$
$= 8y^3 + 9y^2 - 10y - 1$

3. $\dfrac{\mathrm{d}H_4(\xi)}{\mathrm{d}\xi} = 0 - 48 \times 2\xi^{2-1} + 16 \times 4\xi^{4-1} = -96\xi + 64\xi^3$

4. $\dfrac{\mathrm{d}L_3(\rho)}{\mathrm{d}\rho} = 0 - 18 \times 1 \times \rho^{1-1} + 9 \times 2\rho^{2-1} - 3\rho^{3-1} = -18 + 18\rho - 3\rho^2$

5. $\dfrac{\mathrm{d}P_3(z)}{\mathrm{d}z} = \dfrac{5}{2} \times 3z^{3-1} - \dfrac{3}{2} \times 1 \times z^{1-1} = \dfrac{15}{2}z^2 - \dfrac{3}{2}$

6. $\dfrac{\mathrm{d}V}{\mathrm{d}T} = V_0(0 + 4.2 \times 10^{-4} \text{ K}^{-1} \times 1 \times T^{1-1} + 1.67 \times 10^{-6} \text{ K}^{-2} \times 2T^{2-1})$
$= V_0(4.2 \times 10^{-4} \text{ K}^{-1} + 3.34 \times 10^{-6} \text{ K}^{-2} \text{ } T)$

350 K では，$\dfrac{dV}{dT} = V_0(4.2\times 10^{-4}\,\text{K}^{-1} + 3.34\times 10^{-6}\,\text{K}^{-2} \times 350\,\text{K})$

$\hspace{4.5em} = V_0(4.2\times 10^{-4}\,\text{K}^{-1} + 11.7\times 10^{-4}\,\text{K}^{-1}) = 1.59\times 10^{-3}\,V_0\,\text{K}^{-1}$

第 34 章

1. (a) $\dfrac{d}{dx}(\ln 3x) = \dfrac{1}{x}$

　(b) $\dfrac{d}{dx}(e^{-5x}) = -5\,e^{-5x}$

　(c) $\dfrac{d}{dx}[\sin(4x-7)] = 4\cos(4x-7)$

　(d) $\dfrac{d}{dx}(\log 7x - \cos 2x) = \dfrac{d}{dx}\left(\dfrac{\ln 7x}{2.303} - \cos 2x\right) = \dfrac{1}{2.303x} - (-2\sin 2x)$

$\hspace{10em} = \dfrac{1}{2.303x} + 2\sin 2x$

　(e) $\dfrac{d}{dx}[e^{-x} + \sin(3x+2) + \ln 9x] = -e^{-x} + 3\cos(3x+2) + \dfrac{1}{x}$

2. $\log \gamma_\pm = -A z_+ z_- \sqrt{I} = -A z_+ z_- I^{1/2}$

$\dfrac{d\log\gamma_\pm}{dI} = -A z_+ z_-\left(\dfrac{1}{2}I^{-1/2}\right) = \dfrac{-\dfrac{1}{2}A z_+ z_-}{I^{1/2}} = -\dfrac{A z_+ z_-}{2\sqrt{I}}$

3. $\lambda = \dfrac{2d}{n}\sin\theta,\ \dfrac{d\lambda}{d\theta} = \dfrac{2d}{n}\cos\theta$

4. $\ln k = \ln A - \dfrac{E_a}{RT} = \ln A - \dfrac{E_a}{R}T^{-1},\ \dfrac{d\ln k}{dT} = -\dfrac{E_a}{R}(-T^{-2}) = \dfrac{E_a}{RT^2}$

5. $\dfrac{dc}{dt} = c_0(-k e^{-kt}) = -k c_0\,e^{-kt} = -kc$

第 35 章

1. (a) $\dfrac{d}{dx}(4x^5) = 4\times 5 x^{5-1} = 20x^4$

　(b) $\dfrac{d}{dx}(x^3 - x^2 + x - 9) = 3x^2 - 2x + 1$

　(c) $\dfrac{d}{dx}(3\ln x - 4\sin 2x) = \dfrac{3}{x} - 4\times 2\cos 2x = \dfrac{3}{x} - 8\cos 2x$

(d) $\dfrac{d}{dx}(6x - e^{-3x} + \ln 5x) = 6 - (-3)e^{-3x} + \dfrac{1}{x} = 6 + 3e^{-3x} + \dfrac{1}{x}$

(e) $\dfrac{d}{dx}\left(\dfrac{5}{x^3} - 2x + \ln 8x\right) = \dfrac{d}{dx}(5x^{-3} - 2x + \ln 8x)$

$= 5\times(-3x^{-4}) - 2 + \dfrac{1}{x} = -15x^{-4} - 2 + \dfrac{1}{x}$

$= -\dfrac{15}{x^4} - 2 + \dfrac{1}{x}$

2. (a) $\dfrac{d}{dx}(x \ln x) = \ln x \dfrac{d}{dx}(x) + x\dfrac{d}{dx}(\ln x) = \ln x \times 1 + x \times \dfrac{1}{x}$

$= \ln x + 1$

(b) $\dfrac{d}{dx}(x^2 e^{-2x}) = e^{-2x}\dfrac{d}{dx}(x^2) + x^2\dfrac{d}{dx}(e^{-2x}) = e^{-2x}\times 2x + x^2\times(-2e^{-2x})$

$= 2xe^{-2x} - 2x^2 e^{-2x} = 2xe^{-2x}(1-x)$

(c) $\dfrac{d}{dx}(3x \sin 2x) = 3\left[\sin 2x \dfrac{d}{dx}(x) + x\dfrac{d}{dx}(\sin 2x)\right]$

$= 3(\sin 2x \times 1 + x \times 2\cos 2x)$
$= 3(\sin 2x + 2x \cos 2x)$

(d) $\dfrac{d}{dx}(4xe^x + x) = 4\left[e^x\dfrac{d}{dx}(x) + x\dfrac{d}{dx}(e^x)\right] + \dfrac{d}{dx}(x)$

$= 4(e^x \times 1 + xe^x) + 1 = 4e^x + 4xe^x + 1$

(e) $\dfrac{d}{dx}(7x^2 \cos 4x + xe^x)$

$= 7\left[\cos 4x \dfrac{d}{dx}(x^2) + x^2 \dfrac{d}{dx}(\cos 4x)\right] + \left[e^x \dfrac{d}{dx}(x) + x\dfrac{d}{dx}(e^x)\right]$

$= 7[2x \cos 4x + x^2(-4\sin 4x)] + (e^x \times 1 + xe^x)$
$= 14x \cos 4x - 28x^2 \sin 4x + e^x + xe^x$

3. (a) $\dfrac{d}{dx}\left(\dfrac{x}{\ln x}\right) = \dfrac{\ln x \dfrac{d}{dx}(x) - x\dfrac{d}{dx}(\ln x)}{(\ln x)^2}$

$= \dfrac{\ln x \times 1 - x \times \dfrac{1}{x}}{(\ln x)^2}$

$= \dfrac{\ln x - 1}{(\ln x)^2}$

H. 問題の解答

(b) $\dfrac{\mathrm{d}}{\mathrm{d}x}\left(\dfrac{\sin x}{x^2}\right) = \dfrac{x^2 \dfrac{\mathrm{d}}{\mathrm{d}x}(\sin x) - \sin x \dfrac{\mathrm{d}}{\mathrm{d}x}(x^2)}{(x^2)^2}$

$= \dfrac{x^2 \cos x - \sin x \times 2x}{x^4} = \dfrac{x^2 \cos x - 2x \sin x}{x^4}$

$= \dfrac{x \cos x - 2 \sin x}{x^3}$

(c) $\dfrac{\mathrm{d}}{\mathrm{d}x}\left(\dfrac{\mathrm{e}^x}{\ln 2x}\right) = \dfrac{\ln 2x \dfrac{\mathrm{d}}{\mathrm{d}x}(\mathrm{e}^x) - \mathrm{e}^x \dfrac{\mathrm{d}}{\mathrm{d}x}(\ln 2x)}{(\ln 2x)^2}$

$= \dfrac{\ln 2x \times \mathrm{e}^x - \mathrm{e}^x \times \dfrac{1}{x}}{(\ln 2x)^2} = \dfrac{\mathrm{e}^x \ln 2x - \dfrac{\mathrm{e}^x}{x}}{(\ln 2x)^2}$

$= \dfrac{\mathrm{e}^x}{\ln 2x} - \dfrac{\mathrm{e}^x}{x(\ln 2x)^2}$

(d) $\dfrac{\mathrm{d}}{\mathrm{d}x}\left(\dfrac{\sin x}{\cos 3x}\right) = \dfrac{\cos 3x \dfrac{\mathrm{d}}{\mathrm{d}x}(\sin x) - \sin x \dfrac{\mathrm{d}}{\mathrm{d}x}(\cos 3x)}{(\cos 3x)^2}$

$= \dfrac{\cos 3x \times \cos x - \sin x \times (-3 \sin 3x)}{(\cos 3x)^2}$

$= \dfrac{\cos x \cos 3x + 3 \sin x \sin 3x}{(\cos 3x)^2}$

(e) $\dfrac{\mathrm{d}}{\mathrm{d}x}\left(\dfrac{x \ln x}{\sin x}\right) = \dfrac{\sin x \dfrac{\mathrm{d}}{\mathrm{d}x}(x \ln x) - x \ln x \dfrac{\mathrm{d}}{\mathrm{d}x}(\sin x)}{\sin^2 x}$

$= \dfrac{\sin x \left[\ln x \dfrac{\mathrm{d}}{\mathrm{d}x}(x) + x \dfrac{\mathrm{d}}{\mathrm{d}x}(\ln x)\right] - x \ln x \cos x}{\sin^2 x}$

$= \dfrac{\sin x \left[\ln x \times 1 + x \times \dfrac{1}{x}\right] - x \ln x \cos x}{\sin^2 x}$

$= \dfrac{\sin x [\ln x + 1] - x \ln x \cos x}{\sin^2 x}$

$= \dfrac{\sin x \ln x + \sin x - x \ln x \cos x}{\sin^2 x}$

4. $x = \Lambda/\Lambda_0$ とおくと $K = cx/(1-x)$ となる.

$$\frac{dK}{dx} = \frac{c[(1-x)\frac{d}{dx}(x) - x\frac{d}{dx}(1-x)]}{(1-x)^2} = \frac{c[(1-x)\times 1 - x\times(-1)]}{(1-x)^2}$$

$$= \frac{c(1-x+x)}{(1-x)^2} = \frac{c}{(1-x)^2}$$

したがって

$$\frac{dK}{d(\Lambda/\Lambda_0)} = \frac{c}{\left(1-\frac{\Lambda}{\Lambda_0}\right)^2}$$

5. $\dfrac{d}{dn_i}(n_i \ln n_i - n_i) = \ln n_i \dfrac{d}{dn_i}(n_i) + n_i \dfrac{d}{dn_i}(\ln n_i) - \dfrac{d}{dn_i}(n_i)$

$= \ln n_i \times 1 + n_i \times \dfrac{1}{n_i} - 1 = \ln n_i + 1 - 1 = \ln n_i$

第 36 章

1. (a) $\dfrac{df(x)}{dx} = 12x^2 - 6x + 1, \quad \dfrac{d^2f(x)}{dx^2} = 24x - 6$

   (b) $\dfrac{df(x)}{dx} = 24x^3 - 6x, \quad \dfrac{d^2f(x)}{dx^2} = 72x^2 - 6$

   (c) $\dfrac{df(x)}{dx} = 18x + 3, \quad \dfrac{d^2f(x)}{dx^2} = 18$

2. (a) $\dfrac{dg(y)}{dy} = \dfrac{1}{y} = y^{-1}, \quad \dfrac{d^2g(y)}{dy^2} = -y^{-2} = -\dfrac{1}{y^2}$

   (b) $\dfrac{dg(y)}{dy} = 2\times(-4)e^{-4y} = -8\,e^{-4y},$

   $\dfrac{d^2g(y)}{dy^2} = -8\times(-4\,e^{-4y}) = 32\,e^{-4y}$

   (c) $\dfrac{dg(y)}{dy} = \dfrac{1}{y} + 2\,e^{2y} = y^{-1} + 2\,e^{2y},$

   $\dfrac{d^2g(y)}{dy^2} = -y^{-2} + 2\times 2\,e^{2y} = -\dfrac{1}{y^2} + 4\,e^{2y}$

3. (a) $\dfrac{dh(z)}{dz} = 3\cos 3z, \quad \dfrac{d^2h(z)}{dz^2} = 3(-3\sin 3z) = -9\sin 3z$

(b) $\dfrac{dh(z)}{dz} = -4\sin(4z+1),$

$\dfrac{d^2h(z)}{dz^2} = -4[4\cos(4z+1)] = -16\cos(4z+1)$

(c) $\dfrac{dh(z)}{dz} = 2\cos 2z - 2\sin 2z,$

$\dfrac{d^2h(z)}{dz^2} = 2(-2\sin 2z) - 2(2\cos 2z) = -4\sin 2z - 4\cos 2z$

4. $\dfrac{d\Psi}{dr} = \left(\dfrac{1}{\pi}\right)^{1/2}\left(\dfrac{1}{a_0}\right)^{3/2}\dfrac{d}{dr}(e^{-r/a_0}) = \left(\dfrac{1}{\pi}\right)^{1/2}\left(\dfrac{1}{a_0}\right)^{3/2}\left(-\dfrac{1}{a_0}\right)e^{-r/a_0}$

$= -\left(\dfrac{1}{\pi}\right)^{1/2}\left(\dfrac{1}{a_0}\right)^{5/2}e^{-r/a_0}$

$\dfrac{d^2\Psi}{dr^2} = -\left(\dfrac{1}{\pi}\right)^{1/2}\left(\dfrac{1}{a_0}\right)^{5/2}\dfrac{d}{dr}(e^{-r/a_0}) = -\left(\dfrac{1}{\pi}\right)^{1/2}\left(\dfrac{1}{a_0}\right)^{5/2}\left(-\dfrac{1}{a_0}\right)e^{-r/a_0}$

$= \left(\dfrac{1}{\pi}\right)^{1/2}\left(\dfrac{1}{a_0}\right)^{7/2}e^{-r/a_0}$

5. $\dfrac{dV}{dn} = b + \dfrac{3}{2}cn^{1/2} + 2en, \quad \dfrac{d^2V}{dn^2} = \dfrac{3}{4}cn^{-1/2} + 2e = \dfrac{3c}{4\sqrt{n}} + 2e$

$n=0.25$ モルのとき

$\dfrac{d^2V}{dn^2} = \dfrac{3 \times 1.7738 \text{ cm}^3 \text{ mol}^{-3/2}}{4 \times (0.25 \text{ mol})^{1/2}} + 2 \times 0.1194 \text{ cm}^3 \text{ mol}^{-2}$

$= (2.6607 + 0.2388) \text{ cm}^3 \text{ mol}^{-2} = 2.8995 \text{ cm}^3 \text{ mol}^{-2}$

第 37 章

1. $\dfrac{df(x)}{dx} = 6x - 6 = 6(x-1) = 0, \quad x=1$

2. $\dfrac{dg(y)}{dy} = \dfrac{1}{y} - 4y = 0, \quad \dfrac{1}{y} = 4y, \quad 4y^2 = 1, \quad y^2 = \dfrac{1}{4}, \quad y = \pm\dfrac{1}{2}$

3. $\dfrac{df(x)}{dx} = 12x^2 - 12x = 12x(x-1) = 0, \quad x=0$ または $x=1.$

$\dfrac{d^2f(x)}{dx^2} = 24x - 12.$

$x=0$ のとき $\dfrac{d^2f(x)}{dx^2} = -12$ だから極大,$x=1$ のとき,$\dfrac{d^2f(x)}{dx^2} = 12$ だから極小

H. 問題の解答   233

4. $\dfrac{df(x)}{dx} = 3\cos(3x-5) = 0$

   $0 \leq x \leq 2\pi$ より　$-5 \leq 3x-5 \leq 6\pi-5 = 13.852$
   $3x - 5 = -3\pi/2,\ -\pi/2,\ \pi/2,\ 3\pi/2,\ 5\pi/2,\ 7\pi/2$
   $3x - 5 = -4.713,\ -1.571,\ 1.571,\ 4.713,\ 7.855,\ 10.997$
   $3x = 0.287,\ 3.429,\ 6.571,\ 9.713,\ 12.855,\ 15.997$
   $x = 0.096,\ 1.143,\ 2.190,\ 3.238,\ 4.285,\ 5.332$

5. $V(r) = -Ar^{-1} + Br^{-6}$

   $\dfrac{dV(r)}{dr} = Ar^{-2} + (-6Br^{-7}) = \dfrac{A}{r^2} - \dfrac{6B}{r^7} = \dfrac{1}{r^2}\left(A - \dfrac{6B}{r^5}\right)$

   $\dfrac{dV(r)}{dr} = 0$ となるのは $\dfrac{6B}{r^5} = A$, つまり $r^5 = \dfrac{6B}{A}$ のとき.

   $\dfrac{d^2V(r)}{dr^2} = -2Ar^{-3} + 42Br^{-8} = -\dfrac{2A}{r^3} + \dfrac{42B}{r^8} = \dfrac{1}{r^3}\left(-2A + \dfrac{42B}{r^5}\right)$

   $= \dfrac{1}{r^3}\left(-2A + \dfrac{42B}{6B}\times A\right) = \dfrac{1}{r^3}(-2A + 7A) = \dfrac{5A}{r^3}$

   この値が正だから停留点は極小.

6. $\dfrac{dE}{dZ} = \dfrac{e^2}{a_0}\left(2Z - \dfrac{27}{8}\right) = 0,\quad 2Z = \dfrac{27}{8},\quad Z = \dfrac{27}{16}$

   $\dfrac{d^2E}{dZ^2} = \dfrac{e^2}{a_0}\times 2$

   この値が正だから停留点は極小.

   $E = \dfrac{e^2}{a_0}\left[\left(\dfrac{27}{16}\right)^2 - \left(\dfrac{27}{8}\times\dfrac{27}{16}\right)\right] = \dfrac{e^2}{a_0}(2.848 - 5.695) = -2.847\dfrac{e^2}{a_0}$

第 38 章

1. $f(x,y) = (5y)x^2 - (3y)x - (4y^2)x,\quad \left(\dfrac{\partial f}{\partial x}\right)_y = 10xy - 3y - 4y^2$

   $f(x,y) = (5x^2)y - (3x)y - (4x)y^2,\quad \left(\dfrac{\partial f}{\partial y}\right)_x = 5x^2 - 3x - 8xy$

2. $g(x,y) = x^2 + \ln x - \ln y,\quad \left(\dfrac{\partial g}{\partial x}\right)_y = 2x + \dfrac{1}{x},\quad \left(\dfrac{\partial g}{\partial y}\right)_x = -\dfrac{1}{y}$

3. $\left(\dfrac{\partial h}{\partial r}\right)_s = -e^{-r} + \cos(r+2s),\quad \left(\dfrac{\partial h}{\partial s}\right)_r = 2\cos(r+2s)$

4. $\left(\dfrac{\partial p}{\partial T}\right)_V = \dfrac{nR}{V}$, $\left(\dfrac{\partial p}{\partial V}\right)_T = -\dfrac{nRT}{V^2}$

$\mathrm{d}p = \left(\dfrac{\partial p}{\partial T}\right)_V \mathrm{d}T + \left(\dfrac{\partial p}{\partial V}\right)_T \mathrm{d}V = \dfrac{nR}{V}\mathrm{d}T - \dfrac{nRT}{V^2}\mathrm{d}V$

5. $\left(\dfrac{\partial \Delta S}{\partial x_1}\right)_{x_2} = -R\left(\ln x_1 + \dfrac{1}{x_1}\times x_1\right) = -R(\ln x_1 + 1)$,

$\left(\dfrac{\partial \Delta S}{\partial x_2}\right)_{x_1} = -R(\ln x_2 + 1)$

$\mathrm{d}\Delta S = \left(\dfrac{\partial \Delta S}{\partial x_1}\right)\mathrm{d}x_1 + \left(\dfrac{\partial \Delta S}{\partial x_2}\right)\mathrm{d}x_2 = -R(\ln x_1 + 1)\mathrm{d}x_1 - R(\ln x_2 + 1)\mathrm{d}x_2$

第 39 章

1. $\displaystyle\int_1^4 x^3\,\mathrm{d}x = \left[\dfrac{x^4}{4}\right]_1^4 = \dfrac{4^4 - 1^4}{4} = \dfrac{256 - 1}{4} = \dfrac{255}{4}$

2. $\displaystyle\int_{-2}^2 \dfrac{1}{x^2}\,\mathrm{d}x = \left[-\dfrac{1}{x}\right]_{-2}^2 = -\dfrac{1}{2} - \left(-\dfrac{1}{-2}\right) = -\dfrac{1}{2} - \dfrac{1}{2} = -1$

3. $\displaystyle\int_0^{2\pi} \sin 2x\,\mathrm{d}x = \left[-\dfrac{1}{2}\cos 2x\right]_0^{2\pi} = \left[-\dfrac{1}{2}\cos 4\pi\right] - \left[-\dfrac{1}{2}\cos 0\right]$

$= \left[-\dfrac{1}{2}\times 1\right] - \left[-\dfrac{1}{2}\times 1\right] = -\dfrac{1}{2} + \dfrac{1}{2} = 0$

4. $\displaystyle\int_{c_0}^c \mathrm{d}c = -k\int_0^t \mathrm{d}t$, $[c]_{c_0}^c = -k[t]_0^t$, $c - c_0 = -k(t-0)$,

$c - c_0 = -kt$

5. $\displaystyle\int_{p_0}^p \dfrac{\mathrm{d}p}{p} = [\ln p]_{p_0}^p = \ln p - \ln p_0 = \ln\left(\dfrac{p}{p_0}\right)$, $\displaystyle\int_0^z \mathrm{d}z = [z]_0^z = z - 0 = z$

$\ln\left(\dfrac{p}{p_0}\right) = -\dfrac{mgz}{RT}$

第 40 章

1. (a) $\displaystyle\int x^9\,\mathrm{d}x = \dfrac{x^{10}}{10} + C$

  (b) $\displaystyle\int 3x^{-6}\,\mathrm{d}x = \dfrac{3x^{-5}}{-5} + C = -\dfrac{3}{5x^5} + C$

  (c) $\displaystyle\int \dfrac{2}{3x}\,\mathrm{d}x = \dfrac{2}{3}\int\dfrac{\mathrm{d}x}{x} = \dfrac{2}{3}\ln x + C$

(d) $\int 2e^{-5x}dx = \dfrac{2e^{-5x}}{-5} + C = -\dfrac{2}{5e^{5x}} + C$

(e) $\int \cos 3x\, dx = \dfrac{\sin 3x}{3} + C$

2. (a) $\int_0^6 (5x^3 - 2x^2 + x + 6)\,dx = \left[\dfrac{5x^4}{4} - \dfrac{2x^3}{3} + \dfrac{x^2}{2} + 6x\right]_0^6$

$= \left[\dfrac{5\times 6^4}{4} - \dfrac{2\times 6^3}{3} + \dfrac{6^2}{2} + 6\times 6\right] - [0]$

$= \dfrac{5\times 1296}{4} - \dfrac{2\times 216}{3} + \dfrac{36}{2} + 36$

$= 1620 - 144 + 18 + 36 = 1530$

(b) $\int_{-1}^3 (x^2 - 2x + 1)\,dx = \left[\dfrac{x^3}{3} - \dfrac{2x^2}{2} + x\right]_{-1}^3 = \left[\dfrac{x^3}{3} - x^2 + x\right]_{-1}^3$

$= \left[\dfrac{3^3}{3} - 3^2 + 3\right] - \left[\dfrac{(-1)^3}{3} - (-1)^2 + (-1)\right]$

$= [9-9+3] - \left[-\dfrac{1}{3} - 1 - 1\right] = 3 + \dfrac{1}{3} + 2 = 5 + \dfrac{1}{3} = \dfrac{16}{3}$

(c) $\int_{-4}^0 (3x^4 - 4x^2 - 7)\,dx = \left[\dfrac{3x^5}{5} - \dfrac{4x^3}{3} - 7x\right]_{-4}^0$

$= [0] - \left[\dfrac{3\times (-4)^5}{5} - \dfrac{4\times (-4)^3}{3} - 7\times (-4)\right]$

$= 0 - \left[\dfrac{-3\times 1024}{5} + \dfrac{256}{3} + 28\right]$

$= -\left[-\dfrac{3072}{5} + \dfrac{256}{3} + 28\right] = -\left[\dfrac{-9216 + 1280 + 420}{15}\right]$

$= \dfrac{7516}{15} = 501$

3. (a) $\int_1^5 \dfrac{1}{2x}\,dx = \dfrac{1}{2}\int_1^5 \dfrac{dx}{x} = \dfrac{1}{2}[\ln x]_1^5 = \dfrac{1}{2}[1.609 - 0] = 0.805$

(b) $\int_0^1 e^{3x}dx = \left[\dfrac{e^{3x}}{3}\right]_0^1 = \dfrac{e^3}{3} - \dfrac{e^0}{3} = \dfrac{20.09}{3} - \dfrac{1}{3} = \dfrac{19.09}{3} = 6.36$

(c) $\int_0^\pi \sin 4x\,dx = \left[\dfrac{-\cos 4x}{4}\right]_0^\pi = \left[\dfrac{-\cos 4\pi}{4}\right] - \left[\dfrac{-\cos 0}{4}\right]$

$= -\dfrac{1}{4} + \dfrac{1}{4} = 0$

4. $\Delta H = \int_{T_1}^{T_2} (a+bT+cT^{-2}) \, dT = \left[aT + \dfrac{bT^2}{2} + \dfrac{cT^{-1}}{-1} \right]_{T_1}^{T_2}$

$= \left[aT + \dfrac{bT^2}{2} - \dfrac{c}{T} \right]_{T_1}^{T_2} = a(T_2 - T_1) + \dfrac{b}{2}(T_2^2 - T_1^2) - c\left(\dfrac{1}{T_2} - \dfrac{1}{T_1}\right)$

$= 28.58 \text{ J K}^{-1} \text{ mol}^{-1} \times (318 - 298) \text{ K}$

$\quad + \dfrac{3.76 \times 10^{-3} \text{ J K}^{-2} \text{ mol}^{-1}}{2} \times (318^2 - 298^2) \text{ K}^2$

$\quad + 5.0 \times 10^4 \text{ J K mol}^{-1} \times \dfrac{298 - 318}{298 \times 318} \text{ K}^{-1}$

$= 28.58 \times 20 \text{ J mol}^{-1} + 1.88 \times 10^{-3} \times (101\,124 - 88\,804) \text{ J mol}^{-1}$

$\quad - \dfrac{5.0 \times 10^4 \times 20}{298 \times 318} \text{ J mol}^{-1}$

$= 571.60 \text{ J mol}^{-1} + 1.88 \times 10^{-3} \times 12\,320 \text{ J mol}^{-1} - 11 \text{ J mol}^{-1}$

$= (571.60 + 23.16 - 11) \text{ J mol}^{-1} = 584 \text{ J mol}^{-1} = 5.8 \times 10^2 \text{ J mol}^{-1}$

5. $\int_{K_1}^{K_2} \dfrac{dK}{K} = [\ln K]_{K_1}^{K_2} = \ln K_2 - \ln K_1 = \ln\left(\dfrac{K_2}{K_1}\right)$

$\int_{T_1}^{T_2} \dfrac{dT}{T^2} = \int_{T_1}^{T_2} T^{-2} \, dT = \left[\dfrac{T^{-1}}{-1}\right]_{T_1}^{T_2} = \left[-\dfrac{1}{T}\right]_{T_1}^{T_2} = -\dfrac{1}{T_2} - \left(-\dfrac{1}{T_1}\right)$

$= \dfrac{1}{T_1} - \dfrac{1}{T_2}$

$\ln\left(\dfrac{K_2}{K_1}\right) = \dfrac{\Delta H^\ominus}{R}\left(\dfrac{1}{T_1} - \dfrac{1}{T_2}\right)$

第 41 章

1. (a) $u = x, \ \dfrac{du}{dx} = 1, \ \dfrac{dv}{dx} = \sin x, \ v = -\cos x$

$\int x \sin x \, dx = x(-\cos x) - \int (-\cos x) \times 1 \, dx$

$\qquad\qquad\quad = -x \cos x + \int \cos x \, dx = -x \cos x + \sin x + C$

(b) $u = x, \ \dfrac{du}{dx} = 1, \ \dfrac{dv}{dx} = e^x, \ v = e^x$

$\int x e^x \, dx = x e^x - \int e^x \, dx = x e^x - e^x + C$

(c) $u = \ln x$, $\dfrac{du}{dx} = \dfrac{1}{x}$, $\dfrac{dv}{dx} = x$, $v = \dfrac{x^2}{2}$

$$\int x \ln x \, dx = \dfrac{x^2}{2} \ln x - \int \dfrac{x^2}{2} \times \dfrac{1}{x} dx = \dfrac{x^2}{2} \ln x - \dfrac{1}{2} \int x \, dx$$

$$= \dfrac{x^2}{2} \ln x - \dfrac{1}{2} \times \dfrac{x^2}{2} + C = \dfrac{x^2}{2} \ln x - \dfrac{x^2}{4} + C$$

(d) $u = x$, $\dfrac{du}{dx} = 1$, $\dfrac{dv}{dx} = e^{3x}$, $v = \dfrac{e^{3x}}{3}$

$$\int x e^{3x} dx = x \dfrac{e^{3x}}{3} - \int \dfrac{e^{3x}}{3} dx = x \dfrac{e^{3x}}{3} - \dfrac{e^{3x}}{9} + C$$

$$\int_1^3 x e^{3x} dx = \left[\dfrac{x e^{3x}}{3} - \dfrac{e^{3x}}{9} \right]_1^3 = \left[\dfrac{3 e^9}{3} - \dfrac{e^9}{9} \right] - \left[\dfrac{e^3}{3} - \dfrac{e^3}{9} \right]$$

$$= [8103 - 900] - [6.70 - 2.23] = 7203 - 4.47 = 7199$$

(e) $u = 3x$, $\dfrac{du}{dx} = 3$, $\dfrac{dv}{dx} = \cos 2x$, $v = \dfrac{\sin 2x}{2}$

$$\int 3x \cos 2x \, dx = \dfrac{3x \sin 2x}{2} - \int \dfrac{3 \sin 2x}{2} dx$$

$$= \dfrac{3x \sin 2x}{2} - \dfrac{3}{2} \dfrac{(-\cos 2x)}{2}$$

$$= \dfrac{3x \sin 2x}{2} + \dfrac{3 \cos 2x}{4} + C$$

$$\int_0^{\pi/2} 3x \cos 2x \, dx = \left[\dfrac{3x \sin 2x}{2} + \dfrac{3 \cos 2x}{4} \right]_0^{\pi/2}$$

$$= \left[\dfrac{3 \times \dfrac{\pi}{2} \sin \pi}{2} + \dfrac{3 \cos \pi}{4} \right] - \left[0 + \dfrac{3}{4} \cos 0 \right]$$

$$= \dfrac{3\pi}{4} \times 0 + \dfrac{3}{4} \times (-1) - 0 - \dfrac{3}{4} \times 1 = -\dfrac{3}{4} - \dfrac{3}{4}$$

$$= -\dfrac{6}{4} = -\dfrac{3}{2}$$

2. (a) $u = x - 2$, $\dfrac{du}{dx} = 1$

$x = -1$ のとき $u = -3$, $x = 4$ のとき $u = 2$.

$$\int_{-3}^{2} u^6 \, du = \left[\dfrac{u^7}{7} \right]_{-3}^{2} = \dfrac{2^7 - (-3)^7}{7} = \dfrac{128 + 2187}{7} = \dfrac{2315}{7} = 331$$

(b) $u = 4x + 1$, $\dfrac{du}{dx} = 4$

$x=-\pi$ のとき $u=-4\pi+1=-11.56$, $x=\pi/2$ のとき $u=2\pi+1=7.28$.

$$\int_{-11.56}^{7.28} \sin u \dfrac{du}{4} = \dfrac{1}{4}\int_{-11.56}^{7.28} \sin u\, du = \dfrac{1}{4}[-\cos u]_{-11.56}^{7.28}$$

$$= \dfrac{1}{4}[-\cos 7.28 - (-\cos(-11.56))]$$

$$= \dfrac{1}{4}[-0.543 + 0.535] = 0.0$$

(c) $u = x^2$, $\dfrac{du}{dx} = 2x$, $dx = \dfrac{du}{2x}$

$x=0$ のとき $u=0$, $x=2$ のとき $u=4$.

$$\int_0^4 3xe^u \dfrac{du}{2x} = \int_0^4 \dfrac{3}{2} e^u du = \dfrac{3}{2}[e^u]_0^4 = \dfrac{3}{2}[e^4 - e^0]$$

$$= \dfrac{3}{2}[54.60 - 1] = 80.4$$

3. (a) $\dfrac{3x}{(x+1)(x-4)} = \dfrac{A}{x+1} + \dfrac{B}{x-4} = \dfrac{A(x-4) + B(x+1)}{(x+1)(x-4)}$

$3x = A(x-4) + B(x+1)$

$x=4$ のとき $3\times 4 = B(4+1)$, $12=5B$, $B=12/5$

$x=-1$ のとき $3\times(-1)=A(-1-4)$, $-3=-5A$, $A=-3/-5=3/5$

$$\int_5^7 \left(\dfrac{3\,dx}{5(x+1)} + \dfrac{12\,dx}{5(x-4)}\right) = \left[\dfrac{3}{5}\ln(x+1) + \dfrac{12}{5}\ln(x-4)\right]_5^7$$

$$= \left[\dfrac{3}{5}\ln 8 + \dfrac{12}{5}\ln 3\right] - \left[\dfrac{3}{5}\ln 6 + \dfrac{12}{5}\ln 1\right]$$

$$= \left[\dfrac{3}{5}\times 2.08 + \dfrac{12}{5}\times 1.10\right] - \left[\dfrac{3}{5}\times 1.79 + \dfrac{12}{5}\times 0\right]$$

$$= [1.25+2.64] - [1.07] = 2.82$$

(b) $\dfrac{2}{x(x+1)} = \dfrac{A}{x} + \dfrac{B}{x+1} = \dfrac{A(x+1)+Bx}{x(x+1)}$

$2 = A(x+1) + Bx$

$x=-1$ のとき $2=B\times(-1)$, $B=-2$, $x=0$ のとき $2=A$.

$$\int \dfrac{2}{x(x+1)}\,dx = \int \dfrac{2}{x}dx - \int \dfrac{2}{x+1}dx$$

$$= 2\ln x - 2\ln(x+1) + C$$

(c) $\dfrac{2x-3}{(x+5)(x-2)} = \dfrac{A}{x+5} + \dfrac{B}{x-2} = \dfrac{A(x-2)+B(x+5)}{(x+5)(x-2)}$

$2x-3 = A(x-2) + B(x+5)$

$x=2$ のとき $2\times2-3=B(2+5)$, $1=7B$, $B=1/7$.

$x=-5$ のとき $2\times(-5)-3=A(-5-2)$, $-13=-7A$, $A=13/7$.

$\displaystyle\int_5^{10} \dfrac{13}{7(x+5)}\,dx + \int_5^{10} \dfrac{1}{7(x-2)}\,dx$

$= \left[\dfrac{13}{7}\ln(x+5) + \dfrac{1}{7}\ln(x-2)\right]_5^{10}$

$= \dfrac{13}{7}\ln 15 + \dfrac{1}{7}\ln 8 - \dfrac{13}{7}\ln 10 - \dfrac{1}{7}\ln 3$

$= \dfrac{13}{7}\times 2.708 + \dfrac{1}{7}\times 2.079 - \dfrac{13}{7}\times 2.303 - \dfrac{1}{7}\times 1.099$

$= 5.029 + 0.297 - 4.277 - 0.157 = 0.892$

4. $u=r^2$, $\dfrac{du}{dr}=2r$, $\dfrac{dv}{dr}=e^{-2r/a_0}$, $v=-\dfrac{a_0}{2}e^{-2r/a_0}$

$\displaystyle\int r^2 e^{-2r/a_0}\,dr = r^2\left(-\dfrac{a_0}{2}\right)e^{-2r/a_0} - \int\left(-\dfrac{a_0}{2}\right)e^{-2r/a_0}\,2r\,dr$

$= \left(-\dfrac{a_0}{2}\right)r^2 e^{-2r/a_0} + a_0\displaystyle\int r e^{-2r/a_0}\,dr$

ここで $u=r$ および $\dfrac{dv}{dr}=e^{-2r/a_0}$ とおいて $\int r e^{-2r/a_0}dr$ を決定しよう. それぞれ

$\dfrac{du}{dr}=1$ および $v=-\dfrac{a_0}{2}e^{-2r/a_0}$ となるから

$\displaystyle\int r e^{-2r/a_0}\,dr = r\left(-\dfrac{a_0}{2}\right)e^{-2r/a_0} - \int\left(-\dfrac{a_0}{2}\right)e^{-2r/a_0}\times 1\,dr$

$= \left(-\dfrac{a_0}{2}\right)r e^{-2r/a_0} + \left(\dfrac{a_0}{2}\right)\left(-\dfrac{a_0}{2}\right)e^{-2r/a_0} + C$

$= \left(-\dfrac{a_0}{2}\right)r e^{-2r/a_0} + \left(-\dfrac{a_0^2}{4}\right)e^{-2r/a_0} + C$

代入して

$\displaystyle\int r^2 e^{-2r/a_0}\,dr = \left(-\dfrac{a_0}{2}\right)r^2 e^{-2r/a_0} + a_0\left[\left(-\dfrac{a_0}{2}\right)r e^{-2r/a_0} + \left(-\dfrac{a_0^2}{4}\right)e^{-2r/a_0}\right] + C$

$= -a_0 e^{-2r/a_0}\left[\dfrac{r^2}{2} + \dfrac{a_0 r}{2} + \dfrac{a_0^2}{4}\right] + C$

5. $u=J(J+1)=J^2+J$, $\dfrac{du}{dJ}=2J+1$

$J=0$ のとき $u=0$, $J=\infty$ のとき $u=\infty$.

$$q_r = \int_0^\infty (2J+1)e^{-uh^2/8\pi^2 IkT}\dfrac{du}{2J+1} = \int_0^\infty e^{-uh^2/8\pi^2 IkT}\,du$$

$$= \left(\dfrac{-8\pi^2 IkT}{h^2}\right)\left[e^{-uh^2/8\pi^2 IkT}\right]_0^\infty = \left(\dfrac{-8\pi^2 IkT}{h^2}\right)[0-1] = \dfrac{8\pi^2 IkT}{h^2}$$

索　引

あ, い

圧縮因子
　気体の——　99
アレニウスの式　83

EMF（起電力）　72
イオン強度　77
1次元の箱の中の粒子　50, 65, 107, 159
1次反応速度（式）　79
　——の積分　181
1変数関数　64
イーディ-ホフステープロット　90

え, お

SI 接頭語　8
SI 単位　8
X 線
　——の回折　106, 110
NMR　59
エネルギー準位　68
エルミート多項式　146
円周率　104
エンタルピー　27
　——の温度変化　155
　活性化——　15
　蒸発の——　10
　炭素-水素結合の解離の——　33

　融解の——　26
エントロピー　26, 29
　蒸発の——　19, 30
　相変化の——　26
　膨張の——　73
オイラーの連鎖則　171
オストワルドの希釈率　157

か

階　乗　59
外　積　130
回　折
　1次の——　110
　X 線の——　106, 110, 112
回折次数　106, 112
回転準位　68
解の公式
　2次方程式の——　96
解離度　95
解離反応　95
化学平衡　2
角運動量　126, 130
核磁気共鳴（NMR）　59
角　度　104
確率密度　134
掛け算　19, 40
　分数どうしの——　45
下　限
　積分の——　175
加速度　138
傾　き　86
　曲線の——　139
　直線の——　138

活性化エネルギー　84
活量係数　85, 151
関　数　64
　——の積分　179
　——の微分　148, 153
慣性モーメント　102
完全微分　169

き

規格化
　波動関数の——　182
規格化定数　183
期待値　187
気体定数　8
基底状態　121
起電力　72
軌道角運動量　126, 131
ギブズ自由エネルギー変化　155
ギブズ-ヘルムホルツの式　49, 155
逆関数　83, 109
逆三角関数　109
逆　数
　——の積分　180
吸光係数　57
吸光度　76
　溶液の——　57
吸収スペクトル　50
吸収波長
　色素分子の——　37
級　数　98
球面極座標系　116, 117
境界条件　50, 107

242　索　引

共役複素数　133
極　小　162
曲　線
　　——の傾き　139
極　大　162
虚　数　133
　　——の指数関数　134
虚　部　133

く, け

クラウジウス–クラペイロンの
　　　　　式　177
クラペイロンの式　140
クーロンの法則　126
計　算
　　——の優先順位　40
系統誤差　22
結晶学　119

こ

構造因子　134
酵素触媒反応　90
勾配(→ 傾きもみよ)　138
高分子鎖　108
国際単位系　8
誤　差　22
コサイン　105
誤差限界　32, 36
誤差の上限　25
根　号　53
コンプレクション　61

さ

差
　　——の誤差の上限　25
最大確率誤差　28
最尤値　122

サイン　105
座標幾何学　114
三角関数　104, 149
　　——の積分　181
三角法　104
3 次元座標系　116
3 次元の箱の中の粒子　70
酸性度
　　溶液の——　75
散乱因子　134

し

式
　　——の変形　53
磁気双極子　132
軸
　　グラフの——　8
Σ 記号　31, 98
試行関数　173
指　数　2
指数関数　78, 148
　　——の積分　180
　　虚数の——　134
指数法則　2
自然対数　71
自然対数関数　148
実験式　46
実在気体　99
実　数　133
実　部　133
自発反応　49
周期関数　105
重　根　94
収束する　99
自由度　36
縮退度　102
シュレーディンガー方程式
　　　　　　　　　159
商
　　——の誤差の上限　26
蒸気圧　54
上　限
　　積分の——　175
小　数　44

小数点　13
状態方程式
　　理想気体の——　55, 57, 70,
　　　　　　　　　　　　99
常用対数　75
常用対数関数　149
進行波　172
振動回転スペクトル　67
振動準位　68
真の値　22
信頼区間　36
信頼限界　36
信頼水準　36

す

水　銀
　　——の表面張力　111
水素イオン濃度　77
水素化反応　42
水素原子
　　——の量子力学　120, 160
数値の精度　13
数値の表記法　5
数値の丸め方　13
数　列　98
スカラー　128
スカラー積　128
スカラー量　123
スピン角運動量　126, 131
スピン–軌道カップリング　131
スペクトル
　　水素原子の——　46

せ

正規分布　32, 33
整　数　133
精　度　22
正比例　56
積
　　——の誤差の上限　25
積　分　175

索　引

積分（つづき）
　——技法　185
　1次反応速度（式）の——
　　　　　181
　関数の——　179
　逆数の——　180
　三角関数の——　181
　指数関数の——　180
　2次反応速度（式）の——
　　　　　188
積分定数　175
積分範囲　175
接　線　139
絶対誤差　22, 28
切　片　86
ゼロ点
　装置の——　22
全　圧　26, 29
遷移状態理論　150
全微分　169

そ

素因数分解　94
双極子
　——とイオンの相互作用
　　　　　113
相対誤差　22, 28
相変化　26, 140
相　律　55
測定結果　22
測定精度　14
測定値　22, 25
速度論　79

た

大気圧分布則　150
対　数　71
対数関数　148
対数計算の規則　72
体　積
　理想気体の——　20

多項式　145, 179
足し算　18, 40, 44
多変数関数　67
単　位　8
　——の換算　8
単位格子　112
単位ベクトル　123, 125
ターンオーバー数　91
炭酸ガスレーザー　81
タンジェント　105

ち

置換積分　186
置換法　190, 191
調和振動子
　2次元——　41
　3次元——　68
直　線
　——の傾き　138
　——のグラフ　86
　——の方程式　86
直交座標系　116

て

底　2, 71
t検定　36
定常状態近似　96
定積分　175
t値　36
停留点　162
滴定量　26
データのばらつき　31
デバイ-ヒュッケルの極限法則
　　　　　77, 85, 151
電　位
　電極——　27
　半電池の——　19
電極反応　72
電　池
　——の起電力　72
電池反応　72

電離平衡定数　4

と

度　104
透過率　76
導関数　138, 140, 148
　2次の——　158
統計的手法　31
統計力学　60
同類項　131
トルートンの規則　19

な　行

内　積　128
2次元座標系　114
2次の導関数　158
2次反応　176
2次反応速度（式）　90
　——の積分　188
2次方程式　94
　——の解の公式　96
2成分系
　——の凝縮曲線　43
二量化反応　54
熱分解　96
熱容量　64, 88, 145
ネルンストの式　72, 85
粘性率　142

は

π　104
π記号　61
配　置　74
箱の中の粒子（モデル）　50, 65
　——に対する境界条件　107
　——の複素波動関数　135

索引

箱の中の粒子(モデル)(つづき)
　1次元の―― 50, 65, 107, 159
　3次元の―― 70
波数 6
パーセント誤差 22
波長 6, 9
発散する 99
波動関数 50, 107, 120, 134
　――の規格化 182
反応機構 79
反応次数 3
反応速度(式) 2, 141
　1次―― 79
　2次―― 90
反応速度論 79
反比例 56
　――の定数 56

ひ

比 56
　――の値 56
pH 75
引き算 18, 40, 44
非局在系 50
pK_a 76
被積分関数 179
ピタゴラスの定理 114
微分 144
　関数の―― 148
　関数の商の―― 154
　関数の積の―― 154
　高次の―― 158
微分法 144
ビュレット 23
標準起電力 73
標準偏差 31, 33
標本 36
表面張力 110
　水銀の―― 111
ビリアル級数 100
ビリアル係数 99
ビリアル方程式 99
比例関係 56
比例定数 56

頻度 32
頻度因子 84

ふ

ファンデルワールス方程式 172
複素共役 134
複素波動関数
　箱の中の粒子の―― 135
複素数 133
沸点 10
物理定数 6
物理量 8
不等式 49
部分積分 185
部分分数分解 186
部分モル体積 145
ブラッグの法則 106, 110, 112, 151
分圧 26
分子 44
分数 44
分配関数
　回転―― 102, 192
　振動―― 100
　電子―― 102
分母 44

へ

平均
　真の―― 36
　標本―― 36
平衡定数 2, 84
平方根 54
べき(冪) 2
ベクトル 123
　――の大きさ 124
　――の掛け算 128
　――の成分 123
　――の足し算 124
　――の引き算 125

ベクトル積 130
PEMDAS則 40
ヘリウム原子 166
変化率 138
変曲点 162
変数 64
偏導関数 168
偏微分 168
　高次の―― 170
変分原理 50, 166

ほ

崩壊現象
　放射性原子の―― 82
ポテンシャルエネルギー 41
BODMAS則 40
ボルツマン分布則 81
ボルン-オッペンハイマー近似 68
ポワズイユ式 142

ま行

ミカエリス-メンテンの式 90
密度
　水溶液の―― 41
ミラー指数 134
無名数 75
目盛り 23
毛管現象 110
モル質量 46
モル分率 43

や行

有意 32
有効数字 13, 19

ら 行

ラウールの法則　54, 66
ラゲール多項式　146
ラジアン　104
ラベル(軸の)　10
ランベルト-ベールの法則　57, 76, 89

理想気体
　——の状態方程式　55, 57, 70, 99
　——の体積　20
量子力学
　水素原子の——　120, 160

累　乗　2, 5
ルジャンドル関数　160
ルジャンドル多項式　146

レナード・ジョーンズポテンシャル　66, 165

わ

和
　——の誤差の上限　25
割り算　19, 40
　分数どうしの——　45

林 茂雄
  1948 年 愛知県に生まれる
  1976 年 東京大学大学院理学系研究科博士課程 修了
  現 電気通信大学大学院情報理工学研究科 教授
  専攻 物理化学
  理学博士

馬場 涼
  1953 年 群馬県に生まれる
  1987 年 東京大学大学院工学系研究科博士課程 修了
  現 東京海洋大学海洋工学部 教授
  専攻 工業物理化学, 光電気化学
  工学博士

第1版 第1刷 2007年10月15日 発行
第2刷 2012年 6 月 1 日 発行

化学計算のための 数学入門

Ⓒ 2007

訳 者 林　　茂　雄
　　　　馬　場　　涼

発行者　小 澤 美 奈 子
発　行　株式会社 東京化学同人
東京都文京区千石 3-36-7 (〒112-0011)
電話 03-3946-5311・FAX 03-3946-5316
URL: http://www.tkd-pbl.com/

印　刷　中央印刷株式会社
製　本　株式会社 青木製本所

ISBN 978-4-8079-0665-9
Printed in Japan
無断複写, 転載を禁じます.

数 学 入 門

上村 豊・坪井堅二 著
大学生のための基礎シリーズ〈1〉
Ａ５判　２色刷　298ページ　定価2310円

高校までに学ぶ数学と大学で必要となる数学との乖離を埋め，大学生が学んでおかねばならない数学の基礎学力が身につく大学数学入門書．

主要目次：数・集合・論証／方程式・不等式／数列と級数／関数／微分／積分／座標と図形／ベクトル／行列／確率

数 学 入 門
II. 偏微分・重積分・線形代数

上村 豊・坪井堅二 著
大学生のための基礎シリーズ〈6〉
Ａ５判　２色刷　288ページ　定価2520円

上掲書の続編．大学１年次で学ぶ授業内容に対応した構成で，高等学校で学ぶ微分積分の知識があれば十分に理解できるよう記述されている．

主要目次：序論——何をもとにして何を学ぶのか／偏微分／偏微分の応用／重積分／重積分の応用／行列／行列式／ベクトルと行列／行列の対角化／行列と多変数関数

価格は税込(2012年6月現在)